黑貓老師 著

KOL到底在幹嘛？

這是我的故事，也是一本自媒體經營的血淚（?）工具書。

從我國中第一次在網路上寫遊戲攻略，到現在成為一個全職的自媒體創作者，算算也已經快24年了。

小時候打電動的時候，常常被家人抓起來罵：「一直打電動，打電動能賺錢嗎？」

或是在上課的時候偷看漫畫、偷寫小說，課餘的時間不是跑社團就是玩活動，常常被導師叫去辦公室念一頓，老師總是會搖搖頭：「唉，要是你肯把這些時間拿來讀書就好了。」

沒想到長大出了社會後……竟然真的靠打電動跟打字賺錢，賺得還比我當老師的時候多。

於是乾脆辭掉工作，成為一個全職的創作者，每天過著睡到自然醒的日子。

但是這份工作雖然人人稱羨，其實背後不為人知的辛酸故事一點都不少。

為了讓後來的人可以不用這麼辛苦，我把我這一路走來遇到的各種工商鬼故事記錄下來，希望可以讓拿著這本書的你多認識一下KOL在幹嘛，或是藉由我的各種失敗得到歡樂，要是你也是同行，那由衷的希望可以幫到你讓你少繞點遠路。

Contents

目錄

作者序：KOL 到底在幹嘛？…004

Chapter 1 網紅實力養成期

Story 01 還搞不懂網路是什麼的年代「Yahoo 奇摩家族」…012
KOL 知識庫 大家都在問什麼是「KOL」？…013

Story 02 一起組隊打怪的《石器時代》…014
KOL 知識庫 性別優勢…015

Story 03 骨灰級電玩 BBS 站「巴哈姆特」…016
KOL 知識庫 「蹭蹭大法」是講求功力的…017

Story 04 中二少年想要成為御用繪師…018
KOL 知識庫 「企畫」是 KOL 重要的軟實力…020

Story 05 成為遊戲實況主的契機…022
KOL 商業模式 1 人氣變現的廣告分潤…023

Chapter 2 多重斜槓的起點

Story 06 從無名的「鮭魚」到現在的「黑貓老師」…028
KOL 知識庫 取個好記又響亮的名號吧！…030

Story 07 第一次的實況！…031
KOL 知識庫 開直播需要的設備有哪些？…034

Story 08 貓貓之力發功…036
KOL 知識庫 如何找到你的流量密碼？…038

Story 09 「黑蟲倉庫」誕生…039
KOL 知識庫 如何 SEO，讓發文產生長尾效應還能賺錢錢！…041

Story 10 月底吃土時間…042
KOL 商業模式 2 資源交換的互惠合作…043

Story 11 得了飛蚊症…044
KOL 知識庫 杜絕讓人困擾的紙箱山堆積…045

Story 12 殺蟲劑殺了我的錢…046
KOL 知識庫 小心被 BAN！詳讀規則與合約…047

Story 13 消失的電競少年…048
KOL 知識庫 嚴禁眼高手低設置錯誤的對標！…049
KOL 實戰篇 網紅觀察室…051

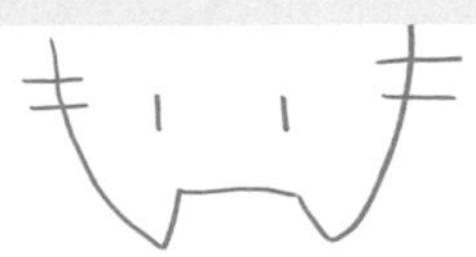

Chapter 3 斜槓人生

Story 14 黑貓老師誕生 … 054

KOL 知識庫 如何面對創作的倦怠？… 055

Story 15 重返學校 … 056

KOL 知識庫 狡兔三窟的斜槓，是創作者必需的技能！… 057

Story 16 第二次的開台直播 … 058

KOL 知識庫 聊天室的管理訣竅 … 059

Story 17 我家的貓不但會後空翻還會付帳單 … 062

KOL 商業模式 3 創作者的主要收入來源「業配」… 063

Story 18 來自臉書的詐騙電話 … 065

KOL 商業模式 4 直播主的薪水怎麼算 … 067

Story 19 創作的燃料 … 069

KOL 商業模式 5 訂閱與斗內 … 070

Story 20 說書模式 開始！ … 072

KOL 知識庫 跟緊時事，善用趨勢 … 074

Story 21 紅蟳事件 … 075

KOL 知識庫 應付炎上 … 079

Story 22 第一本個人書《歷史就是戰》出版 … 082

KOL 知識庫 出書與開課 … 085

KOL 實戰篇 按下停止鍵 … 087

Chapter 4 成為實況主

Story 23 成為夢想中的職業玩家 … 090

KOL 知識庫 開台直播的進階設備選購指南 … 091

Story 24 失速的黑貓大車隊 … 094

KOL 知識庫 不能忽視色色的力量 … 098

Story 25 差點被掰彎的直男 … 099

KOL 知識庫 慎選合作夥伴 … 100

Story 26 讓你被 BAN 掉的《俠盜獵車手》 … 101

KOL 知識庫 不踩雷又有流量的「未來視」… 103

Story 27 被傳說中的神作給騙了…104
KOL 知識庫 玩什麼遊戲才能衝高觀眾人數…107
Story 28 沒有魔物的獵人…110
KOL 知識庫 實況主與觀眾互動的技巧…112
Story 29 黑狗老師的誕生…114
KOL 知識庫 建立內梗與暱稱…115
Story 30 我實況生涯裡最大的錯誤…117
KOL 知識庫 做好時間的安排與規畫…120
Story 31 玩個遊戲都可以失戀？…121
KOL 知識庫 如何與其他 KOL 連動…124
KOL 實戰篇 面子果實…125

Chapter 5 逃出 Facebook

Story 32 從 Facebook 縮圈開始…128
KOL 知識庫 小心合約裡的陷阱…129
Story 33 無情的時數戰士…130
KOL 知識庫 遠離 KOL 的職業傷害…132
Story 34 最實用的尾牙禮…137
KOL 知識庫 KOL 的避風港，自媒體工會…138
Story 35 這是一份很神祕的工作…139
KOL 知識庫 圈外人無法了解的創作者心事…142
Story 36 最速直播紀錄…144
KOL 知識庫 與店家充分地溝通…145
Story 37 失戀少年與迷昏姐…146
KOL 知識庫 心態絕對不能崩…149
Story 38 小憲的鍋燒麵…151
KOL 知識庫 退路的規畫…153
Story 39 國家勢直播主…154
KOL 商業模式 6 演講與通告的行情如何議定…156

Chapter 6 工商鬼故事

Story 40 我是生態毀滅者？…160

KOL 知識庫 政治正確會帶來的危機…162

Story 41 一張模糊的明信片…164

KOL 商業模式 7 銷售周邊商品…166

Story 42 捷運驚魂記…168

KOL 知識庫 KOL 拍攝注意！…170

Story 43 大太陽下的業配陷阱…171

KOL 知識庫 好用的報價單該怎寫？…173

Story 44 當個優質的搬運工…175

KOL 知識庫 注意版權砲…177

Story 45 YouTube 年度盛事：走鐘獎…179

KOL 知識庫 分享資源的「台灣創作者協會」社群…181

Story 46 晴天霹靂的座標之力！…182

KOL 知識庫 人設的重要性…186

Story 47 甲蟲超人登場…187

KOL 知識庫 TA 鎖定與商業模式…189

KOL 實戰篇 行銷力…191

Chapter 7 有神快拜！「騙讚懶人包」助你狂吸粉

01 給新手的你：誰都不能阻止你成為 KOL ！…194

02 跨出你的第一步：以戰養戰做就對了！…196

03 經營 YouTube 影音平台不能忽略的 10 個關鍵重點…198

04 超越次元的 Vtuber 經營…206

05 想經營 Facebook，先搞懂演算法…210

06 經營自媒體絕對不能錯過 Instagram…216

07 可以色色的 Twitter…220

08 直播界的霸權：Twitch…223

09 不被大平台政策操控，也不須對演算法低頭的 Blog…225

10 搶攻耳朵的市場：Podcast…229

KOL 實戰篇 效率最大化…235

後記：從灰心喪志到滿血復活的創作之路…236

Chapter 1

網紅實力養成期

Story 01 還搞不懂網路是什麼的年代「Yahoo 奇摩家族」

KOL 知識庫 大家都在問什麼是「KOL」？

Story 02 一起組隊打怪的《石器時代》

KOL 知識庫 性別優勢

Story 03 骨灰級電玩 BBS 站「巴哈姆特」

KOL 知識庫 「蹭蹭大法」是講求功力的

Story 04 中二少年想要成為御用繪師

KOL 知識庫 「企畫」是 KOL 重要的軟實力

Story 05 成為遊戲實況主的契機

KOL 商業模式 1 人氣變現的廣告分潤

還搞不懂網路是什麼的年代「Yahoo 奇摩家族」

現在的年輕人應該沒聽過奇摩了吧？但在很久很久以前，想要上網，就要透過一台會嗶嗶啵啵叫的數據機，就算連上網，開一張圖片也要超過一分鐘，在那個年代，沒有什麼KOL還是Youtuber，大家一定要透過「入口網站」才能在網路上看新聞、逛討論版或是開聊天室找人尬聊。

不過當時網路並沒有很普及，隨便到街上找個人問他網路是什麼，十個有七個答不出來。因為電腦很貴，網路也很貴，上網時間都還要額外算電話費，還在讀國小的我根本不知道錢難賺，只知道透過神奇的網路線，竟然可以讓我跟幾百公里以外的人聊天，還可以跟一堆人一起玩很酷的遊戲。

而在台灣，最大、最屌的入口網站就是「Yahoo奇摩」。

那時我跟我哥正沉迷一個網路遊戲叫做《石器時代》，但遊戲內建的互動系統不太好用，所以我就開了一個「Yahoo奇摩家族」把網路上遇到的好夥伴們都拉進來，這樣就算沒在遊戲裡冒險的時間，夥伴們也能一起聊天，一起分享生活的點點滴滴。

然後一個暑假過去，上網費用共花了一萬多元，我跟我哥被我爸抓起來打了一整個晚上。

KOL 知識庫

大家都在問什麼是「KOL」？

KOL是Key Opinion Leader的縮寫，直接翻譯的話就是「關鍵意見領袖」也就是俗稱的「網紅」。

簡單來說：以前的傳統媒體，例如電視台、報章雜誌，通常都是指一間公司，公司聘請一些製作人來做節目，或是請作家寫專欄。

但現在這個時代則因為網路的發達，任何人都可以在網路平台開設自己的頻道，發布自己的作品與意見。然後，只要你的追蹤人數夠多、流量夠大，就有足夠的影響力。有了影響力，就可以從平台得到廣告分潤，或是廠商直接捧著錢來談合作。

所以創了頻道就跟創業一樣，透過不斷上傳內容就能取得流量，再也不用透過上述的媒體公司也能賺到錢，這個新興的職業就是「自媒體經營者」或是也可以稱為「內容創作者」（Content Creator）。

有些歌星、球星、演員或政治人物本來就有很多支持者，不用靠著在網路上產出內容就有流量，所以「網紅」也可以用「社群有影響力者」（Influencer）這個詞替代。

順帶一提，雖然「KOL」字最少也最好唸，也是行銷界稱呼我們這行的術語，但有一派人認為 KOL 一字不該拿來自稱用，畢竟紅不紅是別人的感覺，自己說自己很紅實在太不謙虛了！

KNOWLEDGE

一起組隊打怪的《石器時代》

國中的時候，我都在玩一個線上遊戲叫做《石器時代》。

當時我在線上認識了很多好夥伴，其中有一個叫阿偉的跟我感情特別好，他也是國中生，在台中讀書，我們一見如故，一起組隊練習打怪，上山下海解任務，我把他當作最好的兄弟。

結果有一天他問我要不要當他老婆。

我傻眼，但冷靜下來就知道問題出在哪裡了：因為我當時選角色的時候，看到有位穿豹紋比基尼的巨乳大姊姊我就選下去了，我就喜歡巨乳大姊姊嘛！！……沒想到阿偉也喜歡巨乳大姊姊。

但再怎麼說，他也是我兄弟，我沒道理讓他有錯誤期待，正當我要拒絕他時，他馬上掏出了10萬石器幣跟超稀有的紅暴龍要給我當寵物……！我本來要大聲斥責他的，但紅暴龍攻擊力真的太高了……

……最後我收下了那隻紅暴龍，然後跟鄰居的妹妹交換帳號，石器幣我們兩個五五分帳。我得到了紅暴龍；鄰居妹妹得到了石器幣；阿偉交到了網路老婆，win-win-win，三贏！

KOL 知識庫

性別優勢

跟打遊戲一樣，在自媒體的領域裡，性別優勢是存在的。

雖然最一流的創作者男生、女生都有，但觀眾的男女比就不一樣了，綜觀整個產業，尤其是直播這一塊，男、女觀眾的比例落在 7：3 左右，甚至在有些平台會出現 8：2。

在這種男多女少的市場結構下，女性的創作者就有先天優勢，能做的題材也比較多，還可以靠著外表、身材、打扮與美聲走性感路線，……但這優勢是把雙面刃。

儘管女性創作者在經營人氣與建立商業模式上有著優勢，但是缺點也是超多的！不但會更容易引來色欲薰心的怪洨人，也更常受到粉絲情緒勒索，收到騷擾訊息跟收到屌照都是家常便飯。

而且不論經營內容上有多努力，永遠都會有酸民酸「啊她就靠臉／靠身材而已，沒什麼厲害的」，時不時也會因為外表或打扮遭到羞辱跟人身攻擊，還有可能陷入八卦風波、被狂粉或廠商跟蹤、偷拍甚至是性騷擾，真的是錢歹賺。

希望這世界不論是男生女生，都能互相尊重、友善交流，大家也都要注意安全跟好好保護自己嘿。

KNOWLEDGE

骨灰級電玩 BBS 站「巴哈姆特」

在台灣講到巴哈，通常不是指那個古典音樂大師，而是「巴哈姆特電玩資訊站」，也是那個年代的遊戲玩家交換資訊跟攻略最重要的地方。

在開始上巴哈之前，本來我寫的一些遊戲筆記只有發在Yahoo奇摩家族上，家族成員只有我在石器時代的朋友、鄰居跟班上的同學。但 PO 到巴哈上就會有更高的流量，想想就覺得興奮，於是我就更加勤快的整理遊戲情報丟到BBS上，遊戲的筆記貼完了，就開始打些散文，或是把自己對時事的看法也打出來。

此外，我也很愛找人筆戰，當時有一句話叫作「基地是家，巴哈是戰場」，全台的論壇裡就屬巴哈最好戰，一天到晚都在辯論大會，雙方靠論述跟舉證來作戰，水準很高，我有種自己是跳入競技場的角鬥士，非常享受用鍵盤決鬥的樂趣。

當時覺得自己好厲害，我的文好詩情畫意。

但現在回去看都覺得：我是智障嗎？每一篇都是無病呻吟的中二廢文，全部的文章都成為我的黑歷史！就算現在Yahoo家族已經沒了，我也澈底的滅證過了，但想到幾萬人曾經看過我的黑歷史，我還是羞恥得想一頭撞死。

KOL 知識庫

「蹭蹭大法」是講求功力的

就算到了2023的今天，BBS與討論版並沒有消失，而是進化成新的形態，人們稱這種形態叫做UGC平台（User Generated Content）也就是讓使用者可以自己創作、保存內容的平台。

如果你是個剛起步的創作者，一開始的頻道或專頁還沒有人訂閱，這時你發布的作品再怎麼優秀可能都沒有人看得到。

這時就是「蹭蹭大法」發揮的時候了！

「蹭」可能大家聽起來會覺得是不好的字，但其實「蹭」對於初期獲取流量很重要，只要內容夠優秀、沒有違反板規或造成別人的困擾，那蹭就不是什麼壞事，例如你可以到巴哈姆特、PTT、DCARD，甚至是Facebook的各種社團，先成為社群的一份子，接著發布你的文章或影片，讓你的作品先被看到，再進一步讓人認識你的名字，最後找到機會再把人導流到自己的頻道。

但是！

蹭的方式錯誤反而會扣分！你一定要對該社群提供有價值的內容才會加分，萬萬不可給對方社群造成困擾或是違反規定，那種跑到別人主場卻只丟一個連結就跑的，只會讓別人留下負面觀感喔！

KNOWLEDGE

中二少年 想要成為御用繪師

雖然《石器時代》紅了一段時間，但由於BUG很多，更新很慢，所以過了一段時間後，大家玩膩就換遊戲了。

大部分的石器玩家，都跑去玩《魔力寶貝》，這可是超知名JRPG《勇者鬥惡龍》的製作團隊「ENIX」，吸收一堆石器時代製作人員所做出來的大作，不但有更多元的玩法、更好聽的音樂、更精緻的美術還有更迷人的劇情，完全輾壓《石器時代》。

因為有好的遊戲劇情打底，我這種中二仔就有更多機會可以發揮了！當時我在巴哈姆特討論板上畫圖、改歌詞，寫同人小說都可以騙到很多的點閱。

有一天，巴哈姆特與官方辦了一場繪圖比賽，只要作品入選就可以成為魔力板的進板畫面，還會在遊戲中得到限定的「巴哈姆特御用繪師」稱號。

我想要！我真的好想要！但國中二年級的我畫的圖根本贏不了人，我也沒有繪圖板、掃描機等設備可以跟人一戰……於是我決定劍走偏鋒。

圖畫不贏人就從別的地方贏回來！兵不厭詐！這是戰爭！

我先是用盡全力完成我那不怎麼樣的圖。

接著我開始在板上把人氣魔物一個一個萌化，統統畫成香香的妹子。

「好可愛喔！可以把我的使魔也畫成人類嗎？」板友們也想看自己的戰友變成香香的妹子，紛紛對我提出委託。

「可以啊！」我回答「只要我這次比賽得名，我就把全部的魔物畫成女孩子！」我拍拍胸膛，大聲地回應板友。

「而且還讓她們穿比基尼！」我再加碼！

「喔喔喔喔喔！」於是想看妹子的板友紛紛幫我拉票，再加上我本來Yahoo家族的夥伴也都跑來幫我投票，於是我穩穩地拿下了比賽，成為巴哈姆特御用繪師。

過幾天，我準備兌現我的承諾，每種魔物選一隻來畫，估計大概要畫90張圖。

最後我只畫了十幾張圖就換遊戲，跑去玩《RO》了，從此沒有再回到「魔力寶貝板」，真的是對不起大家，可是《RO》的女牧師真的太香了。

你們會原諒我的吧？

KOL 知識庫

「企畫」是 KOL 重要的軟實力

其實不管是打文章、拍影片、圖文創作還是開直播，產出作品就是創作者的戰場，在發動作戰前先擬定好作戰計畫，才可以穩穩地確保戰果，也避免自己失去方向。

雖然……確實有許多天賦異稟的創作者可以只靠著個人魅力、臨場反應獲得人氣，但學會作企畫絕對不吃虧啦！大部分情況只會加分不會扣分！甚至以後KOL不幹了，還可以去當別的KOL企畫，或是重回職場應徵行銷企畫的工作。

那要怎麼做企畫呢？這邊跟大家分享一個企業很常用的「5W1H分析法」。

WHY	目標是什麼？
WHEN	執行時間要多久？
WHAT	要執行什麼事？
WHERE	地點？
WHO	參與人員有誰？
HOW	怎麼做？

KNOWLEDGE

「5W1H」很像中文寫作的「人事時地物」，但多了一個HOW來安排執行方式。例如上一篇的故事，企畫書草案就是像這樣：

目的	我想得到限定稱號
時間	在投票日前完成
要點	要贏得人氣投票
地點	巴哈姆特、Yahoo 奇摩家族
對象	魔力寶貝板友、我的朋友
方式	把圖畫好、辦活動催票、情勒朋友投票

「5W1H」也可以反過來用，假設你今天突然想發一張自拍照，但你又不確定這篇文章對人氣經營有沒有幫助，就可以開始反問自己：

「我發這篇能賺到流量嗎？」
「我發這篇的時間點好嗎？」
「我發這篇的目的是什麼？」
「我發這篇要發在哪裡？」
「我發這篇要給誰看？」

如果發現上面的問題都沒有好答案，那這篇就是廢文，最好少發一點。

（如果找得到答案，就放手的發出去吧！）

KNOWLEDGE

成為遊戲實況主的契機

從《魔力寶貝》跳去玩《RO》是一場美麗的意外。

《RO》台灣翻譯成《仙境傳說》，但大家就叫它RO，不知道為什麼就是不唸它的中文名，這是一款來自韓國的遊戲，但當時的我不喜歡韓國，還是日本來的《魔力寶貝》比較對我的胃口……直到我看了RO的本本為止。

RO遊戲本身沒什麼劇情，可是人物實在是太香，尤其是女牧師，明明是包緊緊卻看起來超色情，直接打中我的心，讓我無法說不。

現在回想起來，成為創作者的契機就是這個遊戲也說不定……為什麼呢？因為這個遊戲好玩歸好玩，但伺服器有夠爛，每天都在LAG、斷線、修不好。

我選的職業是牧師，也就是補師，補師因為技能的關係沒辦法SOLO，一定要出團才有辦法練等級，所以伺服器出問題的時候（也就是大部分的時候），我只能坐在王城普隆德拉跟朋友聊天。

角色在線上聊天，我本人在電腦前沒事做就去寫攻略或畫圖，寫了攻略，再投稿雜誌賺了一點稿費，雖然錢不多，但卻讓還在讀國中的我充滿成就感。「搞不好我以後可以靠打遊戲吃飯喔」的想法，大概就是這個時期萌芽的。

KOL 商業模式 1

人氣變現的廣告分潤

「投稿遊戲雜誌領稿費」這方式在2023可能不適用了，畢竟現在要找本實體的遊戲雜誌都有點困難，但類似的商業模式其實都轉移到網路上了。

以前雜誌的商業模式主要是：

1.編排內容吸引讀者。

2.賣你雜誌的時候賺一筆。

3.再跟廠商收一筆廣告費。

現在則是改成：

1.創作者產出內容放在網路平台上。

2.平台在你的文章插廣告。

3.廣告商分錢給創作者。

4.平台跟創作者抽成。

這個模式中，最大的廣告商就是Google，只要申請Google的AdSense，就能在網頁或部落格插廣告，之後再依據流量、點擊次數與成交次數分你錢。

而YouTube影片也是透過這種模式營利，讓Google建立起龐大的網路帝國。

至於能賺多少錢呢？這點很難說明，因為你的觀眾「有沒有看到廣告？」、「看了有沒有點進去？」、「點進去有沒有看

KNOWLEDGE

完？」、「看完有沒有成交？」甚至「從哪國的IP連過來？」、「有沒有其他廠商競爭同一個版位？」也都會影響你的廣告收入。（而且別忘了平台還要抽成，抽多少則看你跟哪個平台合作決定，例如YouTube是七三分。）

我這邊用我的後台為例，用超級粗糙又不精準的算法給各位一個數字作參考：

【插在 Blog 上的廣告】

大概每1000次觀看收益為0.1美金。

每一個點擊再增加約0.1美金。

【插在 YouTube 的影片】

大概每1000次觀看收益為1美金。

所以……如果你是部落客，你的部落格每天有10000個人看，若每1000個人會有1個人點廣告，那你一個月的收入大概是1800元台幣。

如果你是YouTuber，你一個禮拜出四支片，每支影片有10000人觀看，那你一個月的收入大概是1200元台幣。

也就是說，如果你想全職創作，又要領超過最低薪資的薪水的話（新台幣27000元）：

- 部落格月流量至少要有450萬人次左右（日流量15萬）。
- YouTube每個月要有90萬的觀看次數（每日觀看次數3萬）。

這個金額看起來很少對吧？但其實要達成這樣的流量也不是一件容易的事，所以我們現役的全職創作者每次聽到有人想幹這行，都會勸他快跑。不過變現的方式不止一種，之後的章節我們再慢慢介紹 KOL 的其他賺錢方式。

你們 KOL 是不是
都很賺啊？
大部分人都吃不飽、
餓不死喔。
只有金字塔頂端
的人很賺……

KNOWLEDGE

Chapter 2

多重斜槓的起點

Story 06 從無名的「鮭魚」到現在的「黑貓老師」
KOL 知識庫 取個好記又響亮的名號吧！

Story 07 第一次的實況！
KOL 知識庫 開直播需要的設備有哪些？

Story 08 貓貓之力發功
KOL 知識庫 如何找到你的流量密碼？

Story 09 「黑蟲倉庫」誕生
KOL 知識庫 如何 SEO，讓發文產生長尾效應還能賺錢錢！

Story 10 月底吃土時間
KOL 商業模式 2 資源交換的互惠合作

Story 11 得了飛蚊症
KOL 知識庫 杜絕讓人困擾的紙箱山堆積

Story 12 殺蟲劑殺了我的錢
KOL 知識庫 小心被 BAN ！詳讀規則與合約

Story 13 消失的電競少年
KOL 知識庫 嚴禁眼高手低設置錯誤的對標！

從無名的「鮭魚」到現在的「黑貓老師」

接著，就進入「無名小站」的全盛時期。

無名小站先是從BBS起家，最有名的就是它的「相簿」跟「部落格」功能，當時我們都會把自己最帥／最美的自拍照瘋狂上傳，從1999年至2013年風靡了一整個年代的年輕人，我也跟上熱潮，成為無名最後一批的百萬部落客。（還好現在無名已經倒了，不然我們以前燙玉米鬚跟抓刺蝟頭的照片要是被挖出來，肯定是要把那個人滅口的吧！）

也因為有了無名，「網紅」的概念開始有了輪廓，「人氣」也成為了某種人權指數，「誰來我家」則建構起了虛擬世界的人際關係，越來越多人在這個異世界轉生成不同的人，設定了截然不同的人設，例如我。

我那時的名字叫做「鮭魚」，這個綽號是我小時候在玩Game Boy的時候，有個遊戲叫作《特攻神諜》，我在一個下水道的場景卡關，一直被水沖走過不了關，朋友就笑我「你根本是一條鮭魚！」從此我的綽號跟筆名都變成鮭魚了。

但等我出了社會，開始認真經營自媒體時，卻發現這步棋走錯了！因為……每次Google「鮭魚」，不是出現真的在水裡游的鮭魚，不然就是切好的生魚片，搶關鍵字怎麼搶都搶不贏！

而且在現實中自我介紹時也有一點點羞恥，十次還會有五次被記成鮪魚，所以最後決定改名。

「咦，那為什麼改叫黑貓老師？」

……黑貓老師的綽號就簡單多了：我在補習班當老師的時候，在LINE群組用的大頭貼就是我養的貓「馬六」的照片，而學生們剛好覺得我的英文名字「Kurt」很難念，就直接叫我「黑貓老師」，從此我就是黑貓老師了。

老師你名字好難念喔，
以後就叫你
黑貓老師了啦！
捲舌很累欸！
好……好喔……

KOL 知識庫

取個好記又響亮的名號吧！

在網路上開始闖蕩江湖前，有個響亮的稱號是一定要的！不過我強烈建議在創帳號或創頻道之前，一定要先Google一下這名字有沒有人用，如果跟有名的網紅撞名的話，建議是換個名字，以後經營起來會比較輕鬆，不然在SEO（搜尋引擎優化）上很不利，跟有先行者優勢的人硬碰硬，流量搶不贏的。

再給一個例子：我在2022年一度想經營寶可夢卡牌的頻道，主題是用很低的預算組很好玩的套牌，所以把頻道命名為「客家打牌」。

但我明明已經確認過沒有頻道用這個名字，但還是太大意了！因為AI會自動以為我把「客家打牌」打錯字，所以直接把我的搜尋結果改成「客家大牌」。

客家大牌是什麼呢？客家大牌是客家人祭祖用的祖龕啊！之前跟魚搶關鍵字就算了，現在還要跟客家人列祖列宗競爭！太難了！最後頻道更新不到十支影片就收掉了。

寶可夢
不是小朋友
玩的嗎？
這遊戲這麼貴，
小朋友
哪玩得起。
卡店一堆大叔

KNOWLEDGE

第一次的實況！

接著我跑到了山裡面讀大學。

我的學校好山、好水、好無聊，我入境隨俗開始騎單車、打籃球，但骨子裡一樣是個離不開電動的阿宅，那一陣子在宿舍裡跟同學沒日沒夜的玩《魔獸爭霸III》。

《魔獸爭霸III》是所謂的RTS，也就是即時戰略，但即時戰略很吃技術，不但反應要快，還要同時做好管理資源跟調兵遣將，非常複雜，所以對戰的門檻很高，新手都會被高手虐成狗。但這時有人用魔獸內建的地圖編輯器開發出了一張自製地圖，全程只要操控一隻人物就好，大大的簡化了遊戲難度，非常好玩，也讓新手更容易入坑，大家就用這張地圖命名這種遊戲方式：DOTA（Defense of the Ancients）。

不過在當時台灣更受歡迎的反而不是DOTA，而是魔獸《三國》跟《信長》兩個地圖，但不管怎樣，DOTA LIKE的玩法，最後催生出了《LOL英雄聯盟》，雖然2023年的現代，幾百萬人觀看與幾億總獎金已經不是什麼新鮮事……，但在當時「season 1」世界賽還沒正式開打之前，任何比賽有破百人觀看與幾萬獎金就已經很厲害了。

除了帶動電競產業，英雄聯盟也跟遊戲實況相輔相成，當時最大的兩個直播平台是「own3D」與「Justin.TV」，上面隨時會有許多高手打遊戲給觀眾看，雖然至今依舊很多人無法理解

「為什麼遊戲不自己玩，而是要看別人玩？」但對於競技遊戲來說，看高手玩比自己玩有趣，而且得到娛樂效果的同時，也可以順便偷學高手的技術，所以這種問題就像在問「為什麼要看職棒轉播而不自己去打棒球？」一樣。

我當時最喜歡的實況主是美國TSM戰隊的打野「TheOddOne」，我照抄他的打法與配裝，在宿舍打遍天下無敵手，還拿到了伺服器前5%的名次，我就膨脹了：「哼哼……搞不好我有當電競選手的天分喔？」

於是我開始研究怎麼開實況，花了好幾個夜晚研究設備，調校軟體……終於成功開台了！！！

結果第一次開台，0個觀眾……

「不可能這麼慘吧！一定是我的電腦設備太爛了，畫面太差，所以大家不想看！」於是我多兼了幾份家教，還捏著卵蛋升級電腦……終於可以開流暢又高畫質的實況了！

「哇哈哈！我要成為最紅的遊戲實況主啦！！！」

結果，才開一天流量就超過上限，被宿舍斷網。我的電競選手跟實況主的夢想就這樣劃下句點……

GG WP

註 1：Justin.TV 最後變成了現在的 Twitch，在被亞馬遜收購後，一躍成為遊戲直播領域的龍頭。

註 2：GG WP 是「Good game, well played.」的意思，是電競比賽到了尾聲勝負已定的時候，不論輸贏都稱讚對方「打得好，我玩得很愉快」。

KOL 知識庫

開直播需要的設備有哪些？

電腦零組件每一季都在推陳出新，而且不同遊戲對硬體的需求也不同，價格也會一直變動，就算我列了菜單，過幾個月可能就沒參考價值了，所以我就直接講個大概的結論吧：

入門級：主機約2萬＋周邊約5千＝2萬5千元
普通級：主機約3萬＋周邊約2萬＝5萬
進階級：主機約6萬＋周邊約4萬＝10萬（或更高）

在決定組實況機之前，必需要先搞清楚：「定位、需求」、「願意花多少預算」如果只是想打英雄聯盟或是一些小遊戲，那電腦不用買太貴的也沒關係，但如果你要玩最新的 3A 遊戲、或是很吃資源的第一人稱射擊遊戲，開遊戲要特效全開，關台後還要自己剪輯影片，那電腦自然是越快越好……但越快就是越貴。

而且……為了要讓觀眾有更好的觀看體驗，花費可以說是沒有天花板的。甚至有些頂尖實況主還會選擇「雙機實況」也就是一台電腦負責跑遊戲、另一台電腦負責直播；有的職業實況主還要弄工作室跟隔音，加一加，花費幾十萬甚至破百萬都不奇怪。

就算講求CP值，也建議電腦不要組「剛剛好」，而是要盡量組得「遊刃有餘」，這樣不但可以提升自己的遊戲體驗，以後有什麼新遊戲上市了也才跑得動。

最重要的是：必需確定自己有條又快又穩的網路，這比什麼

KNOWLEDGE

都還重要！這邊列出我現役的實況主機規格給大家參考，它是我在2020年底組的，當時價錢差不多5萬元。

處理器	AMD Ryzen7 3700x（$10500）
主機板	微星 MSI b550m MORTAR（$4600）
記憶體	威剛 XPG D60G DDR4 3200 8G*4（$4800）
主硬碟	威剛 XPG s11 pro 512g（m.2）*2（$4000）
顯示卡	微星 MSI 2070super Gaming X（$17000）
電源	威剛 XPG CORE REACTOR 750W 金牌（$3200）
機殼	全漢 FSP 光戰艦 CMT530（$2000）

但只有主機是不夠的，還要有一些周邊才行，以下就是我目前使用的周邊，也差不多是5萬。

麥克風	SHURE MV7（$8500）
吊臂	BLUE Compass+RadiusIII（$5000）
喇叭	Creative T20 II（$2000）
鍵盤	XPG SUMMONER 銀軸（$3000）
滑鼠	羅技 G502 HERO（$1500）
螢幕	BENQ EW2775ZH*2（$14000）
控制器	Elgato Stream Deck（$4500）
視訊	圓剛 Avermedia PW513（$3500）
手把	電玩酒吧 GAME'NIR PROX DRAGON（$1400）
擷取盒	圓剛 Avermedia GC553（$3800）

但就如我上述說的，很多都是非必要的，想省錢的話整套3萬內也可以搞定，甚至不排斥買二手零件的話，還可以更便宜。

KNOWLEDGE

貓貓之力發功

搬出大學宿舍後，我跟幾個朋友在學校附近一起合租了一整棟樓，因為整棟的人都很白目，所以大家就把那一棟樓叫作「白目屋」。

雖然沒有成為遊戲實況主，但是課餘時間打打文章丟到部落格已經是我每週固定的功課。當時也沒有什麼目的，純粹是好玩，看到瀏覽人數不斷增加就很有成就感。

也就在這個時候「Facebook」橫空出世了，一些不夠打成Blog文章的生活瑣事，拿來PO在Facebook剛剛好，而且還可以找到好久不見的老同學，又可以認識學妹和別系女同學，還有一堆小遊戲可以玩，真是太方便了！

我在Facebook上偷菜、開餐廳、跟妹子聊天之餘，突然想到：「欸！我可以用Facebook幫我部落格衝人氣呀！」就馬上用Facebook開了一個粉絲團，把我的文章順手再PO一次Facebook。

直到有一天，我回高雄找朋友出門聚餐，其中一位學妹在馬路上看到一隻小黑貓正橫衝直撞，我們就趕快停車把牠先撈起來再說。

學姊先陪小黑貓在路邊等了一會兒，但都沒有看到貓媽媽，小黑貓眼睛睜不開，一直咪咪叫，要是就這樣放回去馬路邊，一定很快就會變成貓餅。

我以前養過貓、也當過貓中途，我們就決定先帶小貓去看獸醫，於是三個人趕快找了個箱子把小貓丟進去，咚咚咚的跑到獸醫院。

獸醫馬上幫忙把小貓的臉擦乾淨，原來眼睛睜不開是因為被眼屎黏住了，眼睛一睜開，我們都喊出「哇喔～」一聲，兩顆圓圓的眼睛就跟藍寶石一樣美麗，這隻漂亮的小貓抱著我的手，又乖又可愛，我想說這也是種緣份，就把她收編了！

結果沒想到這竟是一場騙局！小貓一長大眼睛就變成黃色的，一點都不乖，每天搞破壞，還照三餐暴咬我，以我的慘叫作糧食。

我把這隻狂暴貓的照片與惡形惡狀公開貼在網路上，本來是想討拍，順便讓大家一起譴責這隻壞貓咪，沒想到大家都站在貓那邊，不但幫她說話，還叫她咬大力一點。

最後，來我粉絲團的人都變成來看貓的了。

KOL 知識庫

如何找到你的流量密碼？

所謂的流量密碼，就是找到「平台想要推廣的東西」、「你的粉絲想看的東西」與「只有你能提供的東西」三者間的黃金交叉就是流量密碼，只要一找到，你的人氣就會開始爆衝。

那什麼是流量密碼呢？如果你查網路，可能很多鄉民會說什麼：「流量密碼就是露奶」。這句話嚴格說來也不算錯，畢竟人類好色的本性一路走來，始終如一，美女牌自古以來就是商場上歷久不衰的王牌……

但是！！！剛剛提到了，演算法沒有這麼簡單，如果你是男創作者，你就沒有奶可以露，這招根本行不通。而就算妳是女創作者，如果妳本來就不是走性感路線，粉絲也是女性偏多，這樣就算妳突然露奶，也不會有任何加分，甚至原本的粉絲還會退讚。

所以最後結論就是：每個創作者的流量密碼都不一樣，要自己花時間去尋找，或是自己花心力去打造。

唯有找到你的TA，也就是「目標族群」（Target Audience）想看的內容，又能做出自己獨特的個人風格，才能掌握流量密碼。

像我就是靠貓。

有貓就有讚！

KNOWLEDGE

story

「黑蟲倉庫」誕生

畢業了，通過實習，考完教師證的我，考到了花蓮的國中當老師。

有天放學後，我騎著機車要回家，卻在路邊看到我們班上的一群學生群聚。「你們放學還不回家在幹什麼？」我停下來問他們。

「老師！我們在抓獨角仙！」他們拿起了手中的飼養箱，裡面滿滿的都是甲蟲。「最大隻的給你啦！」少年們也沒有問我意願，就塞了一隻8公分的大蟲蟲到我手上。

我其實從小就很喜歡甲蟲，但到了國中後找不到時間養，這興趣就斷掉了，沒想到過了十幾年竟然能跟獨角仙重逢，有點感動，所以就把這隻獨角仙帶回家養。

養個獨角仙是沒什麼難的，但我之後又買了一堆以前小時候買不起的蟲，一不小心就買了一大堆，但是，問題是：「這些蟲怎麼養啊？」

畢竟當時養蟲是很小眾的興趣，網路上中文資料不多，我只好去國外的網站找資料，終於順利繁殖成功，把蟲養大。

接著我心想，反正筆記都整理好了，不然乾脆也貼到網路上讓蟲友們看吧？於是我在部落格裡新增了甲蟲專區，粉絲團

「黑蟲倉庫」也就此成立。雖然一路走來風風雨雨，成長速度也很緩慢；但如果有幫到許多蟲友度過新手期，減少蟲蟲的死傷，也是功德一件吧？

你看！
超帥的甲蟲！
好像蟑螂。
才……才不是蟑螂

KOL 知識庫

如何 SEO，
讓發文產生長尾效應還能賺錢錢！

「SEO」全名叫做：「Search Engine Optimization」，意思就是「搜尋引擎優化」，只要做好SEO，就有機會一直持續的增加流量，並有機會額外圈到新粉絲，這就是長尾效應。

在以前，自己架站是很需要技術的一件事情，但現在有許多套版工具與平台本身都有SEO功能，所以創作者自己開一個網站很方便（像是痞客邦Pixnet、Blogger、Wordpress都可以很輕鬆的弄出自己的網站）。

比方說我的甲蟲文章，如果只發在Facebook，那我想被陌生人看到，只能期望演算法會幫我推薦，或是粉絲幫我把文章分享出去。大約一周後，PO文就沉了，幾乎不會再被看到。

但如果我把一樣的內容丟到Blog上，那就可能會在未來的某一天，某個人上Google搜尋「獨角仙怎麼養？」，這個人就會搜尋到我的Blog文章，他一點進來，我文章裡的廣告，就會幫我賺到錢；我文章裡面的Facebook頁面連結，就可能騙到他按讚，這樣我就圈到新的粉絲了！

KNOWLEDGE

story

10

月底吃土時間

我一邊在學校教書，一邊經營「黑蟲倉庫」，好幾年過去，從來沒接過業配。

可能因為甲蟲的市場很小？也可能蟲界大部分都是學生？學生就窮，沒有什麼商機，所以廠商也不想投入資源在這塊，我也沒抱期望能賺到錢……直到有一天，有一間叫做「AK's Beetle Shop」的蟲店發了訊息來：「黑貓老師！要不要合作呀！」

「好！當然好！」AK可是蟲界很有名的店！當時台灣破紀錄的長戟大兜蟲就是他們家養出來的！

「我有贊助商啦！」我從椅子上跳起來歡呼～～

我老婆看到我這麼開心就跑來問我：「恭喜！這樣有多少錢？」

我雙手比讚，雀躍的說：「以後每個月底，廠商都會寄給我一箱土！」……然後我老婆就用憐憫的眼神看著我……大概覺得她老公終於瘋了。

欸不是，妳誤會了啦，不是我要吃的啦！

KOL 商業模式 2

資源交換的互惠合作

很多人都以為當上KOL就會有很多廠商捧著鈔票來求合作，不過實際上，大部分廠商都是來問「互惠」或「資源交換」的：也就是只有產品沒有錢，他們給你商品，你幫他們忙宣傳。

這種合作表面上可以省很多事，因為不用開發票、不用報價、請款、也不用填勞報單等繁瑣流程。

如果商品本來就是你需要的，那就可以省掉很多花費，例如剛剛提到的甲蟲用腐植土，一包自己買也要300元，一個月一箱我就少花1800元！

不過，如果是用不到的東西就會很困擾，更麻煩的是如果對方是個剛推出的牌子，品牌力還不夠強，拿來寫文章或拍影片也不會帶來什麼流量，而且品質還沒經過市場的考驗，這時要是貿然幫忙推薦，萬一產品出事了，就很可能會讓自己惹上麻煩，賠掉了粉絲的信任還要被罵，很虧。

創作者每一次的發文都有成本，那個成本就是粉絲對你的信任，所以接互惠前也要三思而後行啊！

KNOWLEDGE

story

得了飛蚊症

自從得到了廠商贊助，我養蟲再也不需要花錢買耗材！

於是我就買了更多的蟲，「黑蟲倉庫」的人氣也不斷增加。

但有一天，我老婆要我幫她掛號眼科。

「妳眼睛怎麼啦？」
「我好像得了飛蚊症。」

哇！老婆的健康最重要，我馬上帶著她出門看眼科。

豈料……一走出門，她揉揉眼睛，說她好了。

「妳好了？」
「對啊，我現在看得很清楚。」

我鬆一口氣，但我們才一回家，她馬上復發，我們只好再出門一次。但一出門，她就又正常了。

……結果原來是我養甲蟲的木屑長蟲了，有一種叫做木蚋的小飛蟲到處飛來飛去。

所以不是我老婆得了飛蚊症，而是真的有小飛蚊到處飛。

KOL 知識庫

杜絕讓人困擾的紙箱山堆積

KOL當久了，家裡很容易變成倉庫，整間房子只剩下拍片跟拍照的角落是乾淨的……為什麼會這樣呢，因為做內容需要素材，影片還沒拍完前，素材就會一直堆在家中。

就算做好，上片了，但有的道具或商品又捨不得丟（或沒時間賣、賣不掉）。甚至有廠商直接寄公關品來，雖然沒要求你一定要發文，但基於職業道德跟人情，就這樣白拿別人的東西也不好意思，通常至少也會發個限時動態敷衍一下。

這些沒有酬勞的案件通常發文優先順序比較低，一忙就會忘記處理，最後家裡就會被這些紙箱跟商品淹沒，很可怕。

但最可怕的是：萬一廠商其實是寄食物，但你又忘了處理，一不小心箱子裡就會孕育出新的生命……

為了防止這種慘況出現，不需要的東西就果斷拒絕廠商好意，收到的東西就盡速拍照上傳，或是當成工作的一部分寫進行事曆謹慎規畫吧！

KNOWLEDGE

story 12

殺蟲劑殺了我的錢

我本來曾經想著：只要能成為千萬部落客，也許有一天能光靠著廣告分潤就不用上班了吧？於是我更努力寫文章。

有一天，我剛寫完一篇甲蟲飼養教學。

「好！這篇寫得不錯，雖然這種蟲不好養，但有了這篇教學大家應該就養得活了吧！」我按下ENTER送出文章後，可是又發現了一個大問題！那就是我旁邊的Google廣告正用超爆幹大的字體寫著「家庭號殺蟲劑，只要一罐，什麼蟲都殺得死。」

搞什麼鬼啊Google！我寫甲蟲飼養教學，你旁邊廣告賣殺蟲劑！！！

但我又很好奇到底家庭號殺蟲劑是什麼樣子……就點進去看了一下，發現其實只不過是比較大罐的水煙殺蟲劑而已嘛！這廣告投放太不精準了，我的讀者肯定不會去點。

於是我用了一個晚上研究，反覆測試，總算是讓廣告不再顯示殺蟲劑廣告了。

結果隔天Google說我的帳號有不當點擊，就把我的帳號BAN掉了。

KOL 知識庫

小心被 BAN ！詳讀規則與合約

我的Google AdSense就這樣被永BAN了，因為系統說我是累犯。

除了這次不當點擊廣告以外，我以前也曾經寫過一篇電影影評，圖片放了《暗黑天使》的男主角海報，男主角大方露出大胸肌跟六塊肌，很性感，然後我就被系統警告「張貼色情成人內容」，而且申訴還失敗。

創作者在面對平台的時候，就是小蝦米對大鯨魚，它們想對你的帳號動什麼手腳，你幾乎沒有任何辦法反抗。不管是人力審核還是AI，都一天到晚出包，至今不知有多少專頁或頻道一夕蒸發……

例如Facebook有一陣子會自動偵測「殺」、「打」、「揍」等字眼，我一個朋友在《艾爾登法環》剛出來的時候，被新手村BOSS打成肉餅，打了兩小時好不容易過關了，在自己的Facebook雀躍大喊：「好耶！我終於打死大樹守衛啦！」。

結果被BAN7天。

雖然防不勝防，不過還是要盡可能去了解平台的規則與使用者規約，才能降低自己出事的機率。

KNOWLEDGE

story

13

消失的電競少年

我在花蓮教書的那段期間，也不是只有養蠱而已。畢竟本職是教學，每天都很認真上課，課餘也會努力磨練自己的教學技術跟關心學生。

當時有一個學生，一天到晚在做蠢事，還會跟老師頂嘴。但他不會嗆我，甚至還會在下課的時候來問我問題，這讓其他老師非常吃驚，帶著讚嘆的語氣問我：「孫老師，那個孩子不是不愛讀書嗎？竟然下課會留下來問你問題！？太厲害了！」

但其實啊……他根本不是來問我英文的！而是來問《英雄聯盟》怎麼出裝。

腦袋很聰明的他，國一就打上了白金，在同學間無人能敵。可惜的是一山還有一山高，老師我可是鑽石，技術跟觀念都打爆他，所以他非常尊敬我，到了我的課就成為乖寶寶。

不過他英文都考不及格，我只好把他抓來教訓一頓「你這種成績以後怎麼考大學，怎麼找工作？」

「老師，我不需要唸英文，我以後要成為像FAKER一樣的電競選手！靠打電動賺錢」他一邊頂嘴，一邊眼神閃閃發光。

我看著他離去的背影，覺得耀眼。

但他最後也沒當上電競選手。

KOL 知識庫

嚴禁眼高手低設置錯誤的對標！

從今天回頭去看，這位同學的確沒能實現電競選手的夢想。

其中最大的關鍵就是：設定了錯誤的對標。

我們常常說要DREAM BIG，但胸懷夢想的同時，還是得腳踏實地去擬定策略。太多太多想要成為電競選手、實況主、YouTuber的人，因為一開始就把目標設在短期不可能達成的高度，導致第二步就摔得滿身傷，失去信心後放棄夢想。

為什麼會這樣呢？因為金字塔頂端的這些贏家，成功經驗往往是無法複製的。

尤其自媒體拉近了名人跟一般人的距離，讓新人產生一種「他可以，所以我也可以」的錯覺。

但起跑點的差距是讓人絕望的。其實很多的YouTuber是富二代，家裡有礦，根本不用上班，頻道還沒開就可以找齊職業後製團隊，最頂級的設備不說連製作人、企畫、攝影師、剪輯師都找好了。

但一般普通人想進來做，除了白天要上班以外，從企畫、攝影到拍片與剪輯全部都要一個人弄，根本忙不過來。

更容易出現的問題是：很多人還沒踏進來之前，因為每天都

KNOWLEDGE

在看頂尖的創作者生出來的高品質作品，所以腦海中構築的成品也都是相當高品質……但是！等到自己實際開始製作才發現：自己沒有足夠的資源與技術力。

現實是殘酷的。創作者的初期收入基本上是0，家裡沒錢、父母不支持、找不到金主、自己又沒有積蓄的話，基本上很難撐住任何形態的創作。

做這行的相關產業幾乎全部集中在大城市，甚至可以說能供選手發揮的舞台幾乎只在台北。

白金的牌位，也許可以讓他稱霸一所鄉下國中，但要跟全國頂尖的競爭者比，真的不夠。

與其一開始放眼金字塔頂端，然後不斷遭遇挫折後放棄，不如把目標切成小一點，分段達成，比較有成就感也比較容易成功。

FAKER 是韓國的《英雄聯盟》傳奇職業選手，共拿過 10 次韓國聯賽冠軍，3 次世界冠軍，也是當時全世界排名最高，薪水也最高的電競選手。

KNOWLEDGE

KOL實戰篇

網紅觀察室

你在追夢的路上跌倒過嗎？

你摔得滿臉是血，好痛、好累、撐不住了，心中不斷懷疑自己：是不是我就只能走到這裡為止了？

別怕！所有創作者都走過這一段幽谷。有的人會說「撐過去就是你的」，但我反而不建議硬撐，因為有的時候不是你爛，只是你還沒找到屬於你的舞台而已。

例如Joeman，很久以前他還不是Joeman，而是新莊馮迪索。我因為玩《星海爭霸》追蹤他，偶爾看他打遊戲，也聽過他報比賽。

他當時努力了好久都紅不起來，最後毅然決然轉型，從實況主轉型成YouTuber，節目大放異彩，企畫一個比一個精采，現在已經是台灣數一數二的頂尖YouTuber了，訂閱人數高達250萬人！（比台南人口還多）

這故事告訴我們：埋頭苦幹不如聰明的幹，冷靜評估自己的優勢與劣勢，分析手上的機會與預測將面臨的威脅，遠比無腦硬幹更容易突圍。

Joeman很棒，學學Joeman。他在自己的頻道會不定期分享他的思路與策略，想不斷精進自己的創作者一定要好好研究一下！（關鍵字打：「網紅觀察室」就對了！）

最後我要偷爆料一下：Joeman之前跟我借了一本《如何交女友》的書還沒還我。

Chapter 3

斜槓人生

Story 14 黑貓老師誕生
KOL 知識庫 如何面對創作的倦怠？

Story 15 重返學校
KOL 知識庫 狡兔三窟的斜槓，是創作者必需的技能！

Story 16 第二次的開台直播
KOL 知識庫 聊天室的管理訣竅

Story 17 我家的貓不但會後空翻還會付帳單
KOL 商業模式 3 創作者的主要收入來源「業配」

Story 18 來自臉書的詐騙電話
KOL 商業模式 4 直播主的薪水怎麼算

Story 19 創作的燃料
KOL 商業模式 5 訂閱與斗內

Story 20 說書模式 開始！
KOL 知識庫 跟緊時事，善用趨勢

Story 21 紅蟳事件
KOL 知識庫 應付炎上

Story 22 第一本個人書《歷史就是戰》出版
KOL 知識庫 出書與開課

黑貓老師誕生

在花蓮教了兩年書後，我回到南部的補教業上班。

也是在這個時候，我因為把我的黑貓設成LINE頭像而被學生叫作「黑貓老師」，我就順勢把我的Facebook粉絲專頁一併改名成「黑貓老師」了。

當時我每天把高鐵當捷運坐，一週七天都要跑班，屏東、高雄、台南、台中、彰化跟台北都要上課，常常早上6點出門，晚上12點回家，是我人生中最黑暗的一段日子。

這一段日子，我天天累成狗，完全沒有心力創作，只有在坐火車或是吃飯的時候可以喘口氣，上網看一些貓貓狗狗的療癒影片。看完後我心想：也許這世界上某個角落也有個能量耗盡的人需要療癒一下，於是我就把我看到的療癒影片、好笑動圖全部按下分享，轉貼到我的專頁上，反正我也只剩下動動手指的力氣。

我以為只要拚個幾年，很快就有屬於我自己的事業。但人類的身體是有極限的，一年過去，我沒有得到屬於我的事業，倒是得到了消化道潰瘍跟足底筋膜炎。

我倒下去了。

為了健康，我辭了工作，躺在自己的床上狂睡。這才發現黑貓老師已經有10萬人追蹤了。

KOL 知識庫

如何面對創作的倦怠？

跟大部分工作不一樣的是：「創作」不是等價交換，並不是你投入多少時間，就會有多少回報。有時候你絞盡腦汁，花了好幾天生出一部作品，結果卻沒人看。然後隨便路邊拍隻可愛狗狗汪汪叫卻爆紅。

再加上平台難以捉摸的演算法，導致今天成功的公式，可能明天就不能用了，流量一直下降時，這時候任何人都會開始懷疑自己，覺得自己是個廢物。

為了證明自己不是廢物，很多人會馬上再投入下一次的創作，想贏一把回來。但不斷工作、沒有休息、沒有新刺激，很難讓人想出什麼有趣又吸引人的點子。

在這種充滿不確定感的環境，會讓人心力交瘁，此時最容易出現所謂的「burnout」，也就是倦怠，更嚴重甚至還會出現身心疾病。

為了避免這種狀況，做自己喜歡的事很重要，適當的遠離社群媒體也很重要，休息更重要。一定要訂好自己休息的SOP，甚至把休息排進行事曆，睡滿7小時、養成運動習慣或是至少要找機會晒一下太陽之類的。總之，記住老師一句話：「沒有任何東西值得拿健康去換。」

KNOWLEDGE

15

重返學校

休養了一陣子後，身體好一點了。雖然被醫生命令不能喝咖啡，但已經不會一天到晚火燒心（胃食道逆流）。

養病的日子很廢又很爽，但因為我不是富二代，所以躺個半年就又回去工作了。

這一次任教的學校是花蓮一間高職，成績不怎麼好，基本上就是間8＋9學校，這不是誇飾，真的是一堆混宮廟的，運動會的進場幾乎全部都是抬轎抬著班導進場。

因為這些孩子根本無心念書，所以我教得很辛苦，所有學過的教學技巧都派不上用場。但後來我發現：光是讓他們願意上學，家長就已經感謝到不行了，最後反而是我從這些孩子身上學到各種人生故事。

而且，也因為課程太簡單，所以我完全不用花時間備課，多了很多的時間可以讓我寫文章或是鑽研其他興趣。

於是我白天去學校教書，晚上回家打遊戲，有靈感就打文章、假日養蟲，偶爾出去旅行，寫些遊記跟食記，過著愜意的斜槓人生。

KOL 知識庫

狡兔三窟的斜槓，是創作者必需的技能！

作為創作者，可以說是一定要學會開斜槓。

不論是一邊工作一邊創作；還是一邊創作一邊再找另一件事情做，都是很重要的。因為平台可能會走下坡、帳號可能會出事、演算法可能會改動、自己也可能會生病（或變老）或是過氣。把人生單押在這麼不穩定的事業上，風險實在太大。

所以一定要開一些斜槓，在不同平台上開帳號並走不一樣的路線，彼此可以相輔相成，也更有機會找到自己的可能性與商業機會。

像是我本來是寫Blog，後來跑去Facebook寫文章，之後變成遊戲實況主，結果當不了實況主後，我也還有退路：就是繼續回去寫文章，寫一寫就出了書成為作家，同時又經營了YouTube跟Podcast，可以說是狡兔三窟。因為我認為有得選擇的人才不會被逼上絕路。

當然啦，做的事越多，越容易分散資源，而且有的人就是喜歡專心做一件事，全力以赴all in幹進去，所以最後還是要取決你有多少時間與資源可以分配，以及你自己的個性適合哪種路線。

KNOWLEDGE

第二次的開台直播

當老師的人卻整天打電動感覺有點怪怪的。畢竟當時打電動被視為是不務正業的事情。

「那我就把打電動轉變成是一件有生產力的事情不就好了？」以前當學生的時候礙於資源不夠，沒當成實況主。現在出了社會，有了足夠的薪水換電腦，也有錢拉很快的網路，那我為何不乾脆開台玩呢？

尤其這幾年過去，科技跟環境都進步了，軟硬體都變得更容易設定，我也有了一些觀眾基礎，所以第二次的開台十分順利，以前的問題全都迎刃而解！

但我遇到了更多以前沒想到的問題。

最主要的問題是：一邊打遊戲還要一邊回應聊天室根本超難的啦！

我本來就不擅長一心多用，現在不但要打遊戲、還要顧聊天室、另一隻眼睛也要盯著後台數據，最困難的是還要不斷邊玩邊做效果！初期完全是手忙腳亂，一天到晚放送事故！

以前遊戲打一整天都不會累，還會回復體力。

現在開台打遊戲才一、兩個小時我就燃燒殆盡，化成雪白的灰。

KOL 知識庫

聊天室的管理訣竅

經營遊戲實況或直播，最大的難題一定是跟聊天室互動。

只有極少數的職業玩家可以只靠專心打遊戲還能保有觀眾，因為大多數人來看台就是想跟實況主互動，實況主不跟他聊個幾句，他們就會跑去看別台。

人際關係永遠都是人類最難過的一關，所以聊天室的觀眾會跟實況主呈現一種亦敵亦友、相愛相殺的複雜關係。而且說得直接一點，實況主會比任何其他類型的KOL更需要直接面對觀眾但怪洨人實在太多，比如最常見的幾種大概有：

· 情緒勒索

「主播怎麼不理我」、「主播我剛剛有問問題你怎麼都不回」……雖然觀眾都想要跟實況主互動，但進行直播的時候不一定有辦法互動，或是因為聊天室刷很快錯過訊息。這類人就會重複洗頻來刷存在。

· 說說哥

「異度神劍2很好玩喔，你可以開來玩啊」、「你可以開VR beat saber啊！」、「你出周邊我一定買爆！」，這種說說哥常常會口頭給予建議或支持，但你真的照做時，他們又不一定買單，害你平白無故花費多餘的心力。

KNOWLEDGE

・暴雷仔

這種應該不用解釋，只要玩有劇情的遊戲，就是會有人跑出來暴雷，好像不讓別人知道他玩過這遊戲他就會死掉似的，嚴重破壞大家的遊戲體驗。

・鍵盤指揮官

「你剛應該要出坦裝啊！蠍子出坦裝才強」、「你剛剛怎麼不往右邊走，右邊可以拿到特殊道具」，像這種鍵盤指揮官通常沒有惡意，但會過度熱心的提供情報，想要遙控實況主。

・酸民

酸民也是所有KOL不可避的職業傷害，例如我打魔物獵人時，就曾有人一連進聊天室就罵「爛死了」、「這麼弱還敢開台」，有的還會批評實況主聲音難聽、長相難看或是身材不好……等人身攻擊。

・離題哥

離題哥也是很常出現的類型，常常出現講一些跟你遊戲毫無關聯的話題，有時是自顧自的講自己的事情，有時是硬聊跟話題不相干的事，或是其他網紅甚至是政治人物的八卦。

KNOWLEDGE

·廣告仔與機器人

來貼連結或是打廣告，十之八九是詐騙集團或病毒連結。

以上這些都是100%一定會遇到的怪洨人，開台前請一定要先做好心理準備：

「要是我遇到了該怎麼辦？」

一般常見的處理法有：

1.規則寫清楚。

2.多請一些管理員（俗稱MOD或扳手）。

3.能無視就無視。

4.無法無視就BAN掉。

5.培養觀眾要是看到怪留言就趕快把留言洗掉。

有些實況主會把這些違規的人抓出來噴，罵他個狗血淋頭。雖然這樣很爽，也很有效，但我個人比較建議要盡量冷處理，因為這些人的目的很可能就是想吸引關注，你抓出來噴就稱了他們的心。而且萬一被你痛罵一頓後，這些人粉轉黑，開始到處講你壞話、散布謠言就很難處理了。

想像中的開台
又CARRY
了一場，
聊天室
刷一排666
實際上的開台
這裡是哪？
我是誰？
打招呼
做效果

KNOWLEDGE

我家的貓不但會後空翻還會付帳單

自從追蹤人數破十萬後，我的合作邀約越來越多。

雖然大部分是互惠合作，但因為合作對象包含了許多有名的大廠，例如三星當時最新的手機也來請我幫忙宣傳，所以我很得意，也很滿足。

直到有一天，終於有廠商直接找我談有酬的合作！！

「好耶！！」我好開心，想說終於可以靠創作來賺錢了！於是我用最快的速度把大綱寫出來，再拍了美美的商品照交給廠商。

「……」結果廠商似乎不怎麼滿意的樣子？

「……那個，黑貓老師，不好意思」

「我們希望產品能跟貓咪一起合照」

！！！！

原來要的不是我！而是我的貓嗎？於是我養的貓，變成養我的貓。這個家的主人正式成為了馬六。

KOL 商業模式 3

創作者的主要收入來源「業配」

在台灣的KOL，最主要的收入來源就是業配，也就是「業務配合行銷」，或稱「置入式行銷」，要講工商也是可以，總之就是拿廠商的錢宣傳產品。

有的廠商可能會要求在影片中使用產品，有的可能會希望你把品牌LOGO打在畫面上，最常見的就是發一篇使用心得介紹後再附上導購連結，總之內容與模式由雙方自己談好就好，如果你的流量夠大，就可能會有公關公司、廣告代理商或是廠商自己的窗口來詢問合作的機會。

合作的流程，基本上會像這樣：

1. 廠商寄信來問要不要合作，並介紹產品、檔期，接著問KOL價錢怎麼算。
2. KOL回信表達意願，然後在信件中說明合作模式與報價。
3. 雙方確定合作內容後簽約（或寫合作備忘錄）。
4. 廠商將想推廣的產品寄給KOL（或是附上發文需要的素材）。
5. KOL製作內容並給廠商過稿。
6. 廠商說OK後，KOL在約定的時間發文。
7. 廠商提供勞務報酬單給KOL簽名。
8. 廠商匯錢。

KNOWLEDGE

當然，實際上合作內容不一定會像這樣，主動提案的人也不一定是廠商，有時候KOL也可以主動出擊詢問合作機會，但不管怎麼樣，扯到錢就容易有糾紛，所以內容談得越詳細越好，最好一定要有訂金跟合約才做事。

若是先把商業模式固定下來，做好報價單（sales-kit）跟制式合約，用一套固定的 SOP 去對接窗口的話，可以省下大量的溝通成本喔！

詳細說明請翻到 p.173「好用的報價單該怎寫？」

KNOWLEDGE

來自臉書的詐騙電話

我一開始並沒有把我的遊戲實況當作一回事，純粹覺得好玩就一直開。

當時最大的串流平台是Twitch，然後微軟看到Twitch蓬勃發展，心裡就覺得「直播好像有搞頭喔？」就花一大筆錢創了一個平台叫作「MIXER」，還把Twitch當時最大咖跟第二大咖的實況主一起挖走。

再來換YouTube跟上， 馬上加開一個「YouTube Gaming」一起作遊戲直播。

最後Facebook看大家都進場了也不落人後，推出「Facebook Gaming」來應戰。

我本來最主力經營的平台就是Facebook，粉絲都在這邊，所以選擇Faccbook開台也合情合理，然而，才開一次我就崩潰了，因為Facebook有～夠～爛～的～啦！別的平台都可以開到1080p的解析度，就Facebook只能開到720p！

最靠北的是，Facebook的延遲幾乎是一分鐘這麼久！

一分鐘！！！

我打《英雄聯盟》，對線被幹掉，接著人都復活走回線上了，我的觀眾才開始笑，真的太扯了，Twitch跟YouTube的延遲都在5秒以內！而且慢就算了，跟觀眾互動的體驗也很差，還會吃留言、掉幀、爆ping跟斷線。

「到底誰要在這種爛平台開台啊！！」我氣到關台。

結果當天晚上Facebook台灣的代理商打電話給我：「喂？請問是黑貓老師嗎？」我嚇一大跳，是因為我罵太兇所以要被告了嗎？還是假裝Facebook的詐騙集團？但對方用很誠懇的語氣接著說：

「我們想邀請您加入我們Facebook Gaming，成為官方的實況主～」

我心裡想著「我才不要勒，你們這麼爛。」

「依照您的粉絲人數，我們願意提供一個月〇〇〇〇〇〇的月薪～」

於是我隔天就上台北簽約了。

KOL 商業模式 4

直播主的薪水怎麼算

直播平台的簽約金與薪水其實並不是一個常見的模式。

我的狀況是發生在2017，當年台灣的實況平台霸主是Twitch，觀眾都習慣在Twitch看台，實況主幹嘛沒事找事去其他地方開台？所以新的平台就必需提供更優渥的條件吸引KOL，再靠我們這些KOL把粉絲導流過去，才會用簽約金跟固定薪水來挖角我們。

但以上的狀況是單指遊戲實況，如果是表演才藝或是聊天交友的手機直播主，月薪甚至是經紀約的商業模式就很常見（而帶貨直播主的情況又是完全不一樣的世界）。

不管哪一種，只要簽約後，規定就會變很多，自由度大減，而且都還要簽「NDA」，也就是保密條款，所以我這邊沒辦法說出薪水的數字跟合約的詳細內容，只能說這數字比我當老師的薪水還多很多，多到我根本沒辦法拒絕。

註 1：現在 YouTube Gaming 收起來了，MIXER 也倒了，Facebook Gaming 在日本跟台灣也發展不起來，重心跟預算移去東南亞跟其他國家。
不過 YouTube 就算收掉 Gaming，光靠改善本來平台的功能，也穩穩地建立出截然不同的直播生態系，甚至還能對 Twitch 步步進逼。

KNOWLEDGE

註 2：很久很久以前，實況平台普遍規定開台只能打遊戲，你想跟觀眾純聊天都不行，至少要開個遊戲掛著，不然會被管理員踢下線。所以「Streamer」這個字就是「遊戲實況主」。

但隨著實況的發展，慢慢有不同類型出現，開台但不打遊戲的台主越來越多，這些人則是被稱為「直播主」、或是「主播」。在 YouTube 開台的則跟做影片的一樣被叫 YouTuber。

順帶一題，日本跟台灣也有人會用「Liver」來稱呼直播主，但歐美比較少人用這個字，可能因為肝臟的英文也是寫作 Liver 吧。

KNOWLEDGE

創作的燃料

常常看到有人鼓勵他們喜歡的創作者：

「做你自己就好！」

這句話很溫暖，也很有用。

但效果大概只能維持幾個小時而已……

因為這世界沒有那麼溫柔，堅持做自己的創作者往往會被演算法跟資本主義市場亂刀捅死。

如果真的希望創作者能做自己。

最有效的方式，就是拿鈔票砸他。

KOL 商業模式 5

訂閱與斗內

不管哪一種類型的創作，都需要錢。

創作者是人類，不是神仙，光是活著就要錢，房租、水電、三餐都要基本開銷，拍片的要去買材料、買器材、打遊戲的也要買主機、買遊戲，就算是寫字、畫圖的也都有各自創作的代價與成本。

但很多時候，創作者開始收錢接業配後，就會有粉絲棄追，走的時候甚至還會私訊來罵你「忘了創作的初衷」。遇到這種的真的會讓人吐血。

還好，這世界不是只有這些免費仔，溫暖的粉絲也很多，他們都是天使，會用溫暖的新台幣贊助你，這種行為叫「斗內」（Donate），不同的平台有不同的機制鼓勵觀眾打賞，然後再從中抽成30～50%左右。例如手機直播常常聽到什麼「刷火箭」、「刷跑車」，或是Facebook叫「星賞」、YouTube叫作「SC（Super Chat）」，Twitch則是叫「小奇點」，這些都是贊助，只是名稱不一樣而已。

如果不想被平台抽成，也有人直接貼出帳戶讓粉絲匯款，但公開帳戶難免會有個資上的疑慮，所以這時就要串接第三方金流平台收款，通常手續費在3%左右，國內常見的就是綠界、藍新、歐付寶，國外則是PAYPAL。

KNOWLEDGE

如果是長期的贊助，就是用信用卡按月扣款，這種會叫「付費訂閱」或是「深度會員」，甚至也有很多的平台會協助KOL按月收錢，甚至還可以依不同的價位分不同的等級，給不同的權限，例如Patreon、Only Fans，就看創作者自己想走哪種商業模式。

KNOWLEDGE

說書模式　開始！

時間來到了2017年。

這個時候全台灣有很多學校辦校慶，訂一些主題讓學生發揮創意，順便消耗一些血氣方剛無處發洩的體力，留下一些青春的回憶。

但新竹的一間高中卻不知道哪根筋不對勁，其中一個班級在校慶遊行Cosplay希特勒跟納粹軍隊，還行納粹禮！想當然耳，影片一被上傳馬上引起軒然大波，新聞媒體與社會輿論都在圍剿這群高中生。

但我畢竟也是個學校老師，覺得不能置身事外，於是逆風發文加入了戰局幫孩子們說話。我的切入點是我們的歷史課本對於第二次世界大戰的敘述只有一點點的篇幅，根本沒將當時的時空背景講清楚，高中生當然沒辦法了解拿這件事開玩笑的嚴重性。

文章一發出去，就有網友問我：「那老師可以解釋一下德國在第二次世界大戰中的前因後果嗎？」

我平常雖然是個英文老師兼部落客，但興趣是研究歷史，還是個軍事宅，二戰的前因後果我熟得很！於是我就熬夜打了一篇6000字的第二次世界大戰懶人包。

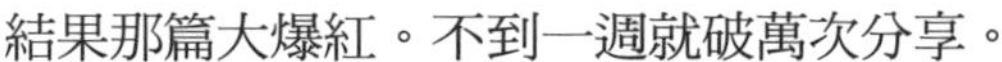

結果那篇大爆紅。不到一週就破萬次分享。

累積觸及人次突破七百萬，我的粉絲專頁一天暴增一萬人追蹤。從此開啟了我說書人的路線。

這是當天的後台數據截圖，按讚人數直接漲停扳。

KOL 知識庫

跟緊時事，善用趨勢

小米的創辦人講過一句話叫「站在風口上，豬都會飛」，經營自媒體的人只要跟風跟得漂亮，就有免費的流量。但是蹭時事也有一定的風險，因為蹭人的同時也會被蹭，被挑戰。

一種米養百樣人，網路上會有各式各樣的人，當這些人跟你抱持反對意見的時候，就很容易吵架；就算你不吵，兩派人馬還是會在你的留言區吵起來。

在演算法運作下，平常跟你觀念不同的人是不會看到你的專頁或頻道的。但如果你聊時事，這些人就很容易被演算法或是媒體報導帶過來，有的人是想理性討論；但遺憾的是……有些人只是想來噴人，不管你多用心溝通都沒有用。跟這些人辯論只會沒完沒了，太認真反而會走心，情緒一上來，不但對心理有不好的影響，衝動回覆留言可能又會節外生枝。

所以這時要「換位思考」一下：「是什麼樣的原因讓這個人有這樣的發言呢？」可能對方從小長大的環境不同、也可能對方受到的教育不同，導致雙方有資訊的落差。

當然，如果沒辦法溝通，也可以不理會，你本來就沒有義務要回覆所有留言，把時間省下來，當作對方腦子有洞又沒讀書也是一種解答！

KNOWLEDGE

紅蟳事件

有一次我去阿嬤家吃晚餐，我們就在客廳邊看電視邊吃飯。MOD播了一個叫作《刺青》的中國影集。

內容是民國初期的時候，有四個背上有刺青的少女要被抓去獻給海神，從此開始很衰的命運，不但內建家破人亡的詛咒，家鄉被日本人侵略，連劉海都被剪壞了。

但少女們沒有對命運低頭！反而努力在雙魚堡活出精采的人生！！（是說雙魚堡怎麼聽起來好像某種漢堡啊……）

接著有一幕是這樣子的：

壞人登場了，他一臉壞人臉，戲裡面是演日本人，但怎麼看都是中國人，講著一口非常標準的普通話，日語卻只會講「唷西」（好耶）、「巴嘎」（笨蛋）兩個字。

這個壞人看上女配角，綁架了她，目的是想要把女配角背上的刺青連皮一起剝下來當標本。

知道這件事的女主角當然不能袖手旁觀，於是就裝扮成剝皮師父去救女配角。

然後就在潛入敵營要開始剝皮的時候……女主角展現神手速，抓一把嬌娃爽身粉就往日本壞人眼睛噴！

「眼睛～眼睛～」日本壞人眼睛很痛，倒在地上滾來滾去。

女主角彎腰搶了壞人的手槍，一槍把兩個跑進來的日本兵爆頭。

兩人繼續逃跑，但跑錯路，跑到了後院，被10個日本兵攔截，女孩們只好躲在樹叢後面。

「碰！碰！碰！碰！」日本士兵一字排開，用步槍不斷地射擊，但子彈全被樹葉擋了下來，一發都沒打中。

抓到空隙的女主角馬上再跳出來手槍連射，當場射死3、4個日本兵！

但是沒子彈了！完蛋了！！

眼看女角們命懸一線，男主角就從正門跑進來，從褲子掏出一顆手榴彈，把日本人全部炸飛了。

故事結束。

我看得超傻眼，這就是俗稱的抗日神劇嗎？前後邏輯都不用顧欸。

「……這是在演蝦米？」連我阿嬤都看不下去……，而且不知道為什麼，阿嬤突然進入回憶模式。

「日本人哪有那麼笨啦，我小時候在澎湖啊……我們村子的日本人，都不准我們做買賣。」

「種的東西全部都要上繳。」

「然後日本人再重新分配給大家，說這樣才平等。」

「米很多，配番薯跟高麗菜煮很好吃，不然就配鹽巴捏飯糰。」

「一個禮拜會發三次肉，大部分是豬肉。」

「我們都會把肉留下來，偷偷跑去跟其他日本人換東西。」

「所以你看電視演的這些攏是假的啦！」

「之後日本人走了以後……就沒有白飯吃了……」

我這時還以為阿嬤要講什麼悲傷的民族回憶……

「……但我們澎湖人都很會抓魚啦！」

「每餐都吃魚湯、生魚片、炒螺肉跟龍蝦。」

「中國人還以為我們會餓肚子，故意把米賣很貴，但其實我們都自己種地瓜、玉米跟高粱。」

「有一次，我們家吃紅蟳吃到真的很膩了，才去跟他們換一些米回來當配菜。」

然後影集演完了，阿嬤就跑去廚房洗碗。

剩我一個人在客廳想像「吃紅蟳吃到受不了，只好低頭去跟別人換米」到底是什麼感覺……

KOL 知識庫

應付炎上

好，這篇乍看下好像跟經營自媒體無關，但其實100%相關，而且會是經營自媒體「必定」會遇上的事。

什麼事呢？

「政治。」

台灣因為有著複雜的過去，所以土地上有著各式各樣的勢力不斷的互相拉扯，最後演變成複雜的政治立場衝突。

在選舉手段的操作下，許多人對於政治特別熱中，已經到了狂熱的程度。

我當時在聽阿嬤講完這個故事，覺得實在是太有趣了，就把這件事貼到粉絲專頁。

一開始大家都覺得很有趣，還討論澎湖的海鮮有多好吃。

但後來就出事了。

有人把這篇文轉貼到政治社團。

KNOWLEDGE

陸續開始有人跑來罵我是「皇民」、「倭奴」、「日本人的狗」，說我美化日本殖民、醜化民國政府，甚至還說我阿嬤騙人，用非常糟糕的話咒罵我甚至阿嬤。

我阿嬤不過就是回憶她小時候的故事，講給孫子聽。而且我故事也沒有交代任何時空背景，結果這些政治狂熱份子們竟然可以腦補出一段故事：指控我是台獨份子，故意編故事抹黑他們支持的政黨。晒貓跟貼迷因到20萬人追蹤，目的就是為了要在選舉的這一刻洗腦年輕人。

由於整件事情實在太瞎了，我的粉絲跟另一派政黨支持者也開始在留言區反嗆回去，場面亂成一團。（認真討論歷史跟海鮮的人則完全被其他爭吵蓋過去。）

吵了快一個禮拜後，烽火才慢慢散去……

那一週我的觸及率暴增到160萬人次，互動率也是平常的2倍，還增加了400%的按讚數。

只看結果是我賺爛，又有流量，又圈到粉絲。

但我心情還是很差，畢竟我是想走療癒系路線，而且我阿嬤講的故事，從澎湖縣志的文獻記載中完全是對得起來的，甚至直接到wiki上都查得到，但這些人不想討論只想來吵架，吵完就跑，就算我之後在粉絲專頁跟podcast有解釋更詳細的背景故事並補充歷史，但這些人因為沒有追蹤我所以大概也不會看到，真的很無奈。

近幾年這種風氣越來越嚴重了，任何人都有可能因為任何原因被炎上。

除了藍綠、統獨這種必吵以外，種族、膚色、性別、性向與宗教也都是一不小心就會燒起來的話題，如果沒有要藉由爭議來賺流量，那各位發文前一定要非常小心。

現在沒被炎上過，
都不敢說自己是網紅了……

KNOWLEDGE

第一本個人書《歷史就是戰》出版

我的歷史說書人路線其實沒有持續很久。

因為我發現講歷史故事很容易跟政治綁在一起，所以每次講完留言區都有一堆人在吵架，但我希望我的專頁可以為世界多帶來一點能量，一天到晚讓不同立場的人對罵實在不是我想走的路線，經紀人也不希望我惹是生非，所以說故事路線漸漸地轉換成神話故事跟遊戲劇情解說，其他時間則是開遊戲實況。

不過這段時間累積的作品量也滿夠的，有出版社來找我出書時，我興奮地一口答應，畢竟出書可是我從小到大的夢想之一。

但我萬萬沒想到……出書竟然是如此痛苦又困難的一件事。我一邊教書，一邊開台，一邊寫書，生活就是修羅場，每天累成狗，日日夜夜邊打字邊哀號，後悔自己為什麼要折磨自己。

隨著截稿日越來越近，我進度依然沒有動靜，一開始跟我合作的編輯也離職了，接手的編輯跟我磨合時間又不夠，我第一次出書，根本不知道怎麼安排進度，沒有人催我就一直拖，拖到最後總編輯出馬用上各種招式威逼利誘，才勉強在最後一刻把書趕出來。

我一開始很不喜歡我的書。

從開始寫第一章就不斷懷疑自己「我真的夠格嗎？」，畢竟我又不是歷史系本科，頂多只是文筆好一點才會比別人受歡迎一點，比我厲害的歷史學者們大有人在，憑什麼是我出書而不是他們？

「你沒資格啊，沒資格」每次看到我的書，都彷彿有個聲音不斷地在我耳邊細語……但事情還沒完。身為作家兼KOL，其實不是交出稿子就沒事了，書上市了還要幫忙賣，畢竟行銷也算是KOL的專業。

這時編輯幫我跟媒體牽線，希望我能打一篇獨家內容讓他們當新聞稿。

「好，我寫！」我打了一篇日本零式戰鬥機的故事，講述美軍跟日軍的思維如何從小小的差異，一步一步扭轉戰局。

為了故事的精采，我塞了一些時事梗：當時正逢剛上任的民進黨政府修勞基法修到讓很多人不爽，我就加了一段日本飛行員都過勞才打不贏美軍的橋段。（這是史實，日軍真的常常得連續飛五、六個小時到戰場拚命。）

媒體一看，非常開心！隔天就用一個聳動標題：「慣老闆心態害日本慘輸一戰」直接放上首頁。嘩！剛好跟上時事，狠狠臭政府一波。文章馬上爆紅，不管是聊政治的、聊軍武的，還是聊歷史的，到處都在轉發，不過有很多人跟我抱不同意見，甚至發文章抨擊我不專業。

當時看到許多我有追蹤的歷史專頁跟軍武專頁一起踩我，我的心真的好痛……才剛上市就被罵得這麼慘，我想應該是連首刷都賣不掉了。

就在我難過到不行的時候，收到粉絲發訊息來跟我說他買不到我的書……等等，買不到我的書？已經上市一個禮拜了，應該書店都上架了才對啊？於是我趕快打電話問出版社，編輯說：「黑貓老師！首刷已經賣完了，要二刷囉，恭喜！」

「欸不是？不是被罵很慘嗎？」原來……這就是所謂的「炎上商法」，雖然很多人罵，但是越多人罵就越有流量，然後就會觸及到更多真正會掏錢出來買書的客群。

總之，我的第一本書《歷史就是戰》第一個月就賣了三刷（至今已超過十刷）。

先前的自我懷疑、自我否定跟自我厭惡，在版稅匯進來的那一秒，全部煙消雲散，如果被罵一次就能多賣一刷，那大家想怎麼罵我都沒關係！

大家都是我的貴人，我愛你們～～

KOL 知識庫

出書與開課

在現代，出書已經不再像以前可以發大財了，大家比較偏向把出書當成解鎖人生成就。

出版社也喜歡找KOL出書，因為這個年代行銷快要比內容重要了，與其找個新作家賭一把，不如找個網紅出書，省下一筆行銷預算，至少靠他的粉絲可以保底賣完首刷，能二刷以上就當賺到。

所以如果經營自媒體到有點名氣的時候，KOL可以認真考慮把自己的創作內容出版成一本書，不但可以賺點錢，甚至可以因此圈到一些本來觸及不到的新粉絲。

如果擅長影片的，更是可以嘗試線上課程。這個時代出線上課程才是真正可以賺大錢的商業模式（雖然可能會被一些人批評是把粉絲當韭菜收割的行為）。

線上課程有兩種模式：一種是直接到平台掛課程賣，這種就是全部靠自己，平台抽比較少；另一種則是平台簽你，幫你量身打造一個專案，還會幫你做行銷，作者只要協助想內容跟一起拍片就好，但平台會抽比較多。

恰巧出版也是分成自費出版跟出版社出版兩種：自費出版也是全部靠自己，包含了排版、行銷、通路跟出貨都要自己來，但是錢就都自己賺；找出版社出書就是只要交出稿子，之後排版、

KNOWLEDGE

行銷、搞定通路跟出貨都會幫你解決，不過版稅只有10%左右。

要選擇哪種方式就看個人了，我自己是貫徹著「相信專業」的原則，所以編書、賣書的事都交給專業的出版社來搞定，不然我在那邊不懂裝懂也不會把事情處理得比較好。

KOL實戰篇

按下停止鍵

如果舉出一位影響我最多的KOL，那一定是阿滴了。

以前還在學校當老師的時候，校方舉辦了一場英文歌唱比賽，我身為英文老師，應該要好好的指導學生唱好英文歌，但我唱歌跟胖虎一樣難聽無比，只好上課放阿滴英文的影片，直接請阿滴跟滴妹教學生唱歌。

結果學生反應超好，比賽竟然就這樣贏了！我乾脆之後上課都放阿滴的影片，學生學習更有效率，我也開心當個薪水小偷。

除了協助我上課摸魚以外，我也跟阿滴學了很多商業變現、品牌經營的技巧。偷學不夠，還直接買了線上課程，他賣爆，我學爆。

除了頻道接近300萬人訂閱的成就以外，阿滴也是我們創作者協會的理事長，被我們當成里長伯，大事小事都找他幫忙，根本是KOL界的哆啦A夢！

前陣子他出了一本書叫做《按下暫停鍵也沒關係》內容是關於經營YouTube與對抗憂鬱症的心路歷程……我沒有開玩笑，我認為所有經營自媒體的人都該買一本回來看！

分享成功經驗的人隨便找都有，但是肯分享在谷底掙扎的人卻非常稀有，有了阿滴的前車之鑑，新入行的創作者們可以買來放在書櫃上當護身符，午夜夢迴時，若是在創作路上空虛寂寞覺得冷，趕快翻開這本書！

Chapter 4

成為實況主

Story 23 成為夢想中的職業玩家
KOL 知識庫 開台直播的進階設備選購指南

Story 24 失速的黑貓大車隊
KOL 知識庫 不能忽視色色的力量

Story 25 差點被掰彎的直男
KOL 知識庫 慎選合作夥伴

Story 26 讓你被 BAN 掉的《俠盜獵車手》
KOL 知識庫 不踩雷又有流量的「未來視」

Story 27 被傳說中的神作給騙了
KOL 知識庫 玩什麼遊戲才能衝高觀眾人數

Story 28 沒有魔物的獵人
KOL 知識庫 實況主與觀眾互動的技巧

Story 29 黑狗老師的誕生
KOL 知識庫 建立內梗與暱稱

Story 30 我實況生涯裡最大的錯誤
KOL 知識庫 做好時間的安排與規畫

Story 31 玩個遊戲都可以失戀？
KOL 知識庫 如何與其他 KOL 連動

成為夢想中的職業玩家

來到台北，租好房子，牽好網路，成為北漂青年的一員，也正式成了小時候夢想的職業玩家。

以前講到職業玩家，我的想像是打比賽給人看的選手，但現在我這份工作的內容不是打比賽，而是打遊戲給人看的實況主，壓力比較小，做起來也比較開心，我很喜歡。

也因為現在是職業的了，電腦從興趣變成生財工具，我決定要再次升級我的電腦，於是我前往光華商場，一間一間的比價，就是要找出最高CP值的配置。

最後……逛了一整天。只買了一包雞蛋糕回家。

到底為什麼猶豫了呢？

其實就是發現我只是得了「換換病」，我根本沒必要在那一刻升級我的電腦。我本來電腦就好好的，所有遊戲都跑得動、開得順，不換也沒關係啊！

於是我成功忍住購物衝動，轉身前往台北車站的音響街。買了一堆我真正需要的東西：一大堆的吸音棉跟雙面膠，大大改善房間的迴音與隔音，讓直播有更好的音質，也比較不會吵到鄰居。

雖然隔天吸音棉全被貓抓爛就是了……

KOL 知識庫

開台直播的進階設備選購指南

組電腦有一個滿重要的原則叫做「買新不買舊」，如果真的想升級電腦，最好的時機點會是在「新一代產品推出」的那一刻。因為新的零組件都帶著最新技術登場，性能一定大幅躍進，未來的升級空間與保值性也會更高。

而如果追求性價比的玩家，更是要等新一代上市之後再買，因為每當新世代一出現，舊的一代就會特價出清，或是可以上網撿其他換換病人汰換下來的二手良品。

前幾章有我直播的電腦設備清單。但過了3年，菜單上有的零件可能很多已經買不到了。如果是2023年的現在，要我五萬以內組一台高性價比的實況機，我會組下面這樣：

處理器	AMD Ryzen5 7600x（$7800）
主機板	微星 MSI MAG B650 TOMAHAWK（$7400）
記憶體	威剛 XPG LANCER DDR5 5600 16G *2（$3600）
主硬碟	威剛 XPG LEGEND 850 1TB*2（$4000）
顯示卡	微星 GeForce RTX 3070 Ti VENTUS 3X 8G（$19000）
電源	微星 MSI MPG A850G PCIE5（$5300）
機殼	微星 MSI MAG VAMPIRIC 300R（$2800）

CPU方面，主要就是INTEL跟AMD兩家可以選，INTEL有好一點的優化，但AMD的CP值高、開台需要的多工處理也強，相容性跟極限也都更好，我自己從以前到現在都是AMD派的，AMD YES！

KNOWLEDGE

7600X是AM5系列CP值很高的一顆，拿來開台很夠用了，當然如果你再往上升7700X、7800X3D都沒問題，就看你錢包的深度（如果要選INTEL的話，建議買到i7以上，至少要買到i5-13500）。

主機板則是配合你的CPU選擇，不一定要挑最貴的，但盡量不要挑最便宜的，主要是電容等用料會比較好，實況機建議還是要穩定的網路線，所以WIFI功能可有可無。

記憶體方面，預算夠就直接插好插滿，就算現在大部分的遊戲32G都吃不滿，但未來還很難說，而且如果要剪片的話，需求也會增加，也可以留兩個槽以後不夠再補插。

硬碟的話，記得主硬碟要用SSD才會快，用HDD會拖垮整個速度，如果直播同時會錄影的話，對硬碟的需求會很大，可以多買幾顆來裝。

顯示卡雖然有NVIDIA、AMD跟INTEL三家廠商，但當實況主沒什麼好選的，因為直播你會需要「NVIDIA NVENC」跟「NVIDIA BROADCAST」兩項功能，目前沒辦法取代，所以只能挑NVIDIA的卡。

以觀眾用1080p的角度分析，3060就足夠應付大部分的遊戲直播了，若是到3070可以完全搞定所有需求，甚至還有一點效能溢出；CP值最高的則是1660ti跟2060這兩張；而要開3A大作最低需求大概是1650，再低就不行了，一分錢一分貨。

如果你想要讓自己的畫面更加流暢、或是未來開2K甚至4K的直播，以及剪片、算圖的需求，那你要買更厲害的顯卡如4080、4090當然也是沒有問題，但就是要注意自己的錢包跟電源供應器都要扛得住。

電源現在基本上就是至少750W或850W，如果未來有可能升級的話也可以上到1000W，穩定的電源對直播非常重要，千萬不要在電源上省錢。

機殼的話，只要裝得下主機板跟顯卡、散熱OK，其他就是看你喜歡什麼品牌或是看得順眼不順眼了，不過實況機常常要外接一堆有的沒的周邊，所以選擇USB擴充多的、插孔好插不會卡住的為佳，另外，要是你用電容麥克風又不喜歡開降噪的話，記得要挑一個安靜一點的。

最後一個提醒：有養貓的要注意一下，要是機殼開關在上方，會有機會被貓跳上去關機。

如果你家的貓不願意溝通，那挑的時候就要避開這類設計。

KNOWLEDGE

失速的黑貓大車隊

很多人以為一個KOL有一萬個粉絲訂閱，他發文就會被這一萬個人看到。

大錯特錯！

其實會不會被看到完全是由各平台的演算法操控，要是沒打到演算法，有20%的粉絲能看到就謝天謝地了（一般大概15%左右吧！）。

為了每次開台或發文能被粉絲看到，KOL必需要經營許多不會被演算法掌握的平台，例如Discord、LINE、Telegram跟Plurk之類的，增加觸及率。

當時剛成為職業實況主的我，為了開台能通知到每一個觀眾，也開了個Discord社群。Discord就像是一個大社團，大家在裡面互動非常熱絡。我本來就只有兩個版，功能相當明確：

◆一個聊天室→讓大家聊天。
◆一個公告區→通知大家我開台了。

結果大家在聊天室越聊越起勁，什麼主題都聊，有動畫、漫畫、遊戲、電影，還有晒貓、晒狗、晒小朋友或是一直貼自己午餐吃什麼的。

因為太混亂了，所以我開始分區，把聊天室再拆成三個討論版：

◆「隨便聊」
◆「聊動畫」
◆「什麼都晒」

「好，這樣夠了吧？」但我顯然是小看我的觀眾了。

大家在聊動畫的討論版一直貼自己喜歡的動畫角色，越貼越色，越貼越露，開車的車速越來越快，為了避免大家一不小心打開App就社死，我只好繼續分流，把「聊動畫」再分出一個「賽車場」，讓人貼些色色的圖，也就是俗稱色圖。

結果新的事件像蝴蝶效應一樣不斷發生。

大家都知道現在人的性癖跟性向都非常多元，每個人口味不一樣，像我就喜歡香香的妹子，可是因為我有一半的觀眾是女孩子，女孩子很多喜歡BL，而還有另一票是喜歡FURRY的獸控。

這可不得了了，性癖不對可是會開戰的！所以我只好把貼圖的討論版分成兩區：一區普通區跟一區18禁，每一區四個分類。

最後變成普通區有：

◆「香香妹子」
◆「帥帥男孩」
◆「毛毛牧場」

色色區有：

◆「黑貓大車隊」
◆「女性專用車廂」
◆「地下牧場」

「這下總可以了吧！？」為了安置我的觀眾們，我一個遊戲頻道裡面的貼圖區比遊戲區還多，到底為什麼啦？我真的超級崩潰，但是……更扯的事還在後面……

大概因為功能太健全了，我的Discord一傳十、十傳百，每天都幾百個人加入，甚至開幾個月而已就有超過3000人加入！但來看我直播的人卻沒有相對增加。

我隨便抓一個新成員，他竟然連黑貓老師是誰都不知道！！我真的要發瘋了！我氣壞了，趕快發公告說：

「我這邊是打遊戲的！不是色情台！！！」

結果我再次失算。公告反而變成傳送門，一聽到有色情的，7000多人聞風而至，我的小頻道一瞬間變成有一萬一千名成員的色群，裡面不但開始有人開始貼交友軟體的廣告，甚至有人開始約性愛派對了。

我走投無路。

只好找個月黑風高的晚上，爆破了所有看板，親手刪掉了我成立沒多久的社群……

KOL 知識庫

不能忽視色色的力量

由於色色是人類的原動力，也是各種遊戲、動畫或電影題材不可或缺的要素，所以根據「Rule 34」原則，色圖是一定會出現的，而且可以帶來非常大的流量。

KOL最好是在一開始就先把規則講清楚，也要對自己的人設與觀眾做好管控，免得日後扯上麻煩。

像Discord對於社群的規範很鬆，只要有加上年齡確認，不要貼些口味太重的都不會出事。但有些平台如Facebook、Instagram以及YouTube，只要有一點點越線，輕則刪文，重則黃標降觸及，甚至警告要刪帳號，不可不慎！

「Rule 34」是一個世界廣為流行的網路迷因，意即「不管什麼事物，只要存在就一定可以跟色情扯上關係，沒有例外」。

KNOWLEDGE

差點被掰彎的直男

上一篇有聊到，我曾經有一個Discord社群，但是我親手刪除了它。因為它從一個1000人的電玩小社團，失控成長成11000人的色情貼圖區。

第二次的Discord，我痛定思痛，低調不宣傳。只有老觀眾才能得到特殊的「駕照」身分組，有了這個身分組才看到特殊的看板。

然而，我果然還是把事情想簡單了……

身為一個社群管理者，當然就要好好管理社群，……但我這裡就一人一貓經營，貓又不做事。

也就是說，我的女性觀眾在BL版大貼特貼的同時，我一樣要每天去巡！

可是我是100%只喜歡女生的直男啊！！！每天要被逼著看BL版裡面的大肌肌跟大雞雞我真的是要瘋掉了……

好在最後我找到腐女朋友跟獸控朋友各一名，我用一個月一份炸雞的代價換取他們幫我管版的服務，不然那些雞雞越看越好看，差點被掰彎，嚇死我了。

KOL 知識庫

慎選合作夥伴

KOL做出每個決定前，一定要三思你的行為會造成什麼後果。

剛剛講的「找夥伴幫忙」也有很多人因此出事過。例如有些女KOL會找自己的粉絲當「MOD」協助管理聊天室，結果MOD暈船暈爛，心想「她一定是喜歡我才會找我幫忙！」就開始追求KOL，後來被拒絕後由愛生恨，最後用MOD的職權來大鬧一場。

或是也有很多KOL們找人一起做頻道，結果頻道很成功，工作量變大、賺的錢也變多了，利益分配談不攏，最後兄弟鬩牆，吵到做不下去，只能拆夥後各自做頻道。

為了防止這些事情的發生，做任何決定前最好都要先想一下「最壞的後果是什麼？」、「萬一成功後，錢要怎麼分？」、「萬一失敗後要怎麼好聚好散」這些都要考慮好，只要牽扯到權力跟利益，都一定要白紙黑字，能簽合約是最好，不能簽合約至少也要e-mail留個紀錄。

p.s.

特別提醒一下，當面聊、語音對話都不會留下紀錄，所以重要的事情一定要留下書面紀錄，書面紀錄就是 e-mail 最穩，用 Discord、LINE 之類的軟體是可以收回訊息的，除非你有把關鍵對話截圖的習慣，不然萬一出了事，起了糾紛，對方卻把訊息都刪掉的話，會死無對證的。

KNOWLEDGE

讓你被 BAN 掉的《俠盜獵車手》

在Facebook成為實況主才短短沒幾個月，我就有一位同事殉職。

喔不是，這工作沒那麼危險，同事人活得好好的。但他的Facebook帳號被砍掉了。為什麼呢？因為他玩了「GTA」，也就是《俠盜獵車手》。

大家都知道，Facebook對於「色情」跟「暴力」管很嚴，不管文字、圖片或是影片，只要有一點點色色，很容易就會吃上違反社群守則的懲罰，輕則被BAN幾天，重則帳號消滅就再也拿不回來。

但弔詭的是……Facebook Gaming推播率第一名就是《俠盜獵車手》（第二名超莫名其妙，是《貪食蛇》）。只要一被系統推播，流量就會爆衝，甚至觀看人數可以差到一百倍以上，所以有一段時期的Facebook實況主們全在玩GTA，甚至沒有在玩GTA的人也會把分類掛GTA。

但是……GTA本身就是個充滿色情暴力的遊戲啊！！打砲、嫖妓、賭博、吸毒、搶劫，甚至是殺人放火在這遊戲裡面一應俱全，應有盡有。

我同事就是看大家都玩就跟著玩，但他不知道這遊戲這麼違反社會善良風俗，結果主角在劇情過場動畫中，突然就出現18禁的色色畫面。

「哇靠！這不能播吧！」被嚇爛的他馬上把遊戲關掉。

沒錯，不能播。隔天他的帳號就被BAN掉了。

KOL 知識庫

不踩雷又有流量的「未來視」

當時GTA是Facebook實況主們的流量密碼，但實在有太多人受害了，色情與暴力不說，連在遊戲裡開車打開收音機，都會因為音樂版權而被系統強迫關台，普通一點的是影片直接消失，當天一整天做白工，慘一點就是吃版權警告甚至被BAN帳號。

但我沒事，因為我有「未來視！」

未來視是某些玩家才有的技能，其實簡單來講就是「好好做功課」啦！例如說……很多手機遊戲台灣伺服器跟國外伺服器的更新進度不一樣，有很多時候國外活動都已經結束了，台灣的還沒上線。這時會用「未來視」的人就可以去查其他國家已經先出來的活動資料跟攻略，一等台灣伺服器更新後，就不用像調查兵團一樣從0開始拓荒，進而在活動取得先機跟優勢。

這招對創作者尤其重要，透過未來視，你可以提前知道做什麼會有流量，什麼東西是雷不能踩，也可以先把介紹影片或攻略影片做好，搶先上傳搶流量。

或是像我舉GTA的這個例子，我透過情報網，早就知道GTA會出現這些BAN台陷阱，所以就不玩劇情模式，也不開收音機，成功躲過一劫。

KNOWLEDGE

被傳說中的神作給騙了

我永遠記得讓我成為職業實況主的第一款遊戲是哪一片：那就是《寶可夢Let's GO伊布》。

在Facebook找我合作時，我剛好買了寶可夢同捆機，寶可夢又好玩又是大IP，這片剛好還是大家童年GAME BOY版的重製，拿來實況應該會很有效果吧？

結果：大成功！第一次開就有接近400人同時觀看，遊戲好玩，伊布可愛，大家都感受到任天堂的誠意，也紛紛想起童年的寶可夢夥伴。

在主線破關後，我開始挑戰捉色違寶可夢，但運氣不怎麼好，怎麼抓都抓不到，整整三天都在同一塊草地走來走去，苦苦等著千分之一機率出現的藍色小火馬。

「小火馬快被你抓到絕種啦！」、「生態浩劫」、「好了啦，酋長叫我帶你回非洲了啦，部落已經每戶都有一隻小火馬了」觀眾不斷在聊天室用各種充滿創意的方式吐槽我，讓明明是很乏味的過程變得輕鬆又有趣，甚至還破了我的最高同時觀看紀錄：一共有超過600人在線上陪我一起抓小火馬！

而我最後抓了689隻小火馬才抓到我夢寐以求的藍色小火馬。看到聊天室的夥伴們刷了一整排恭喜，跟我一起歡呼，我真的很感動，革命情結油然而生。

我心想，當一個實況主最快樂的時刻肯定就是現在了：設定一個目標，再跟你的觀眾一起達成。

「那老師，下一款遊戲玩什麼呢？」觀眾問。

「我還沒想到耶？」

「玩薩爾達啦！」、「玩異度神劍啦！」各種建議此起彼落，這兩款都是SWITCH的人氣作品，如果用銷售量作標準的話，兩款都是神作。

我選了薩爾達。

《薩爾達：曠野之息》是當時跟SWITCH主機一起推出的護航作，不但有超高的評價、也得了無數獎項，可謂是神作中的神作，我一玩，驚為天人，這就是我玩過最好玩的遊戲，沒有之一，至今依舊在我心中排名第一。

可是只剩下不到200人看我玩。

破關了薩爾達後，我繼續玩觀眾建議的異度神劍。

《異度神劍2》整體來說並不是跟薩爾達同一個等級的，但還是相當優秀的佳作，這遊戲的角色超有魅力，還有超讚的世界觀設定、超讚的音樂、超讚的美術，以及超垃圾的介面。

對，超級垃圾的介面，會讓你氣到懶趴火噴出來那種程度。明明遊戲大部分的東西都是頂尖的，可是就介面爛到爆炸，而且系統也是莫名其妙，明明是單機遊戲竟然有轉蛋抽卡系統，甚至玩了150個小時都還有新手教學，還不能跳過，因為沒通過新手教學就不能使用進階戰鬥系統，簡直莫名其妙。

當時我有約18萬人追蹤，而看我玩《異度神劍》的觀眾又有多少人呢？

16人！才短短三個月，我的同時觀看人數就從巔峰的「接近700人」掉到「接近個位數」。我好挫折，覺得我身價暴跌，根本是實況廢物。

可是後來玩《惡靈古堡2》的時候，人數又回到4、500人了，我才肯定這不是我的問題，而是我選的遊戲有問題。

KOL 知識庫

玩什麼遊戲才能衝高觀眾人數？

挑遊戲對實況主來說真的太重要了，尤其你如果認真把開台當成一個事業，你就不能不顧流量。

那要怎麼挑遊戲呢？首先還是要先了解「自己的路線」以及自己的「粉絲結構」。

例如：你選擇了大逃殺生存射擊遊戲，也就是俗稱「吃雞」，例如PUBG、APEX這種，你就要具備一些條件像是「槍法很準」、「反應很快」、「講話很有梗」、「電腦夠高級」。

而你的粉絲必需也要有「在玩射擊遊戲」、「不會暈3D遊戲」、「網路速度夠」的條件，如此一來雙方的體驗才會好。

而我前面故事中選擇的寶可夢，是因為他可是無人不知無人不曉的超級大IP，拜託，誰不認識皮卡丘啊？所以每個人都看得懂，抓色違的過程中，觀眾也會因為期待心態「可能下一隻就出了」而想留下來看到有結果為止。

加上抓寶可夢的過程操作簡單，實況主跟觀眾都可以把精神放在互動跟閒聊上，所以開台大成功。

KNOWLEDGE

但拿《異度神劍2》舉例的話，可以把不利直播的缺點條列如下：

1. 這個IP只有很宅的玩家才會知道，大部分觀眾沒有辦法引起共鳴。
2. 主角都是大奶萌妹，只顧到男性觀眾而失去女性觀眾。
3. 劇情類的遊戲沒有做效果的機會。
4. 遊戲機制複雜，沒在玩的人根本看不懂。
5. 劇情時間超級長，過場動畫就破百小時，讓實況主看劇情的時候都沒有辦法與觀眾互動。

很多時候，觀眾只是滑手機剛好看到你在開台，看個幾秒鐘沒有引起他繼續看的欲望，他就滑掉去看別的東西了（或是觀眾留言你卻沒時間鳥他，他也會跑掉。所以像這種重視劇情與角色成長的遊戲，玩家可能會覺得好玩，但對一般觀眾而言是非常無聊的。

況且，觀眾就算對遊戲劇情有興趣，可能也會因為他想自己玩，不想被你暴雷所以不看台，或是因為上次開台沒跟到，所以這次劇情就接不上了。也因為這個原因，JRPG全部都是票房毒藥，不要碰。

其他像是音樂遊戲也是票房毒藥，因為玩的時候完全沒辦法做效果跟互動。

KNOWLEDGE

冷門的解謎遊戲也不行，不是你解不開謎題把觀眾氣到高血壓，就是觀眾看不下去一直給提示，甚至暴雷讓你玩不下去。

反過來說，只要選擇觀眾不論何時來都可以看得很開心、不需要了解劇情也沒關係、隨時都可以做效果的遊戲就會很容易把觀眾留下來看。

票房保證的就選魂系遊戲、恐怖遊戲。觀眾不管有玩過沒玩過遊戲，都可以來看你慘叫、受苦、中陷阱，然後嘲笑你。而且這世界上很多人自己不敢玩恐怖遊戲，但喜歡看別人玩，多玩這種的就可以穩定增加觀眾。

或是熱門卡牌遊戲也是不錯的選擇，大家都喜歡看台主抽卡大暴死（只是成本很高……）。開卡牌遊戲會有一種很有趣的狀況，就是你刷活動的時候，觀眾開著你的實況掛台，他也沒在看你玩，就跟你各弄各的、有一句沒一句的聊，彼此互相支持卻又不會互相打擾，很有陪伴感。

沒有魔物的獵人

實況玩了好多好玩的遊戲，其中有一段時間都在玩《魔物獵人》。

《魔物獵人》是CAPCOM從2004開賣的遊戲，也是從以前SONY PSP的黃金時代就一路紅到現在的IP，主打跟朋友一起狩獵巨龍，不但是共鬥遊戲的經典，也是共鬥遊戲的天花板。

而近年來評價最好的《魔物獵人：世界》在Steam上特價的時候，我的觀眾們就一直推我坑：「黑貓老師～這款好玩，一定要玩！！」。

「好！我買！我買就是了！」我跟觀眾們本來的互動就只有聊天，但現在可以一起玩遊戲，一定會很好玩！

「從今天開始你們就是黑貓小隊！！」我威風的發號施令！

「好喔！！」觀眾也很配合的接受這個稱號。

於是我一過完新手教學，就開了集會所讓觀眾連線進來，看到觀眾們一個一個扛著巨大兵器走進房間，等等我們一群人就要去挑戰比人類大好幾倍的巨龍，想到就興奮！

隨著飛船將獵人們空降到巨大飛龍的出沒地帶，我緊握手上的大劍，跟著夥伴跳出飛船。隨後映入視野裡的是如詩如畫的美麗世界，抬頭看有著原始雨林般的古代樹海，腳邊則是色彩繽紛的花海，七彩的鳥類在樹叢間飛來飛去，宛如仙境一般。

「好！開始冒險吧！」我開始尋找我們這次的任務目標：「蠻顎龍」

接著，華麗的號角聲與背景音樂響起，畫面跳出超大的「任務完成」。

遊戲就結束了，返回營地。

……蛤？

原來正當我看風景的時候，我的觀眾只用一分鐘就把蠻顎龍打死了。正常來說要打30分鐘的任務，我的觀眾只用了一分鐘！！我連那條龍長什麼樣子都沒看到。

KOL 知識庫

實況主與觀眾互動的技巧

大部分的時候，觀眾都沒有經營自媒體的經驗，所以跟觀眾一起連線，對實況主來說其實是非常高風險的事……你真的不會知道這些觀眾會在實況中做出什麼失控的事。

不論國內外，都曾有實況主因為觀眾亂貼連結、圖片或是講出不適當的言詞而受到處分。

像我這次的狀況比較簡單：黑貓小隊的人可能是想「趕快解決掉龍→可以趕快收集素材→接著做出厲害的武器→就可以快速通關」，於是就拿出他們最厲害的武器跟技術，三兩下就把龍打死了。

他們用他們的方式在幫我。可是對我跟其他觀眾來說，這樣子的實況台根本就沒有「看點」啊！我不但沒有享受到這個遊戲哪裡好玩，其他觀眾也看不到我跟巨龍對戰的過程。

而我這種情況還算好的。常見的狀況還有：實況主玩對戰遊戲的時候，觀眾故意在實況主玩對戰遊戲時一起按下「尋找對手」，這樣就有很高的機率被安排在同一場對戰。接著觀眾只要故意偷看實況台，掌握實況主角色的資訊與位置後，就能開始故意針對實況主，殺得實況主沒有辦法正常玩遊戲。

KNOWLEDGE

遇到這種狀況真的很難解，最好的方式是打開畫面延遲功能。

但是，要不影響到遊戲進行，畫面延遲至少也要開三分鐘以上，這樣一來又會很難跟觀眾互動……

也許會有人說：「那你就只跟熟悉的觀眾互動不就好了？」可是如果你都只跟特定觀眾玩，會有觀眾覺得你偏心，然後吃醋，接著就跑去看別人的台了……

這時候，較好的處理方式會剩下兩種：一種是「都不跟觀眾連線，只跟其他創作者連動」。這個方式很棒，因為大家都是創作者，知道彼此需要什麼，聯合起來做效果可以讓內容更加精采。

另一種則是「只跟核心觀眾連線」，而所謂的核心觀眾往往就是指「有付費訂閱」的觀眾，也就是說，這方法是把「跟實況主一起打遊戲」當成一種粉絲福利，不但滿足粉絲，又可以斂財，win-win！雙贏！

KNOWLEDGE

黑狗老師的誕生

在《魔物獵人：世界》之後，還有續作《魔物獵人：崛起》。

那時我已經深深愛上這個遊戲，遊玩時間接近300小時。所以新作的情報一出來我就非常興奮。但是我也有很多稿子要趕。再怎麼說，我也是出社會的人了，該做的事跟想做的事還是要分開，所以崛起上市後，我忍著沒有馬上玩。我的粉絲們笑我一定沒辦法抗拒誘惑，我就跟他們對賭。

「稿子沒寫完我就玩魔物獵人的話，我就是狗！！」

但後來因為種種原因，我還是跑去店家帶了遊戲片回家。

我拿起沒拆封的遊戲片，拍照並PO文：「哼！我只是怕之後買不到而已，沒有要玩，偷玩的話我就是狗！」

然後再PO一張拆開的照片：「我只是測一下遊戲片有沒有壞，不是要玩喔！」

接著下一篇是：「我要是變成狗的話，請來這裡找我」（並附上我直播頻道的訂閱連結）

最後，我發了一張黑狗的照片，文案就一個字：

「汪」

KOL 知識庫

建立內梗與暱稱

雖然可能很多人會以為我是個禁不起誘惑的拖稿仔。

不過其實啊……這一切，全都在我掌握之中（推眼鏡～）。因為這次的《魔物獵人：崛起》事件其實是一次工商合作案，所謂的「稿子」就是這個工商案子本身的企畫跟文案。

我這一系列的發文不但是一個觀眾參與度很高的實境劇，也讓我的訂閱數大幅提升。最終開給廠商的數字不論是觸及率、同時觀看人數還是轉換率都很漂亮。

這種「建立內梗」對於經營自媒體社群是一個非常實用的技巧，因為可以讓觀眾參與你的內容，也能拉近粉絲與創作者的距離，主動讓你的頻道更有話題討論度，甚至粉絲還會用這些梗來創作！

例如我實況《魔物獵人：崛起》時，幫角色取名的時候，聊天室就刷了一整排的「黑狗老師」，我也真的取名叫黑狗老師，而本來我粉絲的暱稱「黑貓小隊」也變成「黑狗小隊」。

那陣子我每次發文，粉絲都會留言「汪汪」，甚至過了好幾年的現在，這個拖稿跟黑狗的梗都還在，每次我只要發文說我再也不拖稿了，粉絲都會在下面留言「怎麼有狗在叫？汪汪」、「了解了！汪汪」。

KNOWLEDGE

於是有了這些留言，就有高互動率，有了互動率就有觸及率，跟粉絲的感情越好他們也會越挺你。對凝聚粉絲向心力很有幫助的！

KNOWLEDGE

我實況生涯裡最大的錯誤

2020年10月23日，這天是我的實況主生涯，最嚴重的一次失誤……

事情是這樣的……我的經紀人幫我談了一個手遊的案子。

我剛下播，累個半死，邊吃鹹酥雞、邊看動畫、邊用手機點開了廠商寄來的附件檔，遊戲名字好像叫作夢幻島，再看看草稿繳交期限還有兩個禮拜。

「還有時間嘛！」我拖延症發作，隨便看一下就把檔案關掉了。

結果……我就忘記這件事了！……一直到死線前一天我才想到！！

「完蛋啦！」我看著收件匣大聲慘叫！時間剩下不到24小時！！

雖然我可以從官方的遊戲介紹隨便唬爛出一份心得……但是……身為職業的遊戲實況主，基本的職業道德還是要有的吧！我相信只有真正親自玩過遊戲，才能寫出言之有物的心得！

所以我急急忙忙打開我的App store，搜尋「夢幻島」下載了遊戲開始玩。然後，發現這遊戲是款「乙女遊戲」。

乙女遊戲是什麼？乙女遊戲就是女性向的遊戲，要去攻略帥帥的男性角色，看劇情、聊天、收集帥帥的圖、最後抱抱、親親、談戀愛的遊戲。

遊戲中，我成為了女高中生，我失去記憶，遭遇危險。但還好青梅竹馬的男同學保護了我，雖然他嘴巴很壞，但不管發生什麼事，他從來沒離開過我。

他一定是喜歡我。

可是另一位學長也喜歡我。

學長更帥，而且一直撩我，每次我需要他的時候，他都會剛好出現，幫助我化解危機。

我在兩個男人之間舉棋不定，一下子雙方好感就都升到3顆愛心……但就在此時，故事券用完了！（還想看下去就要課金）

我看了看手錶，凌晨2點半，案子必需要在中午12點交出去，但是我的體力已經到了極限，再不睡一下真的快掛掉了，所以我決定把鬧鈴調早一點，先去睡覺，早上起來再來看劇情，接著寫文案跟錄影片，應該來得及。

然而……我躺在床上，輾轉難眠，除了在意劇情以外，也不斷思考這份案子的疑點：

「明明是乙女遊戲，怎麼會找我這種宅男工商？」我越想越不對勁……「而且這感覺不像是新上市的遊戲，怎麼會想下廣告？」

「再說這劇情有點沉重，跟廠商主打輕鬆休閒不太一樣啊？」不行，我睡不著，我趕快從床上爬起來，打開電腦，翻開廠商的備忘錄。

發現我玩的遊戲叫《夢幻島症候群》，我要工商的遊戲叫《夢幻海島》，玩錯遊戲了，完蛋！

我……我才沒有覺得
乙女遊戲好玩呢……
你……你們可別誤會了……

KOL 知識庫

做好時間的安排與規畫

開始正式接案的時候，廠商通常會透過e-mail聯絡KOL，信件往返常常要好幾次才能談成一次案子。

而且有時候不但是用e-mail，還會藉由其他不同的管道聯絡，例如LINE、Facebook Messenger、Instagram小盒子，或是直接打電話、語音之類的。

這時候很容易漏信或是忘記內容、甚至是搞錯人！（畢竟這個業界大家都是英文名字或是藝名，通訊錄打開可能有好幾個Andy或Alex之類的……）所以建議一定要養成把每個待辦事項、每次開會的結論都留下書面紀錄的習慣。

最常見的行事曆、備忘錄是一定要的，有的人會用evernote、slack、notion之類的專業筆記軟體。簡單一點也可以用LINE開一個只有自己的群組，或用Google自己的Calendar，甚至是實體筆記本拿出來寫也不要緊。

總之，絕對不要相信自己的記憶力，一定要記錄所有的行程跟廠商對話，不論是提升效率，還是哪天要查合作內容，甚至是起了糾紛要對簿公堂，有留下紀錄都會如有神助！

KNOWLEDGE

玩個遊戲都可以失戀？

成為Facebook實況主一段時間後，Facebook突然跟我們下達了新的指令：「請多多跟其他實況主合作開台！」

但是像我這種半路出家的實況主，生活圈根本沒有同事啊！！

不過還好，LNG的老王跟小六找了一群夥伴，辦了一個大型企畫《藍色學園RP》讓我這邊緣人認識了很多新朋友。

這邊補充一下，所謂的RP就是「Role Play」的意思，是利用一些自由度高的遊戲模組，把一群實況主丟在一起進行角色扮演，演出一場沒有劇本的實境劇。

因為是即興演出，「不同的實況主合作會擦出什麼火花呢？」這種期待感通常會讓觀眾特別愛看，看完了還會跑到另一台看不同角度的劇情，有很棒的流量加成，是當時很流行的實況模式。

我在這齣戲中飾演一位電競社的男高中生，名字叫宣翔，性格好色但一直都交不到女朋友。粉絲一看就說：「黑貓老師，這個人設就是你本人吧？」

RP沒有劇本，不過大家會在開演前先喬個大概的劇情走向，開演了後才見機行事。大家只知道我們演高中生，一個禮拜後藍色學園就要辦校慶了，各社團要生一個活動出來。

可是也正因為沒有劇本，所以每次都很失控。我本來跟另一個KOL辛卡米克說好，要一起演好阿宅，讓電競社再次偉大！結果才第一天他就跑去別的社團，剩我一個人在社辦玩魔物獵人。

小憲看我一個人在社辦當邊緣人好可憐，就問我「要不要來烹飪社？」我心想「哼，我是要幹大事的人，跑去廚房玩家家酒成何體統？」但因為烹飪社妹子每個都超可愛，連聲音都好好聽，我馬上放下了鍵盤，拿起了鍋鏟，決定要讓烹飪社再次偉大。

其中一位是Molly，我跟她私底下還滿熟的，於是就問Molly要不要演CP，也就是讓我們兩人的角色談個戀愛，但一下就被拒絕了：「欸，不行啦，我的人物設定很黑暗，沒辦法跟別人談戀愛啦～」

我心想：完了，因為整個企畫已經過一半了，為了不破壞她的人設，也為了讓劇情合理發展，所以宣翔就在戲中被痛罵一頓後，在遊戲裡失戀了。

更慘的是，宣翔這場戲演完就沒戲唱了，所有其他演員都有各自的路線要發展，沒有我可以加入的餘地。我就像真正剛失戀的人一樣，只能在校園閒晃。

不過就在這時，小憲的角色也失戀了，一個又大又黑的男人哭成狗，笑死我了，烹飪社全部的夥伴還特別跑去操場安慰他，一群「高中生」在夕陽下唱著5566的《我難過》跟Makiyo的《初戀》這種30歲才會唱的老歌，莫名其妙的青春。

很快的，校慶的日子到了。我的角色依然沒有任何的戲份，只能顧攤位賣熱狗，最後在遊戲裡看著其他實況主精彩的表演與燦爛煙火，結束了這次的RP初體驗。

KOL 知識庫

如何與其他 KOL 連動

對我個人而言，這次的RP讓我認識了很多其他實況主，這段回憶是我一生的寶物。可是我的角色可悶了，宣翔完全沒有發展到任何主線跟CP，看起來就只是個花心又不受歡迎的宅男，還好最後因為朋友失戀時，宣翔表現得有情有義，不然形象真的超級糟糕的啦！

事後回想這一切其實都可以避免的，只要先跟其他KOL好好溝通協調，並且準備好萬一主線劇情進行不下去的話，有什麼B計畫可以當備案救場。

跟其他KOL一起合作，通常會被稱為「連動」或是「feat」，這種合作的好處很多，不但KOL本身可以拓展人脈，在創作上有新的刺激，對於分享流量跟資源也有很多幫助。

不過要找人feat的眉角很多。首先，一封有禮貌的邀約信是絕對必要的。最好讓你的邀約對象快速且清楚地了解：

1.你是誰？
2.為什麼想找對方合作？
3.跟你合作有什麼好處？
4.合作怎麼進行？
5.合作的地點（平台）？

記得最好也附上腳本跟可以配合的時間讓對方參考，讓對方只要說YES跟NO就好。

KNOWLEDGE

KOL 實戰篇

面子果實

講到如何與KOL互動，那一定要聊到三重扛霸子「黑羽」！

之所以認識黑羽是因為我剛開YouTube頻道時，對於經營多重路線的方式感到困惑，有天我看到他在我朋友那留言，我就抓緊機會請教他有沒有什麼祕訣，最後就跟他約錄了一集Podcast。

光錄音短短一天的交流，他就讓我見識到人類社交能力的天花板，什麼都能聊，什麼都能拍，甚至他家就是YouTuber們的休息站兼八卦中心：只要在他家的沙發坐一天，就可以遇到好幾組KOL。

這麼強大的交際力，來自於俗稱「面子果實」的能力：平常廣結善緣，網上到處留言，需要其他KOL幫忙就直接開口問，其他KOL來約也是能配合就盡量配合。畢竟要認識創作者，最好的方式就是一起創作，例如他有一個訪談節目叫做「這餐我請」，每集都會邀請一名KOL來邊吃火鍋邊聊天，非常適合吃飯的時候看。（可惜前陣子因為疫情的關係中斷了）

所以……如果你有很讚的點子想找人連動，只要有禮貌，就不用怕被拒絕，有問有機會。萬一對方覺得不OK，自然也會想辦法敷衍你，像是我第一次去找黑羽的時候，他就說要教我玩卡牌遊戲《Weiss Schwarz》，於是我趕緊去把牌組買好，結果一等等了三年，他都還沒帶我去打過牌，之後才知道他還有一個綽號叫「桌遊渣男」。

Chapter 5

逃出 Facebook

Story 32 從 Facebook 縮圈開始
KOL 知識庫 小心合約裡的陷阱

Story 33 無情的時數戰士
KOL 知識庫 遠離 KOL 的職業傷害

Story 34 最實用的尾牙禮
KOL 知識庫 KOL 的避風港，自媒體工會

Story 35 這是一份很神祕的工作
KOL 知識庫 圈外人無法了解的創作者心事

Story 36 最速直播紀錄
KOL 知識庫 與店家充分地溝通

Story 37 失戀少年與迷唇姐
KOL 知識庫 心態絕對不能崩

Story 38 小憲的鍋燒麵
KOL 知識庫 退路的規畫

Story 39 國家勢直播主
KOL 商業模式 6 演講與通告的行情如何議定

從 Facebook 縮圈開始

曾經我以為我做著全世界最爽的工作，沒想到過了一年後，這份讓許多人嚮往的工作，變成了一份痛苦的折磨。

在2019年Facebook大幅度改變演算法推播的機制，直播的通知不但變成隨機的，而且不再即時。也就是說，粉絲可能會在一個禮拜後才收到開台通知，或甚至根本就收不到通知，各位可以想像一下，如果你收到這種系統訊息會有什麼心情呢？「你追蹤的實況主上禮拜有開直播喔！」應該會超傻眼的吧？但事情還沒結束！

儘管流量直接被腰斬，觀眾人數都只剩下一點點。Facebook對時數的要求卻不減反增！如果沒達成數據就要被降等或解約。所以實況主們只好增加開台時數跟天數。

然而……「實況」並不是投入多少就會回收多少……實況主會累、觀眾也會累，開到後來，一天4～6小時快變成常態的工作時間了……實況主聲音都沙啞了，也沒力氣做效果了，網路另一端的觀眾們也累得東倒西歪，只是情義相挺，掛台支持而已。

本該是為大家帶來歡樂與能量的遊戲直播，現在卻成為彼此互相傷害的泥淖。

KOL 知識庫

小心合約裡的陷阱

由於太多人嚮往自媒體工作，所以剛踏入這個業界的新人很容易因為過於心急，看到合約就想簽，接著就中了甲方的陷阱，簽下不平等合約，造成權益損失。

只要覺得合約有問題，隨時都要提出來確認，這就是「議約」的重要，畢竟大部分的合約都由甲方提出，內容往往偏袒甲方。

雖然大公司的合約都很硬，會擺出一副「你要簽不簽隨便你，後面還有很多人在等」的態度。但強烈建議各位寧缺勿濫，不然最糟的狀況是不但被吃豆腐，還要賠錢，甚至還要被冷凍，什麼事情都不能做，直到合約到期才能回復自由。

台灣曾經有位排名世界第一的英雄聯盟選手，卻只簽了一筆月薪2000元台幣左右的約，後來因為廠商沒心經營，戰隊成績慘澹，選手想離隊時，那個廠商卻開口要求違約金50萬台幣，還限制該選手半年內不得參加比賽，直接毀掉整年賽季。

所以各位啊，永遠要做最壞的打算。防人之心不可無，合約就是來保護雙方權益的，千萬不要讓它變成惡質廠商占你便宜的凶器。

KNOWLEDGE

無情的時數戰士

在Facebook當全職實況一年半後，為了滿足平台無理的要求，我也只能化身成無情的時數戰士，不斷增加開台時間……

我本來每個禮拜固定開四天，週末看心情，一個月大概開個60～80小時。

後來變成每天都要開，連中午都要開台陪觀眾吃午餐，一個月開快200小時，真的是開到要瘋掉。

為了達成時數，連遊戲都只能挑受歡迎的開。而什麼遊戲受歡迎呢？答案就是「新出的大作」。實況主想要有人氣，就要衝首發，也就是晚上12點遊戲一上架就準時開玩，慢了就沒流量了。而且不但要玩，還要開所謂的「耐久台」，沒有達成某個條件不關台，甚至要玩到破關才能休息。

如果不玩新上市的大作遊戲，那就就要挑「可看性很高的遊戲」，我那時選擇了《隻狼》，這系列遊戲最大的特點就是超級爆幹難。玩家必需在對手出刀的那一瞬間按下按鈕來架開敵人的招式，所以每次過招都是電光石火，命懸一線，不是成功擋下招式，就是失誤死掉重來。

我永遠不會忘記，第一個BOSS叫做阿蝶夫人，我與她兩人在烈焰熊熊燃燒的地下室決鬥，我打了超過三小時才過關……

雖然過程真的很虐，但我自己應該也是有點被虐傾向，全程玩得很開心，觀眾看得也開心，人數維持在200人以上，我心想「中了！」。

最後，遊戲到了終局，我踏入一望無際的蘆葦原，在我眼前的是這世上劍術無人出其右的劍聖：葦名一心。

為了戰勝最強之劍，我全神貫注，緊盯一心的每一個動作，將他每一個招式烙印在腦中、眼中，甚至是肌肉記憶中。不斷地嘗試，不斷地倒下，再不斷地重新嘗試，直到我看穿他的動作了。

「就是現在！」我對著螢幕發出戰吼，聊天室的夥伴都與我同在！

一次，兩次，我架開致命的刀刃，把握住稍縱即逝的破綻反攻。

一足，一刀，手起刀落，一眼都沒眨過。

然後我就得了乾眼症。

KOL 知識庫

遠離 KOL 的職業傷害

當個KOL實在有太多辛酸與痛苦，這些都只有做過才會懂，而且還有一大堆的職業傷害，一不小心就會整組害了了。

乾眼症

讓我從實況畢業的疾病，就是乾眼症。實況主或YouTuber長時間開台（或剪輯），一不小心就會太專注到忘記眨眼，加上整天都待在冷氣房裡面，就會有非常高的機率得到乾眼症。除了眼睛乾，還會眼睛癢、眼睛痛，嚴重的時候甚至沒辦法看清楚眼前的東西。

預防方法 使用加濕器，或在房間裡放水杯、水族箱。不斷提醒自己要記得眨眼，找到機會就要休息、熱敷或到室外看遠方。

身材變形與心血管疾病

接著也很常見的就是肥胖，因為一整天都在家打電動、拍片跟剪片，沒運動、作息不正常、三餐都叫外送，吃一些高鹽、高油、高鈉的不健康食物，最後就是體重跟血壓一起飆高，甚至還有不少人年紀輕輕就得糖尿病。

KNOWLEDGE

預防方法 盡量讓自己作息正常，安排運動，少吃垃圾食物。

筋骨受傷

再來則是身體長時間坐在電腦前會有的疾病，包含了腕隧道症、脊椎側彎、駝背。腕隧道症又稱滑鼠手，像是電競選手這種高強度使用滑鼠一整天的人很容易出現症狀。而脊椎側彎、駝背、肩頸痠痛也是幾乎每個KOL都會有的職業傷害，程度嚴重不嚴重而已。

預防方法 買好一點的電腦桌與電腦椅，注意眼睛與螢幕的角度和距離，多休息、多運動、多做伸展操。

泌尿道疾病

還有一個也是不為人知的職業傷害：膀胱炎跟尿道炎。KOL們在開台、拍片、上節目的時候，常常會為了不中斷行程而沒時間跑廁所，憋尿久了就憋出病來。有的KOL為了不要讓自己尿急，乾脆就不喝水，但不喝水久了，膀胱跟尿道還是會出事。

預防方法 正常喝水，不憋尿。

KNOWLEDGE

憂鬱症與身心疾病

可能很多人不信：「笑死，每天看起來都過很爽的KOL怎麼可能會有憂鬱症？」

但其實「KOL過很爽」只是表象，就像喜劇演員一樣，快樂的氛圍很多都是演出來的，畢竟我們的工作就是帶給人群歡樂與正能量，所以必需時時刻刻放大或隱藏自己的情緒反應，長期來看，這是很不自然也很不健康的事。

再加上KOL工作性質一定得不斷接觸人群，樹大必有枯枝，人多必有白痴，所以KOL無可避免的一定會遇到酸民、也一定會遇到一些偏激人物的攻擊。

而且很多社交能力不好的人特別喜歡來看台，因為KOL看起來都很友善、充滿正能量又樂於互動，讓他們有種「終於交到朋友啦！」的感覺。殊不知，「友善地回應粉絲」是KOL的工作內容之一，所以跟粉絲互動算是加班，跟很難聊的粉絲互動更是一種沉重的情緒勞動，不但要付出非常可觀的時間成本，也相當容易磨耗熱情，但做這行沒辦法挑粉絲，況且你的頻道就擺在那邊，想躲也躲不掉。

更可怕的是：這些人社交能力很差就算了，通常又沒有自覺，會到處起爭議或散布負能量，所以他們有很高的機率跟你其他粉絲處不好，把你的社群弄得烏煙瘴氣；但如果只是因為他

KNOWLEDGE

「難聊」，你就把他踢出去，他又會覺得你聯合其他粉絲霸凌他……

最糟的情況會演變成這些脫序的粉絲開始情緒勒索，更嚴重的還會由粉轉黑，到處講你壞話，甚至人肉搜索你個資、人身攻擊、造謠抹黑帶風向，讓一堆人來燒你。

還有啊，萬一網紅跟普通人起衝突，吃虧的一定是網紅，畢竟經營自媒體就是要一直曝光，躲得了和尚躲不了廟，每次炎上，網紅都處在敵暗我明的情況，除非危機處理很好，或是第一時間就花錢買公關帶風向，不然大部分情況都要被先燒一波。

以上種種狀況就已經很慘了，但我都還沒講到這份工作其實還有太多不可控制的因素。

例如：高工時、高壓、作息不正常、收入不穩定，職業生命完全被平台掌握，演算法與規則說改就改，還沒有勞基法可以管……種種的鳥事加起來，讓KOL們的心靈比身體更容易生病。

我曾經參加過一次創作者的聚會，主持人問「有得過憂鬱症或是因此去看身心科的請舉手」，結果發現那些百萬YouTuber們有超過一半的人都有憂鬱症病史……總之，只要踏入這行，遲早有一天要面對憂鬱症，不是自己中獎，就是同事或粉絲中獎，請各位務必要想個對策。

預防方法　對於這種直接攻擊心靈的職業傷害，KOL能做的預防方式有限，只能記得多給自己打些預防針做心理準備、多認識一些創作者朋友互吐苦水、多參加活動並培養第二興趣，讓自己的生活重心不要只剩下工作，而且要多休息，睡飽覺、非工作時間少看社群。雖然大部分的方法很被動，但是都很有效。

強烈建議各位想當網紅的人要為自己打造一個「人物設定」。

也就是一個工作用的人格與形象，最好還要取個藝名或筆名，這個人設不要跟自己差太遠，以免不小心人設崩壞；但又不要一模一樣，這樣子在處理工作問題的時候，就可以更客觀、更冷靜，要是被炎上的時候，也能保護自己的人格不會直接被燒成灰燼，因為大家攻擊的是「你的角色」而不是「你本身」。

KNOWLEDGE

最實用的尾牙禮

前一陣子我打開了Facebook，看到有個朋友PO了文，內容是說他覺得看到Facebook上的朋友都很成功，生活多采多姿又快樂，讓他覺得自己很廢……

我馬上回他：

「朋友啊～我們就不談雞湯跟幹話了，快樂跟痛苦都是比較出來的。」

「看看我。」

「我昨天參加自媒體工會辦的尾牙抽獎。」

「我左邊的抽中溫泉飯店三天兩夜住宿、我右邊的抽到一萬元現金。」

「然後我抽到痠痛貼布。」我還貼一張照片給他看，證明我真的抽到痠痛貼布。

他就回我：「謝謝老師，我感覺好多了，我尾牙至少還有中6000元現金」。

我也笑了，沒想到我悽慘的尾牙獎項，不但能治療身體的痠痛，還能修補受傷的心靈，真的是太實用了。

KOL 知識庫

KOL 的避風港，自媒體工會

自媒體工會，完整的名字是「網路自媒體從業人員職業工會」，總部在光華商場裡面，對創作者而言算是非常特別而且重要的存在。

表面上，工會能提供非常多的協助，你可以在工會網站看到一整排的服務項目，雖然實際上不一定幫得上忙……但是……畢竟經營自媒體是一條孤獨的路，有時候光是能找到人聊聊天，諮詢一下問題，就能幫到很大的忙了。

不論是法律上、經營上、創業上甚至是健康管理，都可以問看看工會的意見，偶爾還會有些講座跟聚餐，有參加就有機會多認識一些人脈，或是取得一些資源（例如我的痠痛貼布）。

要是成為了全職創作者，又沒有自己開公司的話，也可以把勞健保掛到工會，有些特殊的案子還能不用被抽2.1%的二代健保費，可說是好處多多。

工會的網址傳送門在這，有什麼想問的就直接去官網找答案吧！

https://smpu.com.tw/

KNOWLEDGE

這是一份很神祕的工作

有一次我去醫院看眼睛，醫生是個帥氣的大叔，走斯文路線，大概40幾歲出頭。

「眼睛怎麼啦？」他拿了個小手電筒開始照我的眼球，邊照邊問。

「眼睛乾，會癢，又會痛，早上的時候還很紅。」聽了我的敘述後，醫生接著問：「你是不是長時間用電腦呢？一天大概用幾個小時？」

我回：「12、13個小時左右吧！」醫生一聽到直接傻眼，還罵了一聲幹。

「你是做什麼工作的啊？科技業嗎？」我一時不知道怎麼回答好，就老實說：「我是遊戲實況主。」但醫生一臉困惑地看著我，滿臉都是問號，很明顯他不知道遊戲實況主是在做什麼的，我只好趕快補充：

「欸⋯⋯呃⋯⋯就是在網路上打遊戲給別人看。」
「這樣有錢可以賺喔？」
「有啦，是很新的職業，類似網路主播那樣。」
「喔喔喔！懂了！就是網紅嘛！！」

我看醫生一臉恍然大悟，但馬上換回嚴肅的表情，跟我說了壞消息：

「你這是嚴重的慢性乾眼症！」

「你的眼角膜都破皮而且發炎了！」

「從現在開始，你每次用眼不能超過一小時，每小時一定要休息10分鐘，而且每天都要出門看遠處，不然就會持續惡化。」

醫生的囑咐，幾乎可以算是直接宣判了我實況主職涯當場報銷。

我離開醫院，想哭可是哭不出來（因為乾眼症嘛）。

本來以為總算找到了人生的志願，實況的生活也越來越得心應手，沒想到上帝幫我關了一扇門後，還順便把窗戶也封起來了。我真的好難過，但事情還是要處理，總之先跟經紀公司老實說「我可能沒辦法開台了」。

經紀人就說：「不然我們先跟Facebook請假一個月，看看治療的成果如何？這段時間工作我先幫你暫停，你好好養病。」

嗚嗚，經紀人好暖。接著我也老實跟觀眾說，「我眼睛壞掉了，可能沒辦法開台了，要請假一個月養病。」

「加油！好好養病，我們都會等你回來！」嗚嗚，觀眾也好暖。

接下來的日子，我每天乖乖點眼藥水、眼藥膏、熱敷、針灸，努力不看手機、不用電腦，還早起爬山，下午到公園坐在長椅上看樹，過著跟公園阿伯一模一樣的生活。

一個月過後，乾眼症好轉了一點點，乾、癢、痛三個症狀只剩下乾，只要定時點人工淚液，就不至於影響正常生活。

但過了一個月後再度開台，看台人數直接噴掉一半，剩下100人左右……

我在心中大喊：「你們不是說會等我嗎！？這群渣男！」

但用這個人數去算，我每天至少要開16小時才能讓時數達標。

我嘆了口氣，打給經紀人辭職，結束我兩年的全職實況主身分。

KOL 知識庫

圈外人無法了解的創作者心事

就算到現在2023年了，還是有很多人不知道遊戲實況主到底是做什麼的，也不知道這領域的商業模式到底怎麼運作。

有的人就只能從媒體聳動的報導中去認識「網紅」這個職業，所以就會有很多的誤解。像是大家以為網紅都賺很多錢，但其實只有排名前面10%～20%的人有辦法賺到基本薪資以上的收入，真正賺大錢的可能不到1%。

或是大家以為網紅都過很爽，但其實大部分的網紅都覺得做這行比上班更辛苦，雖然創作本身是快樂的，但把創作以外的阿雜事都算進去後，真的深深體驗到「錢真難賺」，人生好難。

甚至有的人以為網紅都很受歡迎，被人喜愛，名利雙收，但其實「受歡迎」本身就是一件會被討厭的事。

你漂亮，別人就說你花瓶；你醜，別人還是說你醜。

你賺了錢，就被仇富；你沒賺錢，就被笑窮。

不管你再怎麼努力，每天都會被酸、被蹭、被踩，還三不五時要面對情緒勒索，女生還會收到屌照跟性騷擾（男生也會，但比較少）。

KNOWLEDGE

而且這行的難處，沒辦法找旁人訴苦。你去跟別人抱怨「我一天要打六小時電動賺錢，好累喔！」，別人只會覺得你在花式炫耀。

而且被平台衝康、被演算法搞，圈外人根本沒辦法理解你在講三小。甚至要去辦個貸款還是申請信用卡，職業欄寫「創作者」還會因為收入不穩定被駁回，真的是有夠可憐。

工時超長，
一天到晚被罵，
收入不穩定，
好累喔！

36 最速直播紀錄

自從離開Facebook，拒當時數戰士以後，再也不用一整天開台打遊戲的我，創作的範圍海闊天空。偶爾我也會嘗試到戶外拍點VLOG，記錄一下生活。

有一天，我的粉絲丟了訊息來：「老師！太空戰士來台北開快閃店了！」我一得到這個令人雀躍的情報，馬上拿起我的設備，往西門町出發。

這次活動是廠商為了《太空戰士VII重製版》做的宣傳之一，現場會賣很多我們這種阿宅很喜歡的限定周邊，以及我超級想要的紙玩偶！

到了快閃店，我把手機裝上自拍棒，開啟了直播，開場打招呼：「哈囉大家好，我現在在西門町，我們今天要來逛太空戰士的快閃店！」

接著我推開門，店員笑咪咪的說著歡迎光臨，我點了個頭並先詢問可不可以錄影：「您好，我是部落客黑貓老師，請問這裡可以直播嗎？」

結果店員繼續笑咪咪跟我說：「不行喔，不好意思～」

我只好再拿起手機，跟觀眾說：「好的，今天直播開到這邊，謝謝大家，關台囉！」結束了這場短短30秒的直播。

KOL 知識庫

與店家充分地溝通

雖然大部分觀眾喜歡沒有SET過的情境，尤其要是出現意料不到的內容會讓他們更興奮、守在螢幕前就是在等這個大場面！

但對於被拍攝的店家可能會覺得相當不自在，畢竟對他們來說，萬一創作者講了一些不好聽的話，拍到一些不好看的畫面，導致商譽受損，連帶生意受到影響那就糟糕了。

所以創作者出發前，建議一定要先聯絡店家確認「能不能拍照／錄影／直播」確認之餘，也讓對方有時間做點準備，可以把最好的一面展現出來、創作者也能有題材發揮。

一般來說，通常宣傳性質的活動都很歡迎KOL拍照、打卡錄影甚至是直播，畢竟免費的宣傳誰不愛嘛，不過有時候總會有例外，例如日本廠商做事特別嚴謹，沒有先約好的通常就不給拍，創作者們記得要以不造成他人困擾為原則進行創作嘿！

禁止攝影的地方其實很多，這邊也提醒一下，基本上所有的政府機關跟公營單位，包含台鐵跟高鐵都是不能攝影的。

尤其是創作者上傳 YouTube 是一種營利行為，有時候會涉及一些肖像權或版權的問題，輕則影片下架做白工，重則可是會吃上官司的，大家一定要注意點。

KNOWLEDGE

失戀少年與迷唇姐

還記得我之前說過，我的遊戲實況生涯從《寶可夢Let’s GO！伊布》開始吧？在那一陣子我剛開始直播的時候，有位失落的少年，在我快破關的時候跑來問我：「老師，失戀了怎麼辦？」

正巧，我的冒險剛好來到了雙子島，那邊是急凍鳥的地盤，於是我原地抓了一隻野生的迷唇姊，取名叫「聰明懂事女高中生」送他，希望能安慰他的失落。

雖然他回不需要，而且他說他前女友胸部很大，比迷唇姊還大！有G啊！哇靠！！但我堅持要送他。

我說服他：「迷唇姊不但是巨乳，還有控場技，發生了什麼事情可以保護你，一定比你前女友好！」最後祝福他能早日走出情傷。

時間很快，三年過去了。

現在的我，因為健康亮紅燈，開台時間大減，觀看人數大不如前，甚至只有全盛期的10%，可以說全靠著黑貓小隊情義相挺才有辦法開下去。

我失去方向，有一天沒一天的開，每天都在迷惘下一步不知道怎麼走。

這時，少年突然出現在聊天室……少年已經走出情傷，有了更多歷練。他說在那場直播後，聽了我的建議，走出了舒適圈，做了很多的挑戰，有了成長，解決了自己的問題後，開始主動關心身邊的人，還在《VR CHAT》的世界裡幫助許多朋友解決煩惱。

「我有把你的能量散布出去喔，老師！」

聽到這句話的瞬間我突然視線一糊，乾眼症痊癒了幾秒鐘。

這幾年投入全職的創作，時間沒了，健康沒了，身邊的朋友一個一個倒下或是淡出，我也弄到一身傷病。

「我有幫助到別人嗎？」、「我有為世界帶來正面的影響嗎？」、「要不要放棄好了？」……這類的自我懷疑從來沒有斷過。

從一開始對所有來問問題的網友有問必答，知無不言……到後來，常常不敢打開收件匣，訊息回不完，除了怪人以外，甚至還有屌照，即便是正常來問問題的，有時候數量太多，或是問題太沉重，我也只能當作沒看到。

每天花費好多力氣，好多時間回應網友，有時候我們當網紅的也不是要求什麼斗內還訂閱的，只要覺得自己的付出是有意義就好……

但天不從人願。

大部分的人得到了自己想要的東西後就離開了。別說按讚了，常常連聲謝謝都沒有。更悲哀的是，哪天你不小心失言了，炎上了，竟然還會看到這些人跑來踩你一腳。

就算你再怎麼小心翼翼，平台跟演算法還是會無緣無故地惡搞你。還要面對無理取鬧的酸民與SJW……這種狀況，任何人都會質疑自己：「我真的適合嗎？」、「要不要放棄了？」

還好，每次接近崩潰的邊緣時，都會有人把我拉回來，讓我知道我做的事情是有意義的。

謝謝大家，我愛你們。

KOL 知識庫

心態絕對不能崩

如果要說做這行最怕什麼事發生，那我覺得應該就是心態崩掉吧！

創作者每天都必需在充滿變數與不確定因素的環境，做著不知道何時會被取代、隨時可能會過氣的工作。更可怕的是，只要平台政策一變，過去的努力隨時都會付諸流水，連帳號能不能留著都是個問題。

偏偏做這行的苦卻很難跟別人分享，因為什麼演算法啊、時數啊、觸及率，講了他們也不會懂，萬一被平台或廠商欺負了，也沒有什麼政府單位可以幫助你，最後就是身心俱疲，遍體鱗傷地淡出這個業界。

為了心態不崩，一定要知道要從哪邊可以得到正能量、以及怎麼樣避開負能量。例如：直接跟你的粉絲取暖、多認識同為創作者的朋友、建立同溫層並且交換心得、晒太陽、好好休息、吃好一點、睡飽一點。

同時也少看負面留言、拒絕粉絲情緒勒索、遇到怪洨人該BAN就BAN，遇到姬芭人該罵就罵，不要憋著。

記得你的初衷，不要被酸民道德綁架。善用「甘我屁事」、「甘你屁事」兩個原則去面對那些本來就沒有義務處理的鳥事。

KNOWLEDGE

真的覺得到了極限，直接斷網、停更、放下一切，去找朋友喝一杯。

這世界上沒有什麼非做不可、非你不可的事情，逃避不可恥而且絕對有用，真的覺得扛不住就休息一下再出發就好，不要讓自己的心態崩掉。

KNOWLEDGE

小憲的鍋燒麵

雖然我是因傷退出實況，但其實那一陣子陸續有很多人也因為不想配合平台而提出辭呈。

我的好友歐小憲就是其中之一。

小憲是《神魔之塔》的老將，也是我的網紅前輩，在我剛入行的時候教了我不少做這行的眉角。他離開Facebook後，回到老家台南，賣起了鍋燒意麵。

我本來心想「怎麼會這麼跳tone！？從轉珠給別人看，變成下麵給別人吃，這麼大的差距真的轉得過來嗎？」

答案是可以。

我有次趁著回南部老家的時候繞去找他。他煮的麵超級好吃的啦！麵好，湯濃，料超多，根本是被實況耽誤的特級廚師！

而且他其實還是繼續在開台，只是不在Facebook，顧店的時候都開著Twitch跟觀眾聊天，我這輩子第一次看到人類可以一手拿鍋子，一手控手機，找到機會還能摸一下滑鼠的斜槓青年。

「直播這份工作太不穩定了，而且好不容易做出點成就，流量還是要被平台掌握，還是自己出來開店比較實在啦！」小憲說這番話真的太有道理了。

我當時認真相信不用兩年，小憲的鍋燒麵一定紅遍台南，成為鍋燒南霸天。

結果不到一年，疫情爆發，麵店應聲而倒。

KOL 知識庫

退路的規畫

很多網紅都是本來當興趣隨手創作，然後某個機會來了就爆紅，從此離職靠人氣與流量吃飯。

但因為平台之間競爭也很激烈，科技跟商業模型不斷推陳出新，觀眾的口味也是日新月異，導致網紅的職業生涯往往比運動員還短。

尤其是走娛樂路線、遊戲實況、電競選手、或是靠外貌、身材做為賣點的網紅，常常一個不小心就過氣。如果沒辦法在巔峰時賺足夠的錢，就必需多做一些後路的規畫：在走下坡之前趕快轉型，或是開拓新的路線。

所以一開始入行之前大家都會建議要先把本業做好，入行後還是要繼續培養其他專長跟學習投資理財，以免萬一哪天出事後頓失經濟來源跟生活重心。

不是我危言聳聽……不論哪個平台，一天到晚都有人帳號突然消失，有的運氣好拿得回來，有的就是再也拿不回自己的帳號，求助無門。

永遠都要做最好的準備，做最壞的打算。

反正多開幾個平台，多學幾個技能是不會吃虧的啦！

KNOWLEDGE

國家勢直播主

不用每天開台後，我的時間變多了。

但因為沒有Facebook的薪水，我也必需開源節流了。以前只要跟遊戲無關的案子我幾乎是統統推掉，現在變成自由接案者，反倒是來者不拒，誰給錢就是老大。

有一天，我還在教書的同事發了一個LINE訊息給我：「黑貓老師～好久不見～可以請你來我們學校演講嗎？」

雖然我前面說了來者不拒，但學校的案子我真的很不想接。儘管是老本行，但是正因如此，我深知學校給錢超小氣，公定價最高就是一節2000元，要是專案是用上課的名義請講師，甚至一節400元的價錢都有，但講者要花上老半天時間去演講，可能前一天還要用一整天準備內容，非常不划算。

但我也知道政府每年都在搞學校的行政，強迫每年都要辦好幾場研習跟講座，同事肯定是走投無路才來找我，所以我還是點頭答應了。

這次演講是為了培養學生的閱讀素養，我以作家的身分去跟國中部的學生們聊聊作家的酸甜苦辣。演講結束後，圖書館主任發現我有遊戲實況主身分，我就又被邀請去跟高中部的學生聊聊電競產業的職業發展性。

第二次演講結束後，教務主任發現我有合格教師證，就趕快拉著我說「我們人力缺口超大，大家都快要扛不住了」，問我能不能去幫忙上課，一個學期就好。我超級掙扎，考慮了很久，我當初就是放棄了當老師的夢想，才跑去當實況主，現在卻要我走回老路繼續當老師嗎？

但冷靜下來後想想，當老師就不用每天盯著螢幕看了，對我的眼睛只有好處沒有壞處。反正在Facebook當實況主的這兩年，也算是圓了一場夢，夠我說嘴一輩子了。於是，我整理了心情，接下了聘書，回到學校當老師了。

一個月過後，新冠肺炎疫情爆發。

政府下令所有學校封鎖，全部老師回家進行視訊遠距教學。

繞了一大圈。我只是從直播打遊戲，變成直播教英文而已。

直播主有分「個人勢」跟「企業勢」，那個「勢」就是頻道的意思。

個人勢就是自己出來開的直播頻道，企業勢就是有公司花錢請人來開的直播頻道。

通常是用在 VTuber（虛擬 YouTuber，又稱虛擬實況主）身上的詞。

演講與通告的行情如何議定

當你有點名氣後，就有機會收到各種邀約。無論是學校演講、電台節目、企業內訓都有機會，甚至別的KOL也會有些案子來找你合作。

這些合作的價碼都怎麼算呢？老實說，全部都沒有固定的價碼，一切都是靠「談」出來的。

例如學校，如果是社團課名義，那鐘點費通常就是400元。如果是用外聘老師的演講名義邀約，鐘點費則是2000元。但因為這種演講往往會花比較多時間準備，學生又往往很失控，還規定不能亂講話跟罵髒話，所以會比較辛苦。

如果是電台或電視的節目，大概也是提供差不多600元～3000元的出席費。有時候還會有餐費或是車馬費補助。

但如果是企業內訓的講師，預算通常就很足了，一節6000元是基本，半天到一天的出席開個10000元、20000元也都不過分。

而其他的KOL邀約，則通常是抱持著「一起做好玩的企畫」、或「認識新朋友」的精神才會合作，比較少談錢，往往就是請吃個飯，送個小禮物，或互相feat一支影片，交換一下流量就解決了。

以上的狀況都是我自身經驗蒐集到的參考數字，而且大概都是基本價碼。

實際上只要夠大咖，喊個十倍價錢都可能有人搶著約。況且窗口通常都會一次接洽好幾個人，先用低於預算的方式邀看看，邀到賺到，沒邀到再加碼。

而 KOL 自身也可以評估看看，接下這類演講邀約或是通告對自己的好處多不多，要是能上到優質節目，對建立自己的人脈跟提高名氣都有很大幫助，別說有沒有錢領了，就算要自己付錢都非去不可！

KNOWLEDGE

Chapter 6

工商鬼故事

Story 40 我是生態毀滅者？
KOL 知識庫 政治正確會帶來的危機

Story 41 一張模糊的明信片
KOL 商業模式 7 銷售周邊商品

Story 42 捷運驚魂記
KOL 知識庫 KOL 拍攝注意！

Story 43 大太陽下的業配陷阱
KOL 知識庫 好用的報價單該怎寫？

Story 44 當個優質的搬運工
KOL 知識庫 注意版權砲

Story 45 YouTube 年度盛事：走鐘獎
KOL 知識庫 分享資源的「台灣創作者協會」社群

Story 46 晴天霹靂的座標之力！
KOL 知識庫 人設的重要性

Story 47 甲蟲超人登場
KOL 知識庫 TA 鎖定與商業模式

我是生態毀滅者？

在疫情蔓延的全境封鎖中，我活得戰戰兢兢，像是面對殭屍末日般，上網買了一堆食材回家囤著，自己下廚，不敢出門。

畢竟我這文弱書生，身體不好，全身都是病，當時也沒有疫苗可以打，我覺得我要是感染了新冠病毒，大概會客死他鄉，所以就算之後解除三級封鎖、新學期即將開始，我也沒有跟學校續約，而是回到家中繼續當全職的創作者，能不出門就不出門，靠著網路接案與寫作為生。

所幸台灣人福大命大，在許多國際好夥伴支援之下，疫苗成功輸入了台灣，也成功注進我的手臂，雖然副作用真的是有夠痛苦，但我覺得至少可以活過這關了，心裡踏實了不少。

也因為有了疫苗護體，終於可以回屏東看看老爸老媽。

一回到老家，竟發現農地有一堆可愛的小貓咪在迎接我！

原來是我媽在某個風雨交加的夜晚救了一隻流浪貓回家，結果那隻浪浪原來是個年輕媽媽，沒幾天就又生了四隻小貓。我媽就把牠們取名為：「AZ」、「莫德納」、「BNT」跟「高端」。

小貓真的好可愛，於是我就幫喵喵叫的小貓拍了影片跟照片，傳到網路上，希望幫牠們找個好人家。

結果這支小貓影片竟然炎上兩次！雖然規模不大，但是我至今還是很傻眼，這樣竟然也能出事！？

第一群人是跑來指責我將貓放養，因為貓是外來種，會捕捉台灣原生種鳥類與小動物，所以我是生態毀滅者的幫兇。

可是我又不是小貓的主人，我只是回老家一趟而已，況且在屏東鄉下地方的人們養貓抓老鼠根本就是常態，把這種文化的事怪在我頭上也太離譜了吧？

另一群人更扯，因為有隻小貓個性很姬芭，吃飯時都跑去飛踢其他貓貓，這些人就說我故意把壞貓取名叫高端，意圖醜化民進黨政府！

我看到只心想：「蛤？？？」

但我真的想不到怎麼回應才是最佳答案，所以乾脆就當沒看到，放任這些人去吵，反正吵起來的文章互動率都會超級高，最後沒多久就找到領養的人，四隻小貓都找到溫暖的家。

可喜可賀，可喜可賀。

KOL 知識庫

政治正確會帶來的危機

政治正確（Political correctness）在現在的社會氛圍中是一股不能被忽視的力量，雖然通常立意良善，但也常有矯枉過正的時候，這會讓創作者一不小心就會陷入險境，一不小心就會被截圖公審，然後被出征。

但畢竟很多事情一體兩面，你不管怎麼努力都沒辦法討好所有人，或是你明明沒有那個意思，卻被人過度解讀，躲不掉也沒辦法防。

比方說，前陣子有個熱門遊戲叫做《霍格華茲的傳承》，這遊戲的世界觀跟暢銷小說《哈利波特》是同一個，評價很好，很多遊戲實況主開直播玩，玩著玩著，聊天室卻突然湧進一批人開始痛罵主播，原來是因為《哈利波特》作者曾經跟LGBT人士有過節，所以這些人認為你玩這個遊戲，你就是歧視變性人的幫兇。

以前的年代，這些偏激分子往往得不到大眾支持，但現在因為演算法會把同樣想法的人聚在一起，並且推播最偏激的意見，間接形成了「取消文化」，也就是當你的政治傾向跟他們不一樣的時候，就呼朋引伴罵你、抵制你、檢舉你，讓你不好過。

但很多時候被出征的人根本沒做壞事，只是間接扯上關係，或僅只是立場不一樣而已，把人類社會的歷史共業拿來壓迫一個玩遊戲的人實在是莫名其妙。

KNOWLEDGE

萬一不幸遇到這種事，可以參考最有炎上經驗的日本企業，常見做法就是：「不理會」、「不道歉」、「不妥協」，反正這些俗稱SJW的社會正義戰士，通常目的是要引起關注而已，就算公司配合了他們，他們也不會買單；但如果對他們妥協，反而會讓本來的消費族群失望，在商業上弊大於利，所以日本企業乾脆就給他們罵，公司就裝死冷處理就對了，時間拖久了，這些人就會去另一個議題開戰場了。

炎上不一定是你的錯。
先遠離社群一下，再找朋友聊聊吧！
衝動是大忌

KNOWLEDGE

一張模糊的明信片

很久很久以前的我，曾經想過可以用文字的力量改變世界。

「只要一直持續地打出好文章，應該可以讓人們喜歡閱讀，進而有更多的人學會獨立思考吧？」但過了幾年後我就完全放棄這種天真的想法，只想用貓騙讚。

一開始我都只是用手機來拍貓，但為了拍出更清晰的照片，我砸了一個月的薪水買了單眼相機、買了攝影教學書，甚至還買了攝影課程，就是想要幫馬六拍出更好看的照片。

但貓實在很姬芭，每次我把單眼拿出來要拍的時候，她就跑掉不給拍。有一次，馬六心情好突然跑來撒嬌，還發出呼嚕呼嚕的聲音，超可愛的啦；但我要是去拿單眼一定來不及，我就趕快掏出口袋的iPhone來拍。沒想到這是一個陷阱，我手一伸過去就被爆咬一頓。

下場就是照片糊成一團……「這什麼？到底是什麼生物？」但我還是把這隻模糊貓貼到Facebook上。

結果大受歡迎！

照片還被轉貼到國外去，分享數破萬，成為國際級迷因。我就乾脆一不做二不休，直接把這張圖印成明信片，當作限量贈品，順便幫老婆賣蜂蜜，只要下單備註「馬六派來的」就可以拿一套。

最後賣了快600套。比平常用正常照片來促銷的業績超過10倍。

之後我發現每次失敗的照片，都比清晰的受歡迎，我到底買單眼幹嘛？

KOL商業模式7

銷售周邊商品

賣周邊也是很常見的收入。粉絲可以用行動支持喜歡的網紅，網紅也可以賺點錢錢。

但是，「出周邊」就是「商品化」，商品化的模式非常複雜，導致不論是買方、賣方都很容易遇到不愉快的經驗。因為大部分的創作者都不會有自己「生產商品→販賣通路→出貨」的生產線跟商業模式，所以要是從頭自己弄一定會花很多時間，弄出來的成品往往又不夠專業；而且因為量不夠大，成本就會很高，為了不要虧錢，只好售價也調高，最後到粉絲手上的，常常是很貴卻品質很差的東西，造成兩邊心情都不好。

自己找廠商也是很麻煩的事……雷包廠商一大堆，品質很糟、延誤出貨、寄錯、寄壞的事都時有耳聞。

但現在有很多「幫你找廠商」的廠商，讓創作者只要授權給他們，就會幫你出周邊，可是通常抽成很高，最後是你花了一堆時間，錢卻都被別人賺走（雖然粉絲可能會很開心，對於IP的推廣也是有點幫助）。

對KOL來說，賣周邊第一個會遇到的問題是「說說哥」。還沒打算要出的時候，這些人可能就會鼓吹你「這個要是出周邊我一定買」……但商品真的推出後他們卻沒有買單，害你庫存一大堆。所以真的不要太相信這些人，很多人只是講講場面話，講爽的。

KNOWLEDGE

第二個會遇到的就是「問問哥」。只要出周邊，就會有人來東問西問，問價錢、問出貨時間、問材質，就算你所有的資訊都明明白白地貼出來了，他們還是不看，就是要直接問你（然後問半天不買）。

第三個還會遇到的是金流問題。收錢其實很麻煩，找清楚是誰匯的錢也很麻煩，自己收的話會耗費大量時間，所以通常都會使用電商系統或第三方金流，例如蝦皮、露天或是綠界、藍新之類的。

最後會遇到物流問題，每次都一堆人沒去取貨然後被退件。

總而言之，出周邊需要太多專業的銷售知識跟行銷技巧。除非你本身就有電商或相關的背景，或是你的創作本來就很適合商品化，否則出周邊對於大部分KOL都是吃力不討好的事，只能當作服務粉絲的一種企畫。

初學者建議先做做T恤、簽名拍立得、明信片、小卡這種簡單的先累積經驗，一開始先只做少量，限時限量先賣給核心粉絲就好，等到SOP建立起來之後，再來做大。

強烈建議一定要先收錢再開始做，不然萬一估錯數量，導致全家都是庫存，那真的是創作者最可怕的惡夢。

捷運驚魂記

某一年，過完了農曆年，我踏上高鐵的旅程，一人一貓北漂回台北。

從屏東到台北真的很遠，我一身行李，帶著一隻喵喵叫的貓，單程四個多小時，一路火車轉高鐵，到了台北再從高鐵轉捷運。

搭上捷運後，我好累，但就快回到台北的租屋處了，於是我拿出手機跟在墾丁的老婆安全回報：「我快到家了」，發訊息的同時，我順手拍了一張車門外的「南港」告示牌。

沒想到，一拍完，坐對面的一位女士突然很生氣的從椅子上彈起來，再一個箭步往我衝過來，對著我大喊「刪掉！」

「蛤？」我愣了一下。

這位女士看起來大概30幾歲，黑長髮，白襯衫，應該是個OL，但從表情看得出來她非常生氣，像寶可夢的火爆猴一樣氣。

「你剛在偷拍我對不對？給我刪掉！」

原來她以為我在偷拍她！但我是在拍外面的看板啊！我一邊打開手機給她看照片，一邊解釋說「我剛是要跟家人回報說我快到家了，所以我才拍車門上的告示。」

照片的構圖她只有肩膀跟頭髮入鏡，很明顯就不是拍她，但為了避免節外生枝，我還是當著她的面把照片刪掉了。但那名女士還是惡狠狠地瞪著我：「垃圾桶也要刪！」

我傻眼，但其實我很害怕，她在看完照片後還這麼激動，似乎也不想聽我解釋！萬一她誣陷我的話，事情會變得非常麻煩……我只好再拿出手機，當著她的面把照片的垃圾桶清空。

不知道是她終於相信我了……還是因為我相簿一整片都是貓咪的照片，她才撂了一句「下次不要偷拍了」，再緩緩回到我對面的座位，好像什麼事情都沒發生一樣坐下來繼續滑她的手機……

KOL 拍攝注意！

身為KOL，會有比別人更多的機會需要拍照跟攝影，有時候難免會遇到比較奇怪的人或是規定比較多的場合。

但萬一起了衝突，一不小心就會被炎上，這類指控常常是先講先贏，網紅只能被動挨打，就算澄清也不太有用，因為炎上的那篇流量一定會比你澄清的觸及率高個十幾倍。

就算當下沒事，有時候等PO上網時才會出事，像是被拍到的人或店家要求你下架、不小心在不能拍照的地方拍照，或是照片中出現不該出現的東西，都有可能會讓你出事。

不只是拍照，只要一有名氣，就會被當作是公眾人物，任何言行舉止都會被放大鏡檢視，有些人就是喜歡把別人從高處扯下來取樂，所以KOL被炎上、被檢舉都是家常便飯。一旦踩到違法的事情，那就會成為黑歷史永遠留存在網路上，不可不慎。

除了來者不善的狀況，有時候友善的環境也不能鬆懈。

例如你去某個景點或是餐廳，拍了很漂亮的照片，照片不能馬上發，不然可能會有熱情的粉絲看到就跑過來堵人。

或例如跟其他 KOL 朋友出去拍照，也一定要先問過對方照片／影片能不能傳，除了拍不漂亮會破壞形象以外，萬一拍到男伴／女伴、菸、酒之類的就麻煩了，甚至有時候光拍到身上的東西是他贊助商以外的品牌，都有可能讓對方陷入危機。

story 43 大太陽下的業配陷阱

有一天，一間很有名的家具行寄信給我，內容是：「黑貓老師您好，我們最近要開一間新分店，想邀請您參加開幕活動，並幫我們介紹新分店、新商品，可以請問您一篇圖文收費是多少嗎？」

哇，我最喜歡這種工商邀約信了！而且還是我喜歡的品牌，可以吹冷氣逛家具，又有錢可以賺，當然好！所以我馬上回信說我OK！並報上了我的價碼是多少。

結果，對方後來又陸續問：「請問您粉專的粉絲男女比例？」、「請問您近期工商文的觸及如何？」、「這次合作的素材可以讓我們在自己的粉專發文嗎？」……總之就是問題一堆，每個問題都要花很多時間去開後台截圖。

接著窗口還說：「黑貓老師，不好意思，我們的開幕活動只有兩天，您可以禮拜六中午來，然後下午直接發文嗎？」

我眉頭一皺，這麼急的話，會沒時間整理素材或剪片，文案跟內容全部都是要當場隨機應變，可能會讓品質下滑……但我自認當過實況主，見機行事對我來說小事一樁啦。

那時的我真的是太大意了，我從沒想到看起來這麼簡單的一個案子，竟然拍到我差點死掉……因為我到了他們的店門口後才發現：他們的活動竟然是在戶外舉辦！

說好的吹冷氣逛家具呢？我看向天空，太陽超級大！一片雲都沒有！溫度高達攝氏36度！！！廠商是不是想熱死我！？（而且我有紅斑性狼瘡，不能晒太陽啊啊啊啊～～）

接下來拍攝開始的時候，她也沒有幫我清場，要我自己去排隊……這邊說明一下：這不是我們網紅耍特權，而是因為廠商找我們的目的就是為了宣傳，要是拍片時沒有清場，不但很難取景，也一定會跟其他客人互相干擾，所以一般都會幫忙清場，或是安排一個媒體專用時段。

最後我燃燒我的小宇宙，邊撐傘，邊排隊，很敬業地搞定一切！

不過任務還沒結束：接下來窗口帶我進入地下一樓的家具店拍商品，冷氣超級強，我剛剛才在大太陽下拍片，全身都被汗水浸濕了，冷氣一吹，我差點當場凍死。

我是圖文部落客啊！不是極限登山客啊！！為了避免客死他鄉，我只好現場買幾件衣服換上，還沒收到錢就先花掉一筆錢，根本是整人企畫，並在心中下定決心以後接案子前一定要先問清楚工作細節。

KOL 知識庫

好用的報價單該怎寫？

當你開始接案子賺錢後，建議一定要做報價單。

報價單又被叫做「Sales-Kit」，如果報價單有寫好，就能迴避掉我發生的慘案，因為幾乎所有的工商鬼故事都是因為溝通不足而來。如果把所有合作該注意的事情都寫進sales kit，那白紙黑字，誰都不能偷吃你豆腐。

一個好的報價單，最重要的功能就是幫雙方省下溝通的時間，時間就是金錢，寫得越詳細就會幫你省下越多成本。在一般商業會出現的報價單通常是介紹產品，但KOL的報價單，則是要介紹自己。

「主要使用什麼平台？」、「擅長文字、圖片還是影片？」、「你的路線是什麼？」、「平常流量多少？」、「粉絲輪廓是什麼樣子？（性別、年齡層）」、「跟誰合作過，合作的文章長什麼樣子，效果又是如何？」有了以上資訊，就可以讓廠商知道你的粉絲跟他們的TA是否相符，跟你合作能不能達到他們預期的效果。

接著更重要的就是：把你的價碼跟合作方式讓廠商知道，例如：「一篇圖文多少錢？一支影片多少錢？一整包有沒有特價？」、「廣告授權一個月多少錢？」、「錢要怎麼收？什麼時候匯？」，寫得越清楚越好。

KNOWLEDGE

像是剛剛的工商鬼故事發生前，如果我的報價單裡面有加註「戶外拍攝需額外收費」、「急件需額外收費」的話，剛剛講的工商鬼故事就能被迴避掉了。

總而言之，報價單就是簡單版的合約，或是也可以被稱作「合作備忘錄」，一開始多花一點時間做好一份，以後每次廠商來信邀約就直接寄一份過去，省時省力又不會被凹！

再順帶一提，因為賺了錢就要繳稅，所以廠商的錢也不是說匯就匯（是的，當KOL還是要繳稅的，不知道哪來謠言說KOL就不用繳稅），每次都還得要寫勞務報酬單（簡稱勞報單），上面要有名目、金額、個人資料跟匯款資料，這樣窗口才能請款，錢錢才會匯進你的帳戶喔！

有些公司請款要走很多流程，沒有先給他們一張報價單，窗口就沒辦法先開案，這種狀況報價單就會變成所謂的「合作意向書」，上面的格式會正式一點：

「甲方是誰、乙方是誰？」、「甲方要付多少錢？」、「乙方要提供什麼服務？」，然後還有一個重點就是「這份報價的期限」。

因為有時候公司跑流程會拖很久，跑個半年才回來說要合作，那時你可能漲價了，或是檔期滿了，要視為急件收費了，這時如果要修改，對方搞不好又要重新跑流程跑半年了。

當個優質的搬運工

我讀高中的時候，有一次偷騎家裡摩托車去朋友家，結果路上車子發出了怪聲，引擎那邊轟轟轟轟的很吵，車子速度也變慢了，但我完全不知道發生什麼事，也不知道該怎麼辦。

那邊是屏東萬丹的路邊，路燈很少，天色昏暗，我使勁地催著油門，深怕一放開就會熄火，黑暗就會將我吞沒。

接著我的身後突然出現了更吵的聲音，兩名看起兇神惡煞的人，騎著改裝的摩托車從我身旁呼嘯而過，車上兩人瞪了我一眼，然後竟然一個大迴轉往我騎過來了！！

我完蛋了，他們是不是要來搶劫我？我一個窮學生身上沒錢，劫財不成，萬一他們改劫色的話怎麼辦！？

這兩個全身刺青的吊嘎男子邊逆向往我靠近，邊大喊「靠邊停啦！」，我嚇都嚇死了，但是我車子根本跑不贏他們，只好乖乖照辦。

「少年仔，偷騎家裡車齁？」其中一個大叔看我一臉稚嫩，就用很變態的笑容數落我。另一個大叔則是從機車後車廂掏出了一根長長的金屬物。那應該是某種兇器，我死定了，我好可憐，早知道就在家打電動了。

結果大叔操著一口豪爽的台語，說「遠遠一聽就知道你車子出代誌，再騎下去車子肯定會壞掉」，說時遲，那時快，大叔用媲美F1賽車維修員的手速，一瞬間就把我的坐墊拆開，從裡面挖出一堆塑膠碎片，然後一瞬間就又組裝回去，我車子的怪聲就沒了。

「好了～少年騎慢一點啊！現在很晚了趕快回家！」語畢，兩人揚長而去。

回到家後，我驚魂未定，但又覺得這晚實在太荒謬，於是我把整段故事PO上網。看到的人都推文大笑，雖然我當下笑不出來，但事後我也覺得真的是笑死。

……光陰似箭，12年過去，我已經從一名中學生成為了一名中學老師，上課的時候我跟學生講了這個故事。

結果學生不但沒笑。還說這個故事他上禮拜在抖音上看過了。

KOL 知識庫

注意版權砲

雖然自己創作很有趣。但看別人的創作通常更有趣，所以我如果擺爛不想寫東西的時候，也常常搬別人的東西回來貼。

在自己的平台分享別人的內容，這種模式就叫「搬運工」。例如我這個修車的故事，也許就是在網路上被轉貼不知道幾百次後跑去對岸，再被拍成短片轉貼回來。

但萬一搬運的方式錯誤，就會變成「無斷轉載」，也就是盜圖、偷梗的負面行為。

「欸？老師，這樣不會有版權問題嗎？」，當然會，因為這世界上有所謂的「智慧財產權」保護創作者的創作不會被偷走。但智慧財產權理論上不會無限上綱，不然大家都不用創作了對吧？

首先搬運的第一個重點是：有沒有得到作者的許可或授權？如果有的話，那就沒有問題了。

接著第二個重點則是：有沒有商業行為？通常拿別人的東西要看目的是什麼，才能判斷是合理使用還是侵害權益。

例如：你很喜歡《間諜家家酒》，但如果複製貼上作者的圖貼到自己的Facebook，這樣子「理論上」是不行的。可是如果你的文案是「天啊，這集《間諜家家酒》怎麼會這麼好看！？安妮

KNOWLEDGE

亞好可愛喔！」那這樣任何人都可以看得出來，你是為了表達自己對這作品的喜愛才拿這張圖來用的，官方跟作者當然不會跑來告你，甚至還會感到很開心。

但如果你把圖印成抱枕套，放在網路上賣就絕對不行了。利用他人的創作取得商業上的利益，於法於理都說不過去，是完完全全的犯罪行為。

總而言之，搬運只要立意良善加上作者同意，那就是多多益善，每次轉貼都附上詳細的來源，通常就不會出事。搬運工自己得到了流量，觀眾看到了優質作品，原作者得到曝光的機會，是三贏的局面啊！

p.s.

另外也要補充一個很中猴的故事，我有一次打開了 YouTube 後台，結果收到了版權聲明，版權擁有者對我影片中的部分內容提出聲明。

「欸不是，我用的是免費音樂庫裡的無版權音樂啊！！」我整個愣住。但抗議無效，從此我那支影片的收入就沒了。

以上的敘述聽起來很扯，但卻是自媒體經營者會不斷經歷的鬼故事。畢竟 AI 審核不是這麼聰明，所以利用版權漏洞來牟利的人比比皆是，甚至還會有一些大企業也會這麼做。

舉例來說，你使用了古典樂作為影片背景音樂，法理上是沒問題的，但是如果有公司拿著這個音樂去申請版權，你用了就會被系統判定侵權，對方就可以把你的影片刪掉，或是拿走你這支影片的廣告收入。

就算是號稱可以免費使用的素材，但要是沒有白紙黑字寫下使用範圍跟使用時限，創作者有權隨時無條件收回授權，所以他可以先說這個免費給你用，然後你一拿去用，他再發你版權聲明，拿走你這支影片在 YouTube 上的所有收入。

很惡劣，但你完全無可奈何。大家只能摸摸鼻子自認倒楣，以後就只用付費素材庫或是 YouTube 官方提供的素材以免又被人衝康。

YouTube 年度盛事：走鐘獎

如果要回顧我目前人生做過最錯誤的決定，那可能有兩個：一個是沒有all in比特幣；另一個是選擇Facebook而不是YouTube。

在我剛出社會那時，YouTube還不算紅，有許多創作者開始在YouTube上發影片，一開始我有一點心動，但後來想想，YouTube有的功能Facebook也都有，況且我擅長使用文字，YouTube則只能傳影片，對我沒有優勢，所以就決定留在Facebook了。

被Facebook簽下來的時候，我也覺得當初做了正確的決定……但人生囂張沒落魄的久，誰也料不到Facebook後來整個爛掉，YouTube卻整個飛起來，YouTube賺得盆滿缽滿的。

之後台灣YouTuber們辦了一個「走鐘獎」頒獎典禮。過程很鬧，但內容卻很認真，根本是自媒體界的奧斯卡獎。

我好羨慕，又好忌妒，要是我當初選擇了YouTube，我現在一定也是百萬YouTuber了吧！害我看直播時一邊笑卻又一邊哭，心裡總覺得我應該是在那裡的台上領獎，而不是在這裡每天給祖克伯欺負。

在那之後，過了兩年，我成功受邀參加走鐘獎了。不過不是以YouTuber人身分，而是以評審的身分，因為我平常一直分享我的創作心得，網路上若有夥伴迷失方向，我也都會盡可能給予協助；加上我每個平台都有涉獵，講話客觀公正，所以就在創作者協會的委託下成為評審，受邀參加走鐘獎頒獎典禮啦！

雖然願望用不同形式完成了，不過我還沒放棄！下次就要用入圍的身分來參加！

KOL知識庫

分享資源的「台灣創作者協會」社群

之前的章節有提到「自媒體工會」，但這邊提到的不是工會，而是「台灣新媒體影音創作者協會」（Creator At Taiwan），簡稱「C@T」，是阿滴、志祺與幾個YouTuber大前輩們一同創立，讓創作者們可以互相分享心得與資源的社群。

因為經營自媒體在不同階段會遇到不同的瓶頸，這時候沒有夥伴互相扶持真的是很難走下去，而協會的存在，不但可以讓大家一起取暖、一同學習，有好康的互相分享，遇到壞廠商也能彼此提醒，甚至還能直接聯絡到YouTube的官方人員，非常強大。

正所謂「團結就是力量」，協會還會定期舉辦「創作者之夜」、「創作者小聚」等活動來分享彼此的心路歷程，讓我的創作之路不再孤單，真的可以說是改變我職涯一個超重要的團體。

想看更多關於協會的資料，可以從這裡傳送：

KNOWLEDGE

晴天霹靂的座標之力！

大家知道「座標之力」嗎？

座標之力本來是《進擊的巨人》中，艾爾迪亞人的王族才能使用的能力，可以將所有艾爾迪亞子民的意識連結到同一地點，也可以指揮巨人對特定目標進行攻擊。

有一天，我滑著手機，看到其他KOL正在討論貓，我就加入討論。因為我是晒貓專頁，晒個貓合理吧？

然後又看到有其他KOL正在討論A片，我就跟著加入討論。我也是個正常的男孩子，聊個A片也合理吧？男生在討論A片的時候基本上就是圓桌會議，每個人都推薦了自己的壓箱寶，我當然也是把我當時最推的女優跟番號交了出去。

而留言也開始回覆「感謝樓主，一生平安」之類的感謝，讓我充滿了成就感，我今天也對社會做出了正面的貢獻，很好。

但很快我就發現狀況不對。

留言的數量太多了！

「到底怎麼回事？」我趕快拉著一個路人，問他有沒有頭緒。

「我也不知道啊，老師。剛剛我手機突然響一聲通知，說黑貓老師發了新留言，我一點訊息就被傳送過來了。」

什麼？剛剛去晒貓的留言就算了……該不會……該不會Facebook把我跟別人討論A片的留言通知給我20萬個粉絲吧！？

結果還真的是！！！

粉絲們不約而同地跑來回報，說Facebook直接發推播給他們，告訴他「黑貓老師在●●●留言」的訊息，而且是幾乎每一則都通知！訊息洗了一整排！這下全世界都知道我愛看A片了！

「簽」、「黑貓小隊報到！」、「所有的道路都交匯在同一個座標上，那就是始祖巨貓」被召喚的粉絲們也覺得很莫名其妙，不過因為很有趣所以開始瞎起鬨，並幫這個現象取名為「座標之力」。

而被我留言的KOL跟我回報，他的觸及增加了14200%，差不多一次多十萬人！

天啊，這真的太擾民了吧！我趕緊打開後台一看，直接噴掉快2000人追蹤！！崩潰！！！（但真的也不能怪他們，如果我一天到晚被廢文通知打擾，我也一定會退追蹤的……）

「咦？」但我轉念一想……我們經營專頁最缺的不就是「觸及率」嗎？那我只要在我的文章下留言，我就可以得到夢想中的超高觸及率了耶！

「天啊！我成為天選之人了嗎？」我突然興奮了起來！登高一呼「集合啦！黑貓小隊！！！」我在自己的發文留言區大聲地搖旗吶喊！等著我的黑貓小隊千軍萬馬來相見……

……結果沒有人來。

原來這個功能只會在別人的專頁發動，不能在自己的專頁用……而且還沒有辦法關掉，我超無言。

更扯的是，因為Facebook的版本沒有統一更新，每個人的版本都不一樣，也就是說只有少數幾個專頁主覺醒了座標之力，其他人都沒有。許多沒有座標之力的專頁跟粉絲為了見識座標之力，開始不斷地TAG我們，那陣子我每天會收到接近2000次的TAG，造成我後台幾乎被完全癱瘓。

也因為座標之力占據掉大量版面，排擠掉Facebook本身塗鴉牆上的其他文章，導致所有人的觸及率都大降，認真打在自己專頁的文章觸及率還輸給座標之力的胡亂留言，粉絲就跑來跟我說：「黑貓老師，除了你的專頁以外，我到哪都看得到你欸。」

我那一陣子真的很受不了Facebook把我的行蹤不斷推播給別人，不管是粉絲還是陌生人，我到哪邊都有人跟著，講幹話被全世界知道……而且也會讓人以為我一直海巡，或是到處蹭流量……其實我只是正常使用，是Facebook把我們的動態硬塞給別人看的啊。

等過了兩個月左右，這個跟BUG一樣的現象才逐漸好轉。

但一切都太遲了。

我的形象已經從本來會說書、講故事的知識型網紅，變成每天到處講幹話的A片專家了……

KOL知識庫

人設的重要性

座標之力的事件發生後，我的人設幾乎完全崩壞。雖然之前已經做過好幾次的轉型，但沒有一次像這樣崩得這麼澈底。

整體來說，「人設」對一個KOL是至關重要的事情。

上一次我們在此書提到人設時，是為了防止酸民直接攻擊到你心靈所建的盾牌，但人設還會影響很多事情，包含了你的粉絲怎麼跟你互動，其他KOL怎麼跟你互動，以及廠商怎麼跟你互動。

在我人設崩掉後，我直接少掉1%的女粉……，但比較熟的粉絲卻更熟了，因為他們加入了黑貓小隊跟我一起到處串門子，與我產生了謎樣的革命情誼。

其他KOL也更認識了我，因為我留言會跳通知，還會帶來大量的觸及，大家都希望跟我做朋友，然後我就會把流量帶去他的場子。（至於廠商則是開始有情趣用品店來找我業配了……）

總之，什麼樣的KOL會吸引什麼樣的粉絲，而有什麼樣的粉絲就會吸引到什麼樣的廠商，只要建立好（或是熟悉）自己的人設，就能進一步精準鎖定出自己的粉絲輪廓，對於經營還是拿來賺錢都會很有幫助喔！

KNOWLEDGE

甲蟲超人登場

我的第二本書是在2022年出版的《甲蟲超人超圖解》，它是一本養甲蟲的入門書，也是我多年來的心血結晶集結成冊。

書本上市後，粉絲們很捧場，一下子首刷就銷售一空，我也鬆了一口氣。……老實說，我本來已經在心中決定：要是首刷沒賣完，我這輩子就退出蟲界，再也不養蟲了。

因為經營甲蟲專頁其實很辛酸，畢竟養甲蟲的通常都是小朋友，社會經驗不夠，常常很沒禮貌地跑來問東問西，明明我早就已經在Blog上寫好一堆教學文，但他們就是不自己查，只想當伸手牌。

最讓我受不了的就是發連續訊息來：「在ㄇ」、「有人嗎？」、「？？？」或是常常會來硬聊一些無關甲蟲或是要通靈才會知道的問題：

「你有什麼蟲？」（我不是蟲店啊！）
「這是什麼蟲？」（然後貼一張糊成一團的照片）
「我的獨角仙有交配過了嗎？」（我哪會知道啊？）
「我的蟲為什麼都鑽到土裡？」（啊牠就是一隻蟲，牠不鑽到土裡你期望牠去念書嗎？）

還有一次，我養出了一對大型的巴拉望巨扁鍬形蟲，然後用一個粉絲回饋價賣掉，結果過幾天突然接到電話，原來跟我買的人還是國中生，他媽發現他兒子買了蟲，打電話過來說要告我詐欺。

「這種蟲隨便抓都有！你還賣我兒子這麼貴！根本騙錢！」

雖然我很努力想解釋這個物種比較稀有，但沒什麼效果，況且為了不到一千元的蟲在那邊耗一整天實在是很蠢，我就摸摸鼻子賠錢了事。

然後蟲回到我手上時已經沒有生命跡象，不知道是餓死還是被熱死的……從那次之後我就再也不敢賣蟲給陌生蟲友了。

不過還好，我撐得夠久，當年看我養蟲文章的學生們現在都出社會了，有錢買書了，因為他們買了書，我就有錢錢進口袋，黑蟲倉庫也得以繼續經營下去，我也有足夠的本錢讓我可以再寫這一本書。

謝謝大家，謝謝蟲。

KOL 知識庫

TA 鎖定與商業模式

TA就是「Target Audience」的意思，意指「目標族群」。

雖然也有少數很有天賦的創作者可以靠著「做自己」就吸引到很多人，或是從一開始就沒有得失心，做自媒體做爽的，有沒有流量都不打緊，但如果你在乎流量，那每次創作的時候都要先思考：「我這篇要給誰看？」、「我這個主題誰會喜歡？」的話，對於你的創作之路也許就會少繞很多遠路。

因為有時候TA訂錯了，這條路線就很難走遠，不是沒有人看，就是沒有錢賺。

我們就以我的「黑蟲倉庫」做為例子來分析一下好了，一開始我只寫甲蟲的文章，所以就只有喜歡甲蟲的人按讚，男女比大概9：1，幾乎全是小朋友、中學生、怪叔叔跟家長，但除了家長以外，其他的TA消費能力都不怎麼樣，所以幾乎沒有工商可以接。

「那家長呢？家長不是都很有錢嗎？」，對，但家長的錢會花在帶小朋友去蟲店買蟲、買用具或是去上實體課、夏令營等活動，這些錢我全部都賺不到。要不是我後來加開了水族的路線，加上「AC草影」、「AK's Beetle」兩家贊助商提供奧援，不然黑蟲倉庫早就倒了。

KNOWLEDGE

反觀我的「黑貓老師」路線，不管是講故事路線、養貓還是打遊戲，市場都很大，而且因為晒貓，貓飼料跟寵物用品的案子接都接不完；手遊跟電腦周邊的業配也是絡繹不絕；加上知識型網紅的形象很好，想打品牌行銷的廠商也會找上門來談合作，於是「黑貓老師」的商業模式穩定，我才有辦法靠全職創作吃飯。

感謝每一位
提供資源
的廠商。
有你們的支持
我們才能
繼續創作！
好耶！
AK's Beetle
贊助
AC 草影贊助

KOL 實戰篇

行銷力

很多創作者在經營一段時間後會遇到撞牆期。

通常這個瓶頸來自於沒有分配好「創作」跟「行銷」的比例。

是的，在創作的同時，也要學會行銷自己。經營自媒體其實就是「個人品牌行銷」加上「社群行銷」，是KOL很重要的能力！尤其在台灣的創作者往往得靠接案維生，能不能讓自己被廠商看到很重要；能不能幫廠商把商品賣掉更重要，這是攸關生存的技能，一定要認真學啊！

但要從哪邊學行銷呢？這個時候找對夥伴就很重要了，我之前曾經在KKBOX參加活動時，在電梯撞到傑哥。

傑哥是Facebook社團《社群丼》創辦人，他也經營一間小型廣告公司，還有很多不同平台的自媒體，是個全方位的KOL，掌握了很多好康的資源，如果各位想了解社群網站有什麼新鮮事，非常建議加入《社群丼》，這可是台灣最多行銷人參與的社群，待在裡面每天都會有收穫的！

除了偷學行銷技巧以外，更重要的是能在社團遇到兩種對KOL來說超重要的職業：一種是廣告代理、一種是廠商窗口。

他們雖然不負責創作，但他們擅長分析與轉換流量，也肩負著「幫客戶與老闆找KOL」的工作，只要跟他們多多認識，打好關係，就能知道廠商想要的是什麼？商用文案要怎麼寫才賣得好，甚至還有機會帶來源源不絕的案子！

Chapter 7

有神快拜！「騙讚懶人包」助你狂吸粉

01 給新手的你：誰都不能阻止你成為 KOL ！

02 跨出你的第一步：以戰養戰做就對了！

03 經營 YouTube 影音平台不能忽略的 10 個關鍵重點

04 超越次元的 Vtuber 經營

05 想經營 Facebook，先搞懂演算法

06 經營自媒體絕對不能錯過 Instagram

07 可以色色的 Twitter

08 直播界的霸權：Twitch

09 不被大平台政策操控，也不須對演算法低頭的 Blog

10 搶攻耳朵的市場：Podcast

01

給新手的你：誰都不能阻止你成為 KOL！

「你想要成為網紅嗎？」，在這個人人都有機會成名的時代，大家都想成為網紅。

以前小朋友「長大後最想成為的人」排名往往是總統、醫生、太空人；但現在小朋友最想成為的職業幾乎都變成YouTuber、電競選手跟球星了。時代變了，人人都想成為有影響力的人、有錢的人，被大家追隨，被大家喜歡。

「過很爽」就是網紅這個職業給人的形象。不用上班、到處去玩、做自己喜歡的事情。但很多圈外人搞錯了。

很多網紅是「本來就過很爽」才成為網紅，而不是成為網紅後才過很爽。倒果為因的下場就是一堆人一窩蜂地踏入這個領域，以為只要努力加點運氣，就能一起爽。

殊不知，結果反而造成更激烈的競爭，在紅海市場裡面繼續內卷，大家互相傷害，最後流量都被分散掉了。

講誇張一點，網紅都快比觀眾多了。

所以大部分的人其實是當不成網紅的，於是你的下一句是：「我能成為網紅嗎？」對吧？

當然可以。

有些事情不用去做就能預測出成敗，但這觀念不適用於人氣經營。這行很難的原因就在於它太難預測，太多毫無邏輯、毫無道理的事情發生。有很多人做足充分準備，資金、團隊、專業都具備了，一手好牌跳進來，結果做好幾年就是紅不起來；也有很多人只是拿台破手機隨便拍拍，沒有任何計畫，結果就莫名其妙爆紅了。

甚至還有人根本連拍都沒有拍，只是照片被朋友貼上網，就變成爆紅網路迷因，之後再補創個帳號，什麼都還沒有貼就數十萬人追蹤。

總而言之，現在能靠這行吃飯的很多人（包括我），在開始經營自媒體的時候，根本就還沒有「網紅」這個職業、也沒有任何變現的方式，大家就是做爽的，做著做著，突然有一天發現這行可以當飯吃了。

所以能不能當上網紅，還是要試了才知道，試了一次不行，就多試幾次。別人成功的經驗，不代表你能複製成功；別人失敗的經驗，也不代表你也會失敗。

沒有人能保證你會不會紅，但也沒有人能阻止你去嘗試，沒有人能阻止證明自己想創作的欲望，或是想跟大家分享某件事的決心。

沒有人能阻止你！

02

跨出你的第一步：以戰養戰做就對了！

如果你正要開始，可以先從兩個方向開始問自己：

1.我喜歡什麼形式的創作？
2.我想跟大家分享什麼主題？

「我喜歡什麼形式的創作？」要問自己喜歡怎麼表現自己的想法，例如我擅長文字跟演說，所以寫作跟錄音就很適合我，寫出來的東西就放Blog、Facebook，有話想講就開直播跟錄Podcast。

喜歡畫圖的話，可以嘗試畫些插圖加文案，當一位圖文作家，或是用分鏡跟對話來畫漫畫；喜歡演戲的可以拍微電影；喜歡跳舞的可以拍短片。先選擇一個合適的載體來表達你的想法就對了！

「我想跟大家分享什麼主題？」這題也不難，就是把你最懂的領域拿出來跟別人分享，如果懂的領域很多，就挑最喜歡的。熱情永遠是最有感染力的，只要是講你真心喜歡的東西，你的眼睛中就會射出燦爛的光芒，那個光會把觀眾吸過來的。

決定了載體跟主題後，接著就是做就對了。

不要覺得自己還沒準備好，再怎麼準備都是不夠的，而且你所有的問題都是跳下去做的時候才會跑出來，所以不用事前煩惱，等遇到問題再來想辦法解決，不可能一次就做好的，但只要越做越好就可以了！（這不是我要灌你喝勵志雞湯，而是各平台的演算法紅利都在鼓勵你增加更新的頻率，越勤快效益越高，推播的次數也會越多。）

況且演算法跟工具日新月異，推陳出新的速度太快，今天研究出來的成果，可能明天就沒用了，所以最好的創作時間點就是當下。一直不斷地創作，以戰養戰，保持彈性讓自己邊做邊學吧！

計畫趕不上
變化
但不做計畫
會連變化
都不知道。
計劃GOOD
拖稿BAD

03

經營 YouTube 影音平台 不能忽略的 10 個關鍵重點

接下來這一章也許是當下最多人需要的一章：「如何經營YouTube頻道」。

YouTube是Google的影音平台，也是目前全球最大的影音平台龍頭。

而在YouTube上創作的人，就被稱為YouTuber。

一開始大家也只是覺得放影片播影片很酷，後來因為開放了廣告分潤功能後，創作者可以靠著上傳影片賺錢，流量跟品質也越來越好，使得YouTuber拿下了創作者的霸權，在流量、影響力跟財富上都領先了所有平台，所以成為了創作者的首選。

那要怎麼成為一個YouTuber呢？這邊我用我的經驗跟我偷學來的筆記跟大家分享一點點小技巧：

主題很重要

確定自己的主題在YouTube尤其重要，因為YouTube的演算法非常的聰明，只要你的定位明確，它就會協助你把你的影片推播出去。

打個比方，假設我今天做了《惡靈古堡4》的遊戲精華影片，這時如果有一個YouTube用戶剛看完其他的《惡靈古堡4》影片，你的影片就有機會出現在他的推薦欄。

而我如果繼續上傳《惡靈古堡3》以及其他恐怖遊戲影片，演算法就會發現：「原來這個頻道是專門做惡靈古堡跟恐怖遊戲主題的，了解！」，之後不但看完惡靈古堡的用戶可能會看到我，連看其他恐怖遊戲影片的人都可能會看到我的影片了。

但假設你今天明明傳的是小貓喵喵叫超可愛影片，明天卻突然傳惡靈古堡殭屍吃人影片，後天改傳你倒立吃漢堡搞笑影片，演算法就會覺得「這個人到底在衝三小？」因為搞不懂你的分類所以就不推播你，你的觀眾也會很困惑訂閱這個頻道不知道要幹嘛，然後就不訂閱了。

所以如果你真的是想做很多主題，那你就要把一個主題設成「你的個人特質」，這樣不管你做什麼主題，觀眾都是來看你的。（但這樣作法就必需要有很強又很特別的魅力、表演方式或外表才辦得到。）

頻道名稱很重要

決定好主題後，接著要創頻道了，頻道名要好記，不要跟已經有流量的頻道撞名，最好一看就讓人知道你這是什麼頻道。

例如：

你名字叫做Kurt，你就創一個「Kurt的頻道」這就穩死不生的，這世界上有幾百萬個Kurt，你如果是新人，沒有人會記住你是哪一個Kurt。更糟糕的是，如果已經有很有名的YouTuber叫做Kurt，每個人搜索都會先跑去他那邊。

但如果你取名叫做「Kurt老師的自媒體教室」，這樣就能區分出你跟其他的Kurt不一樣，也沒有跟任何頻道撞名（至少在2023年五月沒有），而且一看就知道你的頻道主題是什麼。

單打獨鬥的一人公司

接著是最困難的部分了，成為YouTuber的意思基本上就等於是創業，正所謂創作者就是創業者，YouTuber必需同時校長兼撞鐘，從企畫、攝影、設備、演出、剪輯、美術、業務、庶務、行銷、社群全部一個人扛。

尤其在現在競爭激烈的YouTube市場中，想要搶到流量就要盡可能地顧好每個細節，而每個細節都是專業，什麼都要花錢，不想花錢就要花時間，而且不管有沒有投入預算，都一定要很用心做。

分工合作打群架

當然也可以分工合作，用打群架的方式去跟別人競爭是絕對有優勢的。

但是分工跟管理能解決很多問題，也會衍生出更多的新問題，找人合作弄頻道前至少一定得先談好：

- 頻道是誰擁有？
- 頻道方向誰做主？
- 錢誰付？怎麼付？
- 賺錢怎麼分？

・虧錢怎麼攤？
・紅了怎麼辦？
・紅不起來怎麼辦？
・誰負責做什麼事？
・多久開一次會？

所有想得到的狀況，都應該在最一開始白紙黑字先寫清楚，相信我！（就算不相信我，也要相信其他前輩血淋淋的教訓。）

尤其最常見的八點檔劇情就是：負責幕前的人（演出）跟負責幕後的人（企畫／拍片／剪輯），一開始都很辛苦，大家互相扶持，攜手合作闖出一片天。但久而久之就會發現，紅的會是出鏡的那一位，大家都是來看他的，所以他沒辦法被取代，但負責幕後的人卻只要用錢就請得到，非常容易取代，這時常常就會因為利益喬不攏而拆夥。或是情侶一起拍片，結果分手了之後就尷尬了（更甚至一起經營頻道就是分手的原因）。

怎麼靠 YouTube 賺錢？

YouTube也不是一加入就能賺，你必需先符合條件，也就是一年內要達成兩個條件：

・1000人訂閱。
・4000個小時觀看。

這其實是一個不小的門檻（不過說真的，到達不了這個門檻的人，八成也沒辦法靠YouTube賺到錢。）

達成數據後，還要申請Google AdSense帳號，以及要有一個能收美金的外幣帳戶，很久很久以前可以用收支票或是西聯匯款，但現在不能也不用這麼麻煩了，只要收益超過100美金，就會自動匯到你的外幣帳戶，之後再解匯換成台幣就可以領了。

不過因為每次都會有手續費，所以大部分的人都會把提領金額設定高一點，需要用錢時再一次提領出來，就可以少付一些手續費，反正就當作你在存美金就是了。

上傳

準備好頻道、路線後，接著就是開始創作了！

你至少還會需要一支手機、或是一台相機＋電腦，對現在的環境而言，不管是手機、相機還是電腦，可能要花個2萬元左右才會在性能上比較有競爭力。照著你的企畫寫一個簡單的腳本→然後拍→接著剪→剪完就可以傳上YouTube了。（有時間記得做封面，會加很多分！）

通常這個時候你就會覺得自己超神，影片超讚，自己馬上就要爆紅了。

但99.999%的人隔天就會發現影片根本沒人看，拍得超爛，覺得自己是廢物，不想努力了。

別怕，這都是正常的。每個大師都當過菜鳥。而且不用擔心，沒事啦，等你紅了之後，這支黑歷史還可以拿出來當素材再拍一支影片。

建立 SOP 後頻繁上傳

經過了慘不忍睹的出道作之後，每天的勤勉更新才是關鍵，因為看得到的缺點都是能改善的，只要不斷地修正每一個失敗的環節，影片的品質就會越來越好，最重要的是出片的速度要越來越快，因為速度越快，就能拍出越多的作品，這表示：

- 能被平台分類的次數越多
- 能被演算法推薦的機會更多
- 能有更多次進步的機會

有鑑於更新頻率、上傳日期也是演算法的重大參考數值，所以出得多、出得快會比你在那邊十年磨一劍來得更有優勢。

同時，如果能藉由固定時間更新，還能養成觀眾固定觀看的習慣，也能突破演算法的限制。例如我固定每週日晚上9：30開台，我的觀眾禮拜天晚上就會直接在那邊等我。

設定固定上片的時間時，也可以訂個情境當作目標，像是「讓我的粉絲可以每個禮拜五吃飯的時候看」，你就在禮拜五晚上5：00定期更新一個30分鐘的節目。或是「讓我的粉絲可以每天早上通勤的時候看」，你就每天凌晨6點發布個10分鐘的影片。

這邊稍微補充一下，影片剛上傳後，演算法會發生這些事情：

- 前三分鐘：除了你以外，沒有人會看到你的影片。等YouTube在後台處理完檔案，把所有畫質都搞定後才會開始推播。

- 前三十分鐘：先給你常互動與開小鈴鐺的鐵粉看，再給有按訂閱的人看。
- 約兩小時以後：從目前觀眾「有沒有按喜歡」、「有沒有留言」、「有沒有分享」、「有沒有看完」來決定要推播的強度，再推播給「有訂閱跟你同主題頻道的人」看」、「給剛看完跟你影片同主題的人看」。
- 約一天後，影片表現越好，就增加首頁與發燒影片的推薦機率，影片表現不好則漸漸停止推播。

封面認真做，標題認真下

好，大概了解YouTube演算法推薦的邏輯後，你就會得到一個結論：「能不能讓被推薦的人點進來看你影片」就是一切的關鍵，沒有這一個點擊動作，之後的事全部不會發生。

所以封面縮圖一定要做，一定要讓人忍不住瞄一眼，而且還要勾起好奇心讓他有「看看這影片在幹嘛？」的動機。

標題則是第二重要，觀眾目光被縮圖吸過來後，第二個就是看標題，要讓觀眾覺得他點了這個影片後可以得到一些東西，這些東西可能是新知識、好笑的東西、可愛的東西、沒看過的東西等等，只要是觀眾想看的，他就會點進來看，播放次數就會＋1。

但是！如果點進去發現圖文不符，馬上跳出、被按倒讚，甚至是被檢舉，反而都會造成影片在演算法被扣分，接著被推播力道就會下降，觸及率也會下降，最後影片就沒人看了。

GUIDE

行銷自己

好了，以上就是做YouTuber的基本概念跟懶人包了。

至於怎麼把影片拍好，這個因為每個人都有獨一無二的方式跟風格，在書中沒辦法好好解釋，各位還是直接上YouTube去研究你喜歡的YouTuber怎麼做的比較實際，我這邊能追加的建議，就是好好做行銷。

好的行銷可不是要你到處去貼連結、或是到處去求人訂閱，而是要精準地讓你的潛在觀眾找到你，主動去讓他們知道「欸，我有在做影片喔！而且這個你應該會喜歡喔」。

最穩的方式就是在不同的社群也開創帳號，認真經營粉絲與社群，最後導流到影片。或是找風格接近的KOL合作，以及尋找可能會對自己影片感興趣的社團加入，都會是加速頻道成長的方法。

充實自己

最後來碗雞湯。

很多人開始輸出內容後，就分身乏術，忘了輸入給自己新的內容。千萬要留時間讓自己持續研究自己的興趣、主題。也要認識新的人，跟同行交流、互相勉勵，同時也要適度觀察後台數據做出調整，這樣才會有新的火花，做出更新、更酷的東西。

做內容最忌諱的就是埋頭苦幹。這個世界不是投入多少努力就會得到多少回報，所以要先守住自己對創作的熱情，才能創作出能讓別人也喜愛的作品喔！

04 超越次元的 Vtuber 經營

講完YouTuber，接著講進化形型態的「Vtuber」。

Vtuber的原名是「Virtual YouTuber」，也就是虛擬的YouTuber，通常指「使用虛擬造型來進行影片創作」的頻道，這種型態差不多是在2016年底出現，最有名的大前輩叫作「絆愛（Kizuna AI）」雖然這個活生生的傳奇在達到300萬訂閱後就休止了，但她的虛擬後輩們依舊不斷地在舞台上追逐夢想並嶄露頭角。

Vtuber這個產業在2020年左右取得非常可觀的商業成功，讓世人見識到這塊市場的潛力。多成功呢？舉例來說，當時最紅的Vtuber，也是我的主推：「桐生可可」，一年的粉絲斗內（Super Chat）收入就有1億5000萬日元，還不包含平台的廣告分潤、業配、付費會員跟賣周邊的收入呢！

Vtuber 需要的設備

現在因為Face ID跟Live2D技術突飛猛進，任何人都可以用相當經濟實惠的價錢成為Vtuber了。從硬體來看，除了麥克風跟電腦以外，你必需要準備一個能捕捉表情的設備，最便宜就是買個視訊攝影機，一兩千元左右。但如果要精準捕捉細節，目前的主流是用內建Face ID的iPhone（至少要有XR以上）。

軟體則是使用主流的Vtube Studio跟Facerig兩種，只要安裝這兩個軟體，內建都有很多模組可以用，網路上也有免費模組可以抓，甚至也有很多非人類的生物如柴犬、浣熊之類的可以使用。

如何成為 Vtuber？

但是大部分的Vtuber還是要自己準備獨一無二的模組，俗稱「皮」，也就是說想要經營一位Vtuber，至少要有三個人，分別是：

- 繪師，負責繪製人物圖，而且要拆圖，俗稱「媽媽」。
- Live 2D模型師，負責把人物圖做成有動作與物理效果的模組，俗稱「爸爸」。
- 角色演員，負責操作模組並進行演出，俗稱「中之人」。

當然也是有很厲害的創作者可以一人扛三人，自己畫圖、自己建模、最後自己演出。

這些酷東西其實簡單的不難學，但要深入研究卻幾乎是沒有上限，有的人一張皮幾千塊台幣就搞定了，但厲害的皮可能一張要30萬～50萬元以上。而且還不是有錢就買得到！現在一流的V皮工作室接單都已經要排隊排到2024年以後了。

Vtuber 與其他不同的形態

雖然現在最紅的Vtuber幾乎都是開直播的，但並沒有規定只能開直播，甚至也不是只能在YouTuber上活動，所以就有各種衍生的職業名詞出現，例如：

- ‧唱歌為主的就叫作「Vsinger」。
- ‧不在YouTuber開的就會叫「Vstreamer」或「Vliver」。
- ‧或是實況主套上V皮開台，就會稱為「V type」。

總之，最後統統簡稱都是「V」。

Vtuber 跟 YouTuber 的不同之處

除了套皮以外，V基本上要做的事情跟YouTuber一樣，但是V會更強調「人物設定」讓角色更有魅力跟厚度，例如現在最多人訂閱的V叫「Gawr Gura」，她來自深海城亞特蘭提斯，是一隻嫌海底太無聊所以來陸地上探險的鯊魚。

而我剛剛提到的主推「桐生可可」，是隻從異世界來到日本留學的龍，深受日本文化跟俠義精神影響，而大前輩「絆愛」，則是為了讓人類更了解虛擬世界跟最新科技所發明的人工智慧軟體。

如果普通YouTuber這樣自我介紹，大家一定笑他中二病，但如果是V就不知怎麼地很可以接受，畢竟是虛擬人物嘛，就算有這種浮誇的演出大家也都會覺得非常合理，這也是Vtuber能贏過人類的優勢，能做效果的程度差太多了。

GUIDE

經營V的幾個重點

如同剛剛講的，V要堅守住有趣的人設，所以每次開台或拍片都要多花很多的心力去進入角色，才不會讓觀眾有出戲的感覺。

同時還要想盡辦法保密自己現實生活中的資訊，尤其絕對不能露臉，以免破壞觀眾的想像空間，這也成為V圈中一項不成文規定。

由於超越了次元，所以V與V的競爭更大，進入的門檻與成本也更高，而且因為不論是V還是看V的觀眾們都形成了特有的次文化，專有名詞一大堆，若非本來就是喜歡動畫與阿宅文化的人，就會很難打進這個小圈圈。

最後提醒一下，很多人想當V都是憧憬日本一些企業勢。但那些都是資本雄厚的大公司所堆出來的心血結晶，投入的資源是以百萬元作為單位的，並不是興趣使然出來的個人勢有辦法模仿的。

不管有沒有套皮，做自媒體的祕訣萬變不離其宗：找到自己的風格，提供自己的價值，最重要的是要做得開心，才有辦法以一個創作者的身分活下去。而也一定要先活下去，才有可能爆紅跟爆賺啦！

05

想經營Facebook，先搞懂演算法

這篇來講Facebook。

在台灣，Facebook應該就是最多人用的社群平台了，雖然它現在變得很爛，但暫時還沒有其他平台可以取代，導致如果你要靠自媒體吃飯，還是得摸摸鼻子過來經營粉絲專頁，因為粉絲在這邊，廠商也在這邊。

演算法是什麼？

不管有沒有要把你的主戰場訂在Facebook，最好都要搞清楚什麼是「演算法」，因為現在幾乎所有的平台都是靠演算法決定流量了。

演算法就是一套「決定什麼文章會出現在你的塗鴉牆」的機制，主宰了一個平台的使用體驗，也決定你每一篇發文的流量。雖然各平台（除了Twitter）都沒有公布演算法實際運作方式，大家只能用猜的。而且演算法隨時會改變，說改就改。

用戶端的演算法

好，我們先從一般的使用者角度切入，當你打開手機，打開Facebook時，你的塗鴉牆上會出現什麼樣的文章，都是演算法推給你的。演算法會隨時幫每一個行為打分數，越多分就會越容易出現在牆上。像是：

GUIDE

・越新的文章，加分。
・被你設摯友的朋友發文，加分。
・被你追蹤常互動的專頁、社團發文了，加分。

被加分的就會被優先推播到你的牆上，然後系統會視你有沒有跟這些文章互動，再為下一次的推播打分數。例如，你的朋友AAA發文說：「我剛剛在街上要扶老太太過馬路，結果她以為我要搶劫就拿包包爆打我一頓」。

你就按讚、留言「笑死」。演算法就會理解成「你按讚，這篇應該是不錯的文章，而且你還跟他互動，應該是很喜歡吧？」接著下面狀況的發生率就會提高：

・把這篇文章推播給更多AAA的好友。
・把這篇文章推播給你跟AAA的共同好友。
・AAA的發文以後會更容易推播到你的牆上。

相反的，假設你的前女友BBB貼了她跟男朋友出去玩的照片。但你看了就火，直接滑掉，然後再滑回去按隱藏，接著還按檢舉虐待動物（單身狗錯了嗎？）。演算法就會解讀成：「你沒看，也沒按讚，還檢舉！這篇應該是廢文吧？」於是下面這些狀況就會出現：

・BBB的朋友看到這篇的機率降低。

· 你以後會比較看不到BBB的發文。
· 系統會來比對是否畫面中含有虐待動物的要素，若有則會刪除這份貼文並給予警告。

粉絲專頁端的演算法

好！了解用戶端的演算法運作，我們就知道了一個基本原則：只要第一波觸及到的人互動率高，就會增加第二波的觸及率，然後第三波，第四波。相反的，要是第一波的人互動率不好，那一篇發文就會越來越少人看到。

再來就是重點了，什麼互動會讓演算法眷顧你的文章？

小加分：
· 被看完
· 被按讚
· 被留言
· 被分享
· 被收藏
· 讀者的朋友有按讚

大加分：
· 被認真看，還看到完
· 被按「讚」以外的表情符號
· 被留言還tag了其他人來看

GUIDE

・被分享，並加上看法
・這個人多次跟你互動過
・沒追蹤的人跑來看完後按下追蹤
・使用了大家都在用的hashtag

小扣分：
・被忽略直接滑掉
・被看完但沒被按讚
・貼了外部連結
・使用了沒有人用的hashtag

大扣分：
・點進去看後瞬間跳出
・被隱藏
・被退追蹤
・被檢舉
・貼了Facebook競品的連結，如YouTube、Twitter
・使用了主題毫無關聯的hashtag

簡單結論就是，只要正面的互動數越多，觸及率就越高，甚至還會觸及到沒有追蹤你的人，讓你圈到更多的粉。

所以發文都要以打中演算法為第一要務，也就是要能騙到粉絲停下來互動，如果每次都發一些沒有人停下來看的文章，很快整個專頁的觸及率就會越來越不健康……

觸及率懲罰

這是經營自媒體最可怕的事。

如果你一天到晚發一些沒辦法引起互動的廢文。因為實在太廢，你的粉絲看到也不知道怎麼互動，所以直接滑掉。兩次、三次以後，演算法就會覺得他不愛你了，以後就再也不會推播你的東西給他看了。

這就是為什麼你如果點去看一下大公司品牌網頁，可能追蹤數明明就幾百萬，但每篇發文都只有幾個讚，就是因為每篇發文都是沒有梗的廣告，沒辦法引起粉絲互動，然後觸及率一直被懲罰，到最後沒有花錢下廣告就沒人看得到……

發文小技巧

所以我們目前抓到演算法的脈絡，目前最高觸及率的格式就是：

1 使用三行內的內容，並使用Facebook的特殊背景，這樣字體會放大，滑到的人不看也難，而且因為只有三行，看到的瞬間就看完了。

2 只發單張小圖，理由同上，看到圖的瞬間就已經「看完了」，不會觸發「沒看完就跳出」的觸及率懲罰。

3 不要放外部連結，利用短網址系統或是放到留言，雖然觸及還是會很慘，但是至少比直接放好一點……

4 必需做球給粉絲接，例如最後用問句「大家也會這麼覺得嗎？」之類的，誘導他們留言，就可以增加互動率，進而增加觸及率。

5 認真留言，因為每次回留言，對方就會收到通知，就會回來再看一次，而你跟他之間也會因為有互動，而增加下次推播給他的機率。

結論

雖然各位常常會看到很多創作者在哀哀叫Facebook專頁越來越難做。但其實那是因為演算法把更多的曝光分給了新專頁跟陌生專頁的推薦（以及廣告）。所以對新人入場反而是有幫助的。

想讓人氣成長的不二法門，就是要不斷輸出有價值的內容，配合上你獨一無二的人格特質，接著就是等待爆紅的機會來，抓住它，成為貨真價實的關鍵意見領袖！

06

經營自媒體 絕對不能錯過 Instagram

接著來介紹IG，也就是Instagram。Instagram的使用者普遍較年輕，更善於操作hashtag與tag的功能，公司雖然在2012年被Facebook收購，但在經營跟使用上卻是完全不同的兩個世界。

Instagram以照片為主、影片為輔、限動為靈魂（最近新增了短片跟直播），雖然不像Facebook有這麼多功能，互動方式也較為陽春……但是，Instagram的演算法、UI、UX都是狠狠海放Facebook的。

而且Instagram跟Facebook有個整合的後台，雖然介面跟功能爛到讓人髮指；但是這讓廠商下廣告非常方便，讓KOL業配案可以兩頭接、兩頭發，商業模式很好建立。

什麼人適合 Instagram 呢？

- 擅長拍照or擅長作圖
- 使用手機修圖／剪輯比使用電腦還厲害
- 手機攝影比相機攝影還熟練
- 長得好看
- 身材好

雖然嚴格來說，在台灣要經營自媒體，Instagram也是一定要經營的一環，所以評估頂多是考慮「要不要把主力放到這」，而不是「要不要開Instagram帳號」，甚至依照你選擇的路線與題材而定，Instagram還比Facebook重要呢！

要成為「reelser」嗎？

「reels」是新出不久的功能，中文翻成連續短片，直接單刀直入地講，就是 IG 版的抖音啦！因為抖音帶起的短片太紅了，大家都想抄，於是YouTube推出shorts、Facebook跟Instagram則叫做reels，所以在Tik Toker拍短影片的叫做「Tik Toker」在IG跟FB拍短影片的叫做「reelser」。

reels有著非常可觀的觸及紅利，以及病毒式擴散的潛力，加上Facebook也會跨平台協助推播，使得專拍短影片的創作者越來越多，非常適合想要快速累積人氣的素人。

但麻煩的是現在的短片還沒有比較穩定的商業模式，流量雖然高，但要變現卻很困難。如果想紅是為了發大財的話，建議還是不要把時間成本都押上來。

Instagram 的小技巧

談到經營Instagram的重點，那一定就是限時動態了。

限動發完一天後就會消失，可以發「普通限動」跟「摯友限動」，限動裡可以放一堆貼圖、按鈕或連結等功能，不論是自己的心情抒發、經營粉絲人氣還是跟朋友互動都非常好用。

發完的限動可以到「典藏」去找，也可以用限動分類，在Instagram主頁面打造一個類網站，創作者不論拿來當作主力經營的平台、或是輔助的副平台、甚至是跟其他KOL互動都是極為適合的。

Tag 與 Hashtag

Tag跟Hashtag也是由Instagram帶起來的功能與風氣，Tag是可以把別人叫過來看你的圖片，或是把你的粉絲帶去別人那邊；Hashtag則是讓對於同主題有興趣的人更容易看到你的文章。只要善用Tag、Hashtag加上打卡，可以非常輕鬆並精準的推播給潛在粉絲。

例如我是晒貓IG客，我就可以在我發文時hashtag：#cat #blackcat #貓 #黑貓 #喵星人 #貓咪 #貓貓 #ネコ #ねこ ，如果我的貓照片夠可愛，就可以自然而然的圈到喜歡貓貓的粉絲，不用耍什麼手段。

但如果Hashtag亂下就會被系統懲罰，例如明明是貼貓咪照片，卻#披薩 #東京 #AV女優……等等毫不相關的主題，觸及率反而會大幅下降喔！

Instagram 怎麼賺錢？

Instagram跟Facebook一樣，沒有內建可靠的廣告分潤的制度，必需要自己接案子發工商，由於限時動態的製作很簡單也很好用，不論是引流還是帶貨都很有效，對於沒有酬勞的公關品與互惠也不會造成太大的困擾，發文還可以用跟Facebook同樣的照片跟同一組文案，非常適合懶人使用。

而且2023年的5月開始，國外已經開始測試訂閱制的功能，也許未來有一天也能有職業的IG客靠著在Instagram創作賺錢也說不定喔！

07 可以色色的 Twitter

接著講大家比較陌生的Twitter。

Twitter其實規模非常大，但這隻小藍鳥一直沒有紅到台灣，是直到前世界首富Elon Musk買下推特後，才比較被台灣人注意到，同時也是因為有一段時間Facebook吃相太難看，帶起了一波移民潮，才開始有越來越多人把Twitter當作一個社群平台來經營，不然很多人以前只把Twitter當作一個閱讀器而已。

Twitter有一個其他社群平台沒有的優勢，就是「色情」。是的，Twitter本來就是十八禁的，只要設定帳號為敏感內容，你要在上面發多色情的內容都可以，所以不但有很多性感網紅，專走情色路線的網黃們也在這裡蓬勃發展。

畢竟色色是人的天性，也是人類創作的一大動力，許多畫香圖或色圖的繪師也都是常駐這個平台，但也不是說這個平台只有色情。

名人、八卦、新聞、迷因這裡也是應有盡有，但因為之前Twitter發文有280個字元和4張圖的限制，影片也只能傳很短又爛的畫質，導致創作者們通常不會把有價值的內容做為主力放在這邊，充其量只是社交用、宣傳用或是導流用……直到馬斯克接手為止。

現在的Twitter不但公開自己全新的演算法2.0，還開放藍勾勾的付費認證，除了可以增加觸及，也可以打更多字，還能傳更長更高畫質的影片！

至於變現，以前的Twitter基本上是沒有任何變現機會的（因為沒廠商在用），頂多是做些周邊賣粉絲或是配合其他訂閱平台如Pixiv Fanbox、Patreon收訂閱；但現在Twitter的「付費訂閱」功能即將上線了，目前公布的抽成％數甚至是所有平台最低的「3%」（YouTube是30%、Twitch是50%）！若這個功能通過後，那Twitter就會是非常有競爭力的社群平台！如果你是有下列特色的創作者，那一定要創個Twitter帳號：

· 愛發廢文（推特的觸及懲罰很低）
· 內容很色（推特可以色色）
· 繪師（推特很多阿宅，還可以吃到日本市場跟接委託）
· 日本動畫（日本人都用推特，所以動畫廠商跟聲優也都在這）
· 經營Vtuber（Vtuber的文化就是用推特）
· 美股與加密貨幣（推特演算法非常即時，資訊很快）
· 想經營歐美日市場（這些國家也都主要用推特）
· 極端政治／意識形態（推特言論自由度很高）

值得一提的是，推特也有Tag跟Hashtag的功能，操作起來雖然跟IG一樣，但Twitter官方只建議一次用不超過兩個

Hashtags，從第三個就會開始降觸及的權重。

另外就是如果你有兒童不宜的內容，一定要到後台設定把「敏感內容」給勾起來，不然還是會被BAN掉。

Twitter的BAN法非常多元，有這幾種：

· 帳號直接鎖住不給用
· 讓你不會被推薦
· 讓你不會被非追隨者看到
· 讓你不會被搜尋到

最後也是一個很重要的小技巧，由於色情內容在Twitter上幾乎是不可避，但很多人又不想讓別人知道自己在看色色的東西，所以就有所謂的「乾濕分離」經營法，也就是開另一個帳號，俗稱開分身、開小帳、分靈體或是裏垢。因為推特切換帳號非常方便，很多人會開兩個、甚至三個以上的帳號：個人用、創作用、色色用。

或者你不走色色路線，而是用語言來區分你經營的市場，例如：中文一個帳號、英文一個帳號跟日文也一個帳號，這樣的創作者也是很多，尤其一些特殊路線，例如畫獸圖的創作者，很快就會發現海外市場才是最值得耕耘的，歐美觀眾付錢非常大方，很多都有錢到很可疑的程度。

03

直播界的霸權：Twitch

雖然我自己在Twitch開台的時間不滿一年，但作為觀眾，Twitch可能是我用最久的平台，畢竟我是從《英雄聯盟》第一季就在看台的老觀眾，從own3d一路看到Justin跟Twitch。

什麼人適合在 Twitch 開台呢？

- 可以長時間又高頻率開台
- 熱愛遊戲
- 技術很好
- 反應快
- 講話直
- 有梗

Twitch的生態文化非常獨特，甚至跟其他平台格格不入。

這裡的人不論是主播還是觀眾幾乎都是Gamer或阿宅，加上這裡只有直播功能，不像其他平台還有社群功能，所以這裡的人講話也沒在客氣，溫良恭謙讓在這裡反而可能掉粉。

實況主們沒有在假掰的，沒事就噴，各個髒話連篇。

觀眾也是直來直往，實況主遊戲打不好就嘴，打得好也嘴，有爭議就是要看到血流成河，看台看一個晚上就是來看大場面，要是實況主很帥或很正，露個胸肌、露個奶觀眾也會毫不避諱的在聊天室意淫跟斗內，很多聊天台或是泳池台基本上就是半個色情直播。

如果不習慣Twitch的人進來一定會很難適應。但久了就會發現：這就像大家熟了之後開玩笑尺度就會越來越大一樣，Twitch追求的價值，就是像好友間的直來直往，以及對遊戲的熱愛與鑽研。

如果是在Facebook跟YouTube，玩個幾分鐘沒新鮮事發生，觀眾就看膩，跑去看別的東西了。不過在Twitch這邊，就算你只是在一個無趣的關卡挑戰，觀眾也會留著，會在你的每一次失敗嘲笑你，也會在終於成功的時候跟你一起歡呼。

別說看個幾小時，有時候實況主開加班台，開個上百個小時，觀眾全程不離不棄。甚至你睡著了，觀眾就在網路線的另一端守著你，開著電腦陪你睡覺。這就是Twitch獨家的陪伴感。

但反過來說，觀眾的流通率也很低，大者恆大，winner-take-all，新人很難出頭。在沒有演算法的導流下，觀眾都是固定看那幾個大台，大台不關台，觀眾都在裡面不會出來。

加上這裡只有直播一種方式，沒辦法像其他平台可以靠文筆、攝影、企畫、剪輯等技術從旁輔助，個人特色不夠強、反應不快、口條不好的人很難在這裡存活。

09

不被大平台政策操控，也不須對演算法低頭的 Blog

「為什麼要經營Blog？這不是上一個世代的東西了嗎？」

確實！現在可以經營的平台越來越多，寫Blog跟自行架站的人越來越少。但如果你的內容是能寫成Blog的，那其實我還是推薦你要有一個自己的網站。

為什麼呢？因為很多人遇到事情第一件事情還是會打開搜尋引擎Google。而且你在Facebook、Twitter寫的東西往往只要一兩個禮拜，觸及率就會歸零，從此文章沉掉再也沒有人看到，以後自己想要回頭找也很難找。

但如果你有Blog的話，就可以把認真寫的文章內容全部保存起來，分門別類，你以後想找都找得到，也利於老讀者回味舊文章，每天都能靠著SEO（搜尋引擎優化）幫你賺到額外的被動流量。

而且Blog寫起來完全沒有壓力，不會被大平台政策操控，也不需要對演算法低頭，單篇寫不好也不會被觸及率懲罰，想寫什麼就寫什麼，也不用管更新頻率、主題路線衝突什麼的，反正觀眾都是從主動搜尋過來的，大部分的情況也不需要有什麼互動。

而且瀏覽次數只會增加不會減少，不會有退讚然後難過半天的狀況，就好像玩遊戲累積經驗升級一樣，光看著瀏覽人數不斷增加就會讓人累積成就感跟自信心。

如果你的最終目的是成為一個自由的全職創作者，相信我，開一個Blog吧！只有好處沒有壞處的。

怎麼經營 Blog？

Blog可以選擇到比較大的平台或是自己架。在隨意窩關閉後，比較大的剩下「痞客邦」、「波波黛莉」，自己架則是「Blogger」跟「Wordpress」，文字內容則還有「Vocus」、「Medium」跟「Potato Media」。我自己是選擇用Wordpress自己架，然後付點小錢找代管商處理一些前後端工程。

賺錢的方式

Blog除了接案子寫工商以外，也能放「廣告欄位」跟使用「聯盟行銷」。

接案子就是「工商業配」，看你怎麼跟廠商談，由於Blog的流量不像其他平台來得大，所以接案的報酬往往會低一點點。

但是廣告欄位就是其他平台沒有的了，你可以主動去販售自己的廣告欄位，也可以自行插入像是Google AdSense的欄位，插進文章或頁面後，每天放在那邊只要有人看到，你就會得到廣告分潤了，雖然不多，但積少成多，每年多一小筆錢，看是拿來旅行還是投資都很好用。

什麼是聯盟行銷？

聯盟行銷基本上就跟之前提到的團購抽成概念一樣，比方說假設我今天寫了一篇披薩的食記，文案配圖片寫的色香味俱全，讀者看完就餓了，這時候我就在文章最尾端放一個導購連結，讀者若使用這個連結訂了披薩，我就會得到分潤。

如果方向跟方式正確，聯盟行銷可以帶來可觀的被動收入，這是其他自媒體很難做到的。

那如果你真的很懶，又對前端工程與後端工程一竅不通。直接使用別人的平台也是一種方法，例如我就在痞客邦寫了好幾年，裡面有內建廣告功能，雖然抽成很多，但因為操作簡單，套版方便，官方也會幫忙做SEO與導流，還有些講座活動，省了我很多事。

那如果是很善於寫文章的文藝青年，在Vocus、Medium跟Potato Media這類的文字平台，這邊也是有廣告分潤、斗內跟訂閱的功能。

靠文字賺錢是每個文人的夢想。以前要先投稿報章雜誌或是參加文學獎才有機會成為作家或是專欄作家。但現在藉由寫Blog，人人都可以輕鬆實現靠自己文采賺錢了！

雖然賺的錢可能還是養不活自己，不過當個斜槓經營，又能累積成就感，賺點錢錢，還有話語影響力，跟其他平台比較起來，只要打字就好，不用學一大堆什麼剪輯啊、攝影啊之類其他技能，其實蠻方便的啦！就算純粹當興趣也不吃虧的！

明明是相機的開箱，

賣出去的卻都是PIZZA。

怎麼回事？

10 搶攻耳朵的市場：Podcast

GUIDE

最後講Podcast，這也不算是新東西，甚至還有點復古，各位可以理解成「用聽的YouTube」或是「隨時都能上網聽的廣播」（對岸也叫做「播客」、「音頻」）。

Podcast一開始是iPod專用的音訊節目，Podcast這個字就是iPod＋Broadcast的結合體。

在美國一直有很多人喜歡，台灣則是2020年串流音樂大廠「Spotify」突然砸錢投資這個領域才開始受到關注，到了新冠疫情出現後終於真正爆紅起來。

Podcast跟我們前面介紹所有的媒體都不一樣，前面搶攻的都是觀眾的眼球，而Podcast搶攻的則是觀眾的耳朵。由於Podcast常常一聽就是30～40分鐘，所以如果能成功圈到粉，觀眾就會很鐵。

但由於門檻比較高，沒有演算法幫忙推播，目前廠商也不太願意下資源在這，所以算是相對小眾的自媒體。

加上聽Podcast的時候都是通勤、運動、做家事之類的時間，所以Podcast一集往往都在20～60分鐘，錄起來、聽起來跟剪輯起來的時間都很長，對於創作者本身有沒有料是一個考驗。建議要有以下特質會比較適合成為一名Podcaster：

- 聲音好聽
- 喜歡講話
- 聲音表情豐富
- 口條好（不然就要很擅長剪輯）
- 內容有料（不然就要很會企畫）
- 人緣好（約得到有名氣的來賓）
- 不在乎馬上可以賺錢（因為新的Podcast通常賺不到錢）

成為 Podcaster 前需要做的準備

跟其他自媒體一樣，開始之前，先想一下你想要做什麼主題。我認為Podcaster選「自己想做的」比「觀眾想聽的」重要，因為每集都要聊很久，你對這個主題有沒有熱情根本無所遁形。

例如我自己的「黑貓電台」，一開始是想說說在Facebook沒說完的歷史故事跟神話故事。後來我發現我可以用錄Podcast為理由，到處去找我喜歡的KOL們出來聊天跟吃飯，於是就慢慢轉型成訪談節目了，新一季主題變成黑貓老師與他的好朋友在職場遇到的各種鬼故事。我自己聊得開心，觀眾也聽得開心，超舒服！

Podcast 會需要的器材

理論上器材有三個方向：

·電腦＋USB麥克風

·錄音器

·錄音介面＋XLR麥克風

不管哪一種，都可以加上耳機來監聽。對於音訊媒體來說，器材很重要，畢竟多數人聽Podcast都會用耳機，所以耳朵很刁，音質不好就會轉台。

也許有人會反駁說：「內容才是決勝的關鍵啦～」沒錯，不論國內國外，排行榜上也不乏直接拿手機錄出來的……但音質是音質，內容是內容。這是兩件事，不是二選一，有內容又有音質絕對會比有內容但沒音質來得強，多花一點錢就多圈幾個粉，很划算啦！

如果家裡不適合宅錄，也可以乾脆都去外面用租的，現在有很多1小時300～600元的小型錄音室，裡面什麼東西都準備好了，你只要帶記憶卡跟人過去就好。

開始錄製你的第一次 Podcast

器材準備好之後，找個地方開始錄你的第一次Podcast吧！

你可以選擇錄預告，或是直接錄第一集。記得，Podcast大部分的時間都在對話，觀眾喜歡聽真心話。相較於演講比賽那種字正腔圓的發音，或是廣播節目那種較為浮誇的抑揚頓挫，Podcast的觀眾似乎更喜歡毫不做作的聊天感。越放鬆或越直接，甚至是大尺度的內容也沒關係，觀眾就是喜歡這口味的！

上傳你的 Podcast

錄完音後，得到了一個音檔（常見格式：mp3、mp4、m4a、aac），接下來，要找一個HOST平台，把你的音檔傳上去。

這邊稍微解釋一下：有別於YouTube、Facebook是「一個平台」把用戶跟服務都綁在平台裡。Podcast則是「好幾個平台」跑去跟「HOST平台」要音檔，再回去播給它們的用戶聽。

就像你出了一罐飲料，全家、7-11、OK、萊爾富都來跟你進貨，大家都買得到。任何平台只要有你的RSS Feed，它的用戶就可以收聽你的節目。

我的HOST是國內的「Firstory」，國內還有另一家「SoundOn」；國外較有名的有「Anchor」跟「SoundCloud」等一大堆……

選好HOST，傳好音檔後……接著要做一張正方形的封面圖、以及寫好你的頻道簡介，選擇你的頻道分類，然後按下「確認」，這一下按下去後你就正式成為一名Podcaster了！

推播你的 Podcast

接著，你的檔案傳是傳上去了……可是目前你的節目沒人能聽得到。

因為你還要到後台，找到你的RSS Feed，它是一串像網址的東西，並且把RSS Feed丟給各個平台後，大家才能收聽你的頻道。

最重要的是丟給Apple Podcast，有六到七成的人是用Apple Podcast在聽，而且很多平台會自己去Apple抓節目回來播，你只要先去抓 iTunes，然後從裡面連到Podcast Connect提交節目，就可以開始審核了，最快2天，最慢大概是半個月。

Podcast 的社群

在審核的等待期，我們可以好好利用時間去多弄一些輔助的平台，例如Facebook粉絲專頁、YouTube頻道、Instagram、Blog之類的，未來不論是要接工商、跟粉絲互動、或是想要宣傳自己的頻道，一定會用到這些東東。

現在將訪談的重點內容剪輯出來，再傳到Instagram和YouTube，可說是一個Podcast頻道最重要也最有效率的宣傳方式，不然Podcast沒有演算法，沒有擠進前200名的頻道可說是完全沒有機會被看到，觀眾從一開始就沒辦法看到你，所以一定還要從別的管道行銷自己。

等到節目上架了，冒險旅程的第一步就開始了！接著只要：

- 升級與熟練自己的設備。
- 打造更好的錄音環境。
- 學更多的剪輯與後製技巧。
- 到處去行銷，讓你的頻道被更多人看到。
- 跟你的粉絲互動，讓他們願意到處推薦你的頻道。
- 以及最重要的：穩定、持續的製作有價值的內容。

只要這些都做到，就是一名頂天立地的優秀Podcaster囉！

KOL實戰篇

效率最大化

說到Podcast我就想到志祺，雖然他主要還是經營他的YouTube頻道《志祺七七 X 圖文不符》，最近才開始進軍Podcast，但他的影片完全可以像Podcast一樣用聽的。

志祺人很好，集理性、知性於一身，還有一個超帥的三角之力刺青，不論是弄頻道、搞企畫跟經營公司都是神人等級的，許多圈子裡大大小小的活動都是由他與他的團隊一手策畫。

只要跟他站一起，就覺得自己好像也變大咖了。

但認識志祺也有缺點：那就是常常覺得自己很廢……

「不！我才不廢！」我花了一段時間振作起來，說服自己不廢後，努力向志祺學習。最大的收穫就是拷貝他的商業思維，把創作當成管理公司，把流量數據化，把事情SOP化，還要把效率最大化，例如拍一支片同時也要能生出好幾支短片跟Podcast，彼此相輔相成，而且不放棄任何變現的機會。

偷學了志祺的一些作法後，我效率越來越好，接到的案子也變多了！

但是因為志祺推坑我玩寶可夢卡牌，所以多賺的錢最後都被我拿去開卡包花光了，虧爛。

從灰心喪志到滿血復活的創作之路

其實仔細想想，這20年的創作者生涯真的是充滿波折啊，一路走來，充滿起起落落，大部分的時間都在鳥人鳥事的折磨中哀哀叫，害我鬼故事越寫越多，寫著寫著，就寫出一本書了……

老樣子，我要先感謝爸媽，感謝老婆，感謝黑貓小隊每一位隊員以及辛苦的編輯，沒有你們就沒有這本書。

但其實這本書收錄的KOL鬼故事搞不好還不到一半。

太無聊、太不治癒或是不限定KOL這個職業才會遇到的就沒有放上來了，畢竟我希望這本書能讓大家看得很開心，又能在看完後更加了解我們這一行到底在幹什麼。

（畢竟鬼故事往往都是因為不夠理解與溝通不夠造成的嘛）

要是還能幫助到剛踏入這領域的新人創作者少撞一點牆、少繞一點路，那就太好啦！

創作是一條永無止境的旅程，而且現在網路時代的創作還得加上演算法帶來的重重考驗，真的不是件簡單的事，很多時候我都被數據重重捶倒在地，灰心喪志地呢喃著：「好累喔……要不要乾脆回去當社畜算了……」

但每次收到觀眾跟讀者的支持與鼓勵（與抖內）都能讓我再次滿血復活，尤其是買了這本書的你，真的要是沒有你們的支持，就沒有網路上各式各樣的作品誕生。

不管是文字、圖文、影片還是聲音，今後我還是會努力在網路上創作，努力讓自己產出一些有價值的東西出來的！

要是有什麼問題，也歡迎直接來問我，你盡量問，我盡量答。

你們知道在哪裡找我。

野人家 227

千萬網紅 KOL 圈粉營業中！

作　　者　黑貓老師
社　　長　張瑩瑩
總 編 輯　蔡麗真
美術編輯　林佩樺
封面設計　小頡 Jyeness
校　　對　林昌榮

責任編輯　莊麗娜
行銷企畫經理　林麗紅
行銷企畫　蔡逸萱，李映柔
出　　版　野人文化股份有限公司
發　　行　遠足文化事業股份有限公司（讀書共和國出版集團）
地址：231 新北市新店區民權路 108-2 號 9 樓
電話：（02）2218-1417
傳真：（02）8667-1065
電子信箱：service@bookrep.com.tw
網址：www.bookrep.com.tw
郵撥帳號：19504465 遠足文化事業股份有限公司
客服專線：0800-221-029

特別聲明：有關本書的言論內容，不代表本公司／出版集團之立場與意見，文責由作者自行承擔。

法律顧問　華洋法律事務所　蘇文生律師
印　　製　博客斯彩藝有限公司
初　　版　2023 年 06 月 28 日

歡迎團體訂購，另有優惠，請洽業務部
（02）22181417 分機 1124

國家圖書館出版品預行編目（CIP）資料

千萬網紅 KOL 圈粉營業中！/ 黑貓老師著 . -- 初版 . -- 新北市 : 野人文化股份有限公司出版：遠足文化事業股份有限公司發行 ,2023.07
240 面；14.8×21 公分　ISBN 978-986-384-879-0（平裝）　1.CST: 網路產業　2.CST: 網路行銷
484.6

112008317

喜歡你的12個祕密

The Twelve Secrets of Love

喜歡上青梅竹馬，究竟是幸運，還是不幸呢？
我可以任性地依賴你，卻永遠不能牽緊你的手。

米琳——著

楔子

每個女孩心中，都有一個關於「喜歡」的祕密。

「徐小春，我們還是分手吧……」幾分鐘前，因為說了這句話，而正式成為我前男友的他，嘆了一口氣，毫不留戀地轉身離開。

我從咖啡廳的落地窗，瞥見外頭陰鬱的天色，心想，該不會是要下雨了吧？

果不其然，不久後，一大片烏雲籠罩上空，雨水瞬間淅瀝嘩啦傾盆而下。無論是在現實、狗血八點檔，抑或悲情小說中，分手後似乎就得安排一場大雨才足夠應景。彷彿在陽光普照的晴天裡，有情人多半就能終成眷屬似的，真是可笑至極。

我揚起一抹諷刺的笑，輕啜已經涼透的美式咖啡，那酸澀的苦感，順著舌尖蔓延擴散，我不禁皺起眉頭，放下杯子。擱置在旁的手機，因跳出社群軟體的私訊通知而驟亮。我點開**APP**，在讀取訊息前，注意力先被第一則映入眼簾的貼文所吸引。

照片裡長得賞心悅目的男人，手捧一座閃閃發亮的獎杯，笑得十分敷衍，我迅速點兩下按讚，送出一顆愛心。

據我了解，這則貼文肯定不是他本人發的，一定又是出自他那位古道熱腸到偶爾還挺雞婆的經紀人。

指尖停留在螢幕上，我流連地在男人的臉上畫了幾圈，忍不住感嘆，「我和他之間……究竟是哪個環節出錯了呢？」

是因爲身爲青梅竹馬的我們，對彼此太過熟悉，所以才會處理不好這段友達以上、戀人未滿，又勝似家人的關係嗎？

從尚不知何謂「喜歡」的年紀，我們就在彼此的身邊，這十幾年的青春歲月，對二十歲的我們而言，已經是一段頗具分量的時光了。

然而，我們遲早都要學會放下。如今，沒有我在身邊，他習慣了嗎？而我呢？我放下了嗎？

恍惚間想起，某位前任曾對我說：「徐小春，妳心裡藏著一個阻礙我們感情的祕密，這對我而言非常不公平。」

他說的沒錯。我曾經有個喜歡了很久的人，而「暗戀他」這件事，就是埋藏在我心裡最深處的祕密……

點開私訊，好友的訊息躍入眼底——

「其實所謂單戀，不過是，妳固執到無可救藥。」

Secret 01

你有沒有聽說過這麼一句話，「暗戀，是一場沒有硝煙的戰爭。」

我想，那是因為所有的委屈、不甘和隱忍都是自己的，無關他人。

「溫仲夏，我喜歡你！」

中氣十足、響亮且勇敢的告白，迴盪在西區高中部三樓，高二資優班教室外寧靜的長廊。

週末的創校六十週年慶典，多數師生和外賓，不是聚集在操場熱鬧的攤位市集，就是在活動豐富的大禮堂，只有寥寥無幾妄想忙裡偷閒的學生，一得空便溜到渺無人煙的地方圖個清靜。

可惜，任憑溫仲夏的如意算盤打得再好，仍是被愛慕他的女同學發現蹤影，逮到機會便上前告白。

一秒、二秒、三秒——

「我不喜歡妳。」一句無情且直接的拒絕傳來。不多不少，每次都正好三秒。

躲在牆角偷聽的我，默默爲失戀的女同學掬一把同情的淚水。嘖、嘖、嘖，女同學往另一個方向跑遠了，倉皇又凌亂的步伐，像踩著滿地心碎的聲音。

我低頭數著手裡的情書，沒注意到一道緩慢靠近的身影，直至揮灑於側的午後斜陽被陰影遮蔽，熟悉的清冷嗓音隨之落下，「徐小春，妳躲在這裡幹麼？」

「嚇！」我倒抽一口氣，仰頭瞪著面前身高一八〇，手長腳長的大男孩，「你……你怎麼發現我的？」

溫仲夏沒有回答，只是瞇起他那雙好看的眼睛。

我拿著滿手的情書，二話不說往他的手上塞過去，但他卻推了回來。

「嗯……裡面有一個叫趙如萱的，是高一新生裡公認長得最漂亮的。」從小到大我幫溫仲夏收過許多情書，現在甚至會幫他整理重點。

他連看都沒看便道：「拿去丟。」

「欸，溫仲夏，這些都是女孩們的心意——」

「所以？」

他那副不在乎的模樣，瞬間堵住了我的嘴，心裡頓時有些不是滋味。哪怕溫仲夏對愛慕者們的態度總是冷漠，喜歡他的人卻依然多如牛毛，他愈是拒絕，她們就愈熱烈地追逐。喜歡他，就跟中毒成癮一樣，欲罷不能……

沒等我再次開口，溫仲夏雙手插入褲兜，逕自邁開長腿。

我收起思緒追了上去，抓起他的手打算硬塞，「喂！溫仲夏，我也是女生，我要是知道自己用心寫的情書，喜歡的人連看都沒看就直接扔進垃圾桶，還是被別人扔的，會很傷心！」

溫仲夏驀地停下腳步，害我也跟著急煞，險些摔跤，他俐落地拽住我的手肘助我恢復平衡，圈起拇指和食指，輕彈了我的額頭，「笨，妳不說，她們不會知道，還有，我講過幾遍了，不、要、雞、婆。」

「但那裡面有我……」

他嗓音微揚，「有妳什麼？」

「沒、沒有，沒事！」夭壽，差點說溜嘴！我心虛地將視線轉走，才怯怯地看向他，低罵了句：「你真無情。」

溫仲夏雙手抱胸，冷哼一聲，「最沒資格說我無情的就是妳。」

我皺了皺鼻子，邊笑邊調侃道：「喂，你該不會，其實是喜歡男生吧？」

「無聊。」他繞過我繼續往前走。

「難道就沒有人能讓你心動嗎？」這傢伙到底多鐵石心腸？那麼多人的雙手捧著，卻怎麼捂也捂不熱。

「妳已經問過很多遍了。」

我不死心地再道：「你是不是不知道心動是什麼感覺？」

「放心，如果哪天我對誰心動了，會第一個告訴妳。」

聞言，我捏緊手中的情書，一個箭步繞至溫仲夏眼前，有些賭氣地在樓梯口攔下他。

「徐小春，妳到底——」

不等他說完，我一衝動，便對準那薄厚適中的好看唇瓣，踮起腳尖、閉起眼睛親了上去。霎那間，心跳如雷貫耳，我甚至不確定自己還有沒有在正常呼吸。待我緩緩睜眼，卻只看見溫仲夏錯愕的表情，臉上彷彿寫了「莫名其妙」四個字。

他先是蹙眉，接著露出困惑的神情，「徐小春，妳撞我牙齒幹麼？」

撇除年幼時，只要一高興就抓著他喊親親的那段時光，主動親他這件事，是我的人生截至目前爲止，自認爲對他做過最大膽的事，現在居然被當成是在撞他的牙齒？

「什、什麼撞牙齒！」我臉頰發熱，支支吾吾地反駁，愈講愈小聲，「我、我剛剛那是在親、親你耶……」

溫仲夏的臉色愈發地難看。

「你有沒有心跳加快？有心動的感覺嗎？喜……喜歡嗎？」我緊張到開始胡言亂語。

他嘴角抽動了一下，發出「嘶」的聲音，「徐小春，我嘴唇破了。」

「怎麼可能！」我瞪大雙眼，我有親得那麼用力嗎？有嗎？那……那誰叫他要長那麼高。

溫仲夏以指腹抹了一下嘴唇，眉頭皺得更深了，「徐小春，妳到底在發什麼瘋？」見他唇上抿出血絲，我內心一陣慌亂，「那個……我只是想確認看看，你對女生有沒有感覺。」

「妳對我而言是女生嗎？」溫仲夏似笑非笑，冷冷地嘲諷。

換作平常，我早就雙手叉腰懟他了，但我剛才做了這麼荒唐的事，自知理虧，只好低著頭不說話。

大概是不期待我能有什麼合理的解釋，所以溫仲夏也不打算浪費時間，搖搖頭，撇下我走了。

望著那道逐漸消失在眼前的清俊身影，我忍住想哭的情緒，卻怎麼都壓抑不了心中逐漸發酵的酸澀。

走到一樓，我攔住某位眼熟的資優班同學，「麻煩你把這疊放進溫仲夏的抽屜，謝謝。」

我想，還是永遠都別讓溫仲夏知道，在這疊情書中，有一封匿名的告白，是我寫的。

✦

溫仲夏曾說，認識我，是他完美人生裡所有不幸的開端。小時候我還傻傻地為此感到驕傲，覺得自己對他而言是特別的。

某天，他突然感性地道：「徐小春，雖然妳生來就是我的剋星，可口子久了，過著過著也就習慣了，我們這樣的羈絆，不知從何時開始，反倒變成了一份我放不下的牽掛。」

所以我認爲，無論他身在何處、走向何方，無論我們的距離有多遙遠，只要有我在的地方，他一定會回來。

我感動不已，追問著他：「那你是怎麼定義我們之間的關係呀？」

他毫不猶豫地回答：「孽緣。」這無疑是當場潑了我一桶冷水。

溫仲夏說，至今他仍清楚記得，那年的我們是如何結下一生一次都嫌多，還難以忘懷的不解之緣。

這段長達十幾年的緣分，從一張主題爲「我的同學」的火柴人畫作開始。

當時，溫仲夏因爲舉家搬遷，轉學到我就讀的幼稚園，還很幸運的與我同班。那天，老師指派了一項特別的家庭作業，請每位小朋友畫出一位他們最想認識但仍不熟悉的同學，明天到校分享。

隔天，午休結束後的第一節課，老師請同學們一一分享自己的畫作，「小春，請妳和大家分享，妳畫裡的是哪位同學呀？」

當老師喊到我的時候，我還沒戰勝瞌睡蟲，搖頭晃腦地起立，張嘴打了一個大呵欠，迷迷糊糊地從書包裡摸出那張對折，還被雜物壓得皺巴巴的圖紙，攤開來給大家欣賞。我揉著惺忪睡眼，含糊不清地說：「溫仲夏呀……」

部分同學聽見我的話，立刻笑了出來，處於狀況外的同學，則紛紛露出困惑又好奇的小眼神，直盯我手裡的畫。

老師原本上揚的嘴角，霎時變得有些尷尬，「可是，小春妳畫的人應該是個女生耶！」

我瞄了一眼畫像，不覺有異地點頭，「是啊！」

老師耐著性子，指著畫中穿著裙子的火柴人，直接問道：「小春，妳畫的是班上哪位『女』同學呀？」提及性別時，還特別下了重音強調。

即便如此，我仍然無法理解問題出在哪，甚至更大聲地重複，「我畫的就是溫仲夏啊！」

同學們再也按捺不住笑意而哄堂大笑，教室內瞬間燃起笑鬧聲。

「哈哈哈哈哈，小春以爲仲夏是女生！」

「溫仲夏變成女生了！」

同學們開始起鬨，說溫仲夏長得一點也不像男生，還說他的確比女生漂亮。我這位始作俑者，還不知收斂地跟著提供建議，「我覺得夏夏留長頭髮會很漂亮。夏夏，你有沒有裙子呀？你喜不喜歡艾莎公主，我有——」

座位才剛被換到我旁邊的溫仲夏，在我一連串失禮的童言童語中，最終忍無可忍地爆炸，「徐小春！我才不是女生！」

我被他氣鼓鼓的模樣嚇了一跳，老師見狀急忙蹲下身，握住溫仲夏瘦小的肩膀，柔聲安撫，「沒有、沒有，是小春搞錯了，老師會好好跟小春說的。大家也不要再笑了喔！」

此時我昏昏沉沉的小腦袋瓜才開竅，震驚地瞪大雙眼，「什麼？夏夏你不是女生喔？」

儘管我自認當時的表情非常誠懇，顯然不是故意搞錯，仍然讓深受委屈的溫仲夏非常不開心。

「妳才是女生！」他皺緊眉頭，稚嫩的臉龐露出一抹覺得我智商堪慮的表情，「我是男生。」

我搔了搔後腦勺，愣愣地喃喃自語：「原來，他有小啾啾……」

好不容易才冷靜下來的溫仲夏，一聽見這句話，再度激動了起來，握緊拳頭朝我大吼：「徐小春，妳是笨蛋嗎！」

老師見狀，無奈地揉了揉太陽穴，「仲夏，雖然小春有錯，但你不可以罵人喔！」

然而，我並未被溫仲夏的責罵擊倒，自顧自地接著說：「我媽媽說，男生跟女生的差別，就是一個有小啾啾，一個沒有。」

溫仲夏鐵著臉，聲音悶悶的，像在醞釀一座即將爆發的火山，「什麼是小啾啾？」

我眨了眨眼，縮著脖子解釋，「就是小雞雞……」

他氣急敗壞地當場飆高音，「我、有、啦！」那個當下，老師看起來比我還想哭。

但不曉得爲什麼，面對盛怒中的溫仲夏，我絲毫不感到害怕，反而覺得挺遺憾的，「那好吧……」

他臭著臉問：「什麼好吧？」

「我本來想跟你一起玩芭比娃娃，今天還裝了兩隻在書包裡。」

年紀稍長後，溫仲夏告訴我，那天老師特別在他的聯絡簿上寫了幾句話，希望家長能協助安撫他幼小的心靈，別讓他產生陰影。但他爸媽看見老師的叮嚀時，不僅沒有安慰兒子，反倒笑成一團。一方面爲兒子秀氣的臉蛋感到驕傲，另一方面，覺得這個同學眞是個傻氣又可愛的小女孩。也正因如此，兩家熟識後，溫叔叔和溫阿姨才會那麼喜歡我。

後來，在某次的幼稚園家長日，發現原來我們兩家只隔一條巷弄，更巧的是，我們的父母都畢業於同一所高中和大學，甚至還曾經參加過同一個社團，只因當時他們都有各自的交友圈，所以來往不深。

隨著雙方父母一拍即合、交往頻繁，也開啟了溫仲夏後續的一連串災難。

小學一年級的時候，溫仲夏曾在某天晚上找他爸爸促膝長談。他告訴他爸，他真的不想跟我當朋友，因爲我很笨，會耽誤他的學業，還有我總是粗枝大葉，屢屢造成他的心理創傷，而且電視教他，男女有別，異性間應該保持適當距離，不該天天跟我膩在一起。

可那幾項申訴，都被他爸爸三言兩語地駁回。

溫叔叔認爲，讀書在於個人，不該找藉口，況且男生保護女生是天經地義的事，有什麼好玻璃心的？再說了，兩家父母都已經成爲好朋友，他多多照顧我也是應該的。

可惜這番話，溫仲夏壓根聽不進去，他覺得和我好好相處只會讓他更倒楣，根本不敢想像跟我當朋友，他還得經歷多少災難。

聽完溫仲夏的訴說，我哭笑不得，「欸，我有那麼糟嗎？」

「嗯，冤親債主。自從我們同桌，被老師要求好好相處的那天起，我的日子就陷入水深火熱之中，妳是我醒不過來的噩夢，凡事只要和妳扯上關係，十有八九會被搞砸。」

「也沒那麼慘吧⋯⋯」我低聲反駁。

尤其是上小學後，和幼稚園時期相比，簡直有過之而無不及，各種災難，從我冒冒失失地闖入他的生活後，便沒消停過。溫仲夏深吸一口氣，挑眉，「沒有嗎？」

我低頭折著手指，認眞地在心裡數過，實際記得的事蹟，恐怕也就幾件吧！

像是拆巧克力蛋糕的包裝時沒拿好，不小心讓蛋糕飛出去，掉在他要交的作業簿上。下樓時沒踩穩階梯，跌到他身上，害兩個人險些一起滾下樓。接力賽跑交棒給他時差點跌倒，拉下他的褲子，害他在全校面前露屁股。不小心踢倒拖地的汙水桶，弄髒他新買的小白鞋。不小心請他喝過期的蘋果牛奶，害他拉肚子沒辦法考試，只能延一週補考……

不知道該說溫仲夏命硬，還是說他其實很幸運，生活中那些因我而起的意外插曲，最終都沒釀成大禍。

直到小學四年級升五年級時重新編班，我們才被分進不同班級。雖然兩家人仍然交往頻繁，週末照例時不時會相約出遊，但至少在學校裡，溫仲夏覺得自己總算能保有一些個人空間。

當溫仲夏覺得人生逐漸順遂，正要走向康莊大道時，我又出現了。或許對他而言，我就是出現在他完美人生道路上的一顆絆腳石。

有人說，遭遇挫折是上天給你的人生課題，是爲了讓你學習成長，但若以溫仲夏的角度思考，大概會覺得花再多的時間在我身上都是浪費，沒有益處。

溫仲夏的幸福時光十分短暫，升上國中後，我們再度進入同一所學校，並再次成爲同班同學。

本來，學霸跟學渣這種電視劇裡經常出現的組合，是爲了讓男女主角的戀愛更浪漫、更有看點，可若出現在現實生活中，多半只是老師爲了讓成績差的學生被成績優秀的學生感化，死馬當活馬醫的方法。

溫仲夏相信勤能補拙的道理，同時又覺得，如果努力也彌補不來，那要不是眞的很笨，就是根本志不在此，兩者分析出來的結果，都是沒救了。

我曾經問過他：「那你覺得我是哪種？」

他說：「我從未懷疑過妳偏低的智商，畢竟，當初能把一個男孩子錯認成女的，也是實屬不易，但在同班多年後，我發現妳無心向學的程度，並非我能感化得了的。既然是扶不起的阿斗，那索性讓妳跌倒就是了。」

我覺得，我對他絕對是眞愛，竟然能在聽完他那一席話後，還沒哭著跑走，說要切八段。

事實上，在學生時期的各個階段裡，我都能充分感覺到溫仲夏爲了擺脫我而煞費苦心，但命運總是對他十分殘酷，讓他不得不從一開始的百般抗拒，到後來只能萬般無奈地接受事實。其中的轉捩點，是他不知曾幾何時，發現自己居然一點也見不得我哭。

所以某年的生日願望，他浪費一個在我身上，「徐小春，以後不准妳隨便在我面前掉眼淚。」

「爲什麼？」

「看了心煩。」

原本我以爲，這樣的我和他，遲早有一天會變成「我們」。

但他卻對我說：「徐小春，我們會一直是朋友。」

那句話說得輕淺，卻狠狠扎進我的心窩。

「你不是整天嫌棄我，還能一直跟我當朋友嗎？」

「我是嫌棄妳，但我怕沒有我在，沒人鎮得住妳。」

「什麼意思？」

他換上一副輕鬆的神情，開玩笑地說：「因爲妳太雷了啊！」

但我卻認眞了，紅著眼睛，別開頭。

因爲那年他生日，我答應過他，不會隨便在他面前掉淚。

✦

話說，我到底是從什麼時候發現自己喜歡溫仲夏的呢？

「妳是從什麼時候喜歡上莊子維的啊？」

我的思緒被黃心怡的聲音拉了回來。我看向拋出這句疑問的她，正以人中夾著一枝藍色原子筆，筆身隨著她的努唇施力，不穩地晃動著。

身高一百五十五公分，嬌小玲瓏的黃心怡，有一張稚嫩可愛的臉蛋，柔和的五官讓她甜笑撒嬌時看起來特別討喜，皺眉苦惱時又帶點楚楚可憐。事實上，她那美少女嬌滴滴的外貌，和豪邁、直言快語，外加有點白目的性格，實在是天差地遠。

從高一同班至今，黃心怡安靜和開口說話時的反差，偶爾還是會令我難以適應，更別提登門向她告白的男同學們了，幻想破滅是常態，其中一個甚至被她氣到七竅生煙，不客氣地當眾指著她鼻子說，與其浪費時間喜歡她，不如暗戀資優班品學兼優的校花林若妍。

想當然，以黃心怡的個性，絕對嚥不下這口氣，她氣死人不償命地回敬，「如果你的喜歡這麼廉價，那大可不必，有時間告白，還不如多讀書長點腦子呢！」

從此之後，那名男同學在走廊遇見她，都會繞路。放眼校園裡，能有本事讓男生告白完直接就反目成仇的，除了黃心怡，大概找不到其他人了。

坐在我們中間的楊虹終於看不下去，伸手抽走原子筆，「啪」一聲甩在桌上，「黃同學，拜託妳有點形象好嗎？」

黃心怡用手肘頂了頂她，「幹麼啦？被問中心事就生氣？」

補習班的教室內充斥著學生們的喧譁，楊虹原本就容易對身處吵雜環境感到不耐煩，現在更顯得心浮氣躁。她沒好氣地說：「我哪有生氣？什麼、什麼時候，聽不懂妳在說什麼……」然而，楊虹閃爍的眼神，早已出賣了她的心思。

「妳當初打聽莊子維在哪間補習班補習，哀求妳爸媽讓妳轉到我們這裡，每次來，都等莊子維入座後，才挑他後兩排的位子坐，不就是爲了能方便偷看他嗎？」黃心怡摳著補習教材的書套，慢條斯理地說著：「好歹我們都捨命陪君子了，沒功勞也有苦勞吧！妳這樣裝傻，對得起我們嗎？」

楊虹撓了撓鼻尖，顧左右而言他，「要是我沒轉補習班，就沒辦法遇到妳們兩個好姐妹了啊！」

黃心怡挺起胸膛，雙手環於前，「哼，少拿我們當擋箭牌，精明如我，才不吃妳這一套！」

外表給人很有距離感的楊虹，在這學期轉來我們補習班，因緣際會下與我和黃心怡相識，隨和好聊的個性讓我們一拍即合，更因各自都有著少女懷春、不可言說的祕密，坐在一起幾次後，很快便熟悉了起來，成了黏糊糊的三人行，就算沒補習，放學後也經常會聚在一起。

「我就問妳一句，妳到底喜不喜歡人家嘛？」等不到楊虹坦承的黃心怡乾脆胡鬧地捏起她的臉頰。

楊虹的臉頰瞬間脹紅，不知道是被捏的還是害羞，她沉默了一會，才扭捏地點頭，低語道：「是有好感啦……」

「吼！有好感跟喜歡不都一樣嗎？」黃心怡說。

「才不一樣！」

在我們這個年紀，並不是所有女孩都能坦率面對自己的心意。明明在意對方、喜歡對方，但每當旁人問起，卻總是下意識地否認或裝作毫不在意，說著口是心非的話。

「我討厭他」、「我才不喜歡他」、「我對他一點興趣也沒有」……彷彿只要那麼說，暗戀著某個人的微小心事，便不會被察覺，如此一來，在面對某些傷心時刻，也就能驕傲地說服自己，那不是喜歡，所以不算失戀。

「但……莊子維不是要跟那個誰交往了嗎？」我遲疑地開口。印象中好像聽黃心怡提過。

黃心怡點頭如搗蒜，湊了過來，好奇地瞪大雙眼，「對啊，那件事情是真的嗎？」

根據黃心怡高中部八卦群組的小道消息，跟莊子維同班九年的蘇晴，似乎在不久前向莊子維表白了。

楊虹歪著頭，語氣有些不肯定，「應該……不是吧？」

黃心怡翻了個大白眼，「妳不是跟莊子維同班嗎？認眞打聽一下啊！」

「我沒聽說他脫單啊！」

「喔，那就是拒絕了唄！」

「拒絕了嗎？」我挑眉，瞄了一眼坐在左前排，長髮披肩且背影纖細的蘇晴，想起今天中午還看到她和莊子維有說有笑的並肩走在校園裡，「那他們能繼續當朋友嗎？」

「對耶……」黃心怡沉吟了一會，分析道：「如果蘇晴有告白，莊子維卻沒脫單，表示被拒絕了。拒絕後，他們應該就當不成朋友了吧？」

「爲什麼當不成朋友啊？難道交往不成，就連之前建立的友誼都要割捨嗎？」楊虹一臉疑惑。

「就算能繼續當朋友，彼此之間也不可能沒有疙瘩吧！看得到卻愛不到，心裡多難受啊！」黃心怡邊說邊朝我擠眉弄眼，「妳瞧瞧徐小春不就知道了嗎？」

「對喔，小春跟溫仲夏……」

我抬手阻止，趕緊解釋，「喂，我們目前就只是單純的青梅竹馬喔！」

其實黃心怡說得也有道理，所以我才會默默暗戀溫仲夏這麼多年，不敢貿然地更進一步。

黃心怡露齒一笑，逕自下註解，「所謂青梅竹馬，就是沒有時妳會幻想，有了之後會頭疼的一種關係。」

我用食指戳了一下她的肩膀，「妳就儘管笑吧，希望妳不會有被芋泥拒絕的一天。」

芋泥本名簡易雲，是溫仲夏資優班的同學。之所以會叫他芋泥，是因爲有一回他們幾個朋友到泰式餐廳聚餐，帶位的小姐是泰國人，說著一口不流利且發音不正確的中文，不小心把他的訂位大名「簡易雲」叫成「簡芋泥」，朋友們跟著揶揄，從此就變成他的綽號。

簡易雲相貌端正、膚色黝黑、體態精實，個性陽光開朗，又是籃球校隊的控球後衛，在同年級間小有名氣，雖然不似溫仲夏那般亮眼，但他們兩人走在校園內，仍好看得猶如從少女漫畫中，比肩而出的撕漫男一和男二，舉手投足皆是女同學們目光追逐的焦點。

自認長相平凡，頂多只能稱得上清秀的我，如果不是溫仲夏的青梅竹馬，肯定不會不自量力地去喜歡像溫仲夏這樣優秀的人，那根本會以暗戀即失戀做爲收場。不過現在看來，即便仗著從小一起長大的情分，也未必比較有機會就是了。什麼近水樓臺先得月？都是騙人的！

比起我，擁有出色外貌的黃心怡，若是和身高一百七十九公分，陽光朝氣的簡易雲站在一起，應該挺登對的，偏偏當她面對簡易雲時，平時一張能言善道的嘴，瞬間變得支支吾吾，只會微笑、點頭，沒了。

第一次見到她那樣的反應時，我差點就把正在喝的可樂吐了出來，因爲實在是太做作了。

黃心怡挺起胸膛，哼了兩聲，「我是不會被拒絕的。」

「眞有自信。」我等著看。

她做了個吐舌的鬼臉，接著說：「因爲我根本不會去告白呀，哈哈哈。」

課間休息結束，頂著一顆地中海禿頭的數學老師站回講台，開始講課。我四處張望，粗估只有四〇%的人有在專心上課，其餘的人不是在偷偷做自己的事，就是在聊天或打瞌睡。

每天的在校時間將近九個半小時，匆匆吃完晚餐後，還得再接三個小時的補習，如此的馬拉松式行程，能撐到結束的人，肯定對未來升學抱持著雄心壯志。

黃心怡有一下沒一下地轉著原子筆，吊著一雙快闔上的眼皮，費力地與周公拔河。楊虹倒是挺認眞聽講，畢竟她的目標是和莊子維考上同一所大學，據聞莊子維已經決定要拚學測，以C大的獸醫系爲目標。C大是國內排名在前端的好學校，她不努力不行。至於我，反正溫仲夏都說我是扶不起的阿斗了，索性不負其名，徹底混下去。

當我百無聊賴地在講義的邊邊角角，寫下幾遍溫仲夏的名字時，突然靈光乍現，想起一個在網路流傳已久的小遊戲——透過姓名筆畫相減算出男女是否相配。於是我翻到筆記本最末頁，在空白處提筆算起我們的配對指數。

沒想到，結果顯示我和溫仲夏的速配指數非常低，這讓我驀地想起他曾對我說過的話……

「妳對我而言不是女人。」

「我們之間如此冤孽，難不成我還要謝謝妳？」

「不聰明還不努力，妳該不會滿腦子都是豆腐渣吧？」

「我對妳好，是因爲想在這輩子把欠妳的都還了，下輩子好清靜些。」

那些尖酸刻薄的話，再搭配小遊戲算出來的結果……我沮喪地嘟嘴，扔下手中的自動鉛筆。早知道不算了！這結果不就是在暗示我要認清現實嗎？我皺著一張臉，下巴抵在桌面，爲此感到懊惱。

剩下的時間裡，我滿腦子都在找理由推翻這個結果，怎麼愈想愈覺得，這個結果其實還挺準的？

老師延後了半小時才下課，等同學們開始收拾東西動身離開，已經晚上十點了。

楊虹收拾好書包，見我趴在桌上，絲毫沒有要動的意思，便問：「小春，妳不走嗎？」

我緩緩抬頭，悶厭厭地回應：「要啊！」

她瞄到我筆記本上的配對公式，倏地眼睛一亮，「這什麼？妳在算配對指數嗎？」

我伸出雙手想擋住楊虹的視線，但來不及了，黃心怡一聽見楊虹的呼喊，立刻越過桌椅，搶走我的本子。

「我記得這個遊戲，不是小學生在玩的嗎？妳跟溫仲夏都認識這麼久了，之前沒算過喔？」黃心怡說完便笑了出來。

「黃心怡，妳不說話是會死嗎？」我沒好氣地搶回筆記本，塞進書包裡。

「瞧妳這個樣子，看來結果不是很好。」黃心怡勾住我的手臂撒嬌，「這種遊戲都是算好玩的，又不準，妳因爲這樣就不開心，幼不幼稚啊？」

「怎麼會不準？我記得那個誰……就很準啊！」我認眞地舉出一個例子。

黃心怡愣了愣，挑起一道眉，「徐小春，妳是認眞的嗎？」

「怎樣？他們是兩情相悅沒錯呀！」

她一副毛骨悚然的模樣，搓搓雙臂，「但他們最後殉情死了。」

對……我忘記這個部分了。

被擠在學生堆裡的我們，等了幾班電梯後才終於搭上，抵達一樓時，手機跳出一則來自溫仲夏的訊息。

「出來左轉，便利商店旁邊的巷子。」

在大樓側門與楊虹和黃心怡分開後，我避開人群，前往指定地點。

溫仲夏獨自站在早餐店紅色鐵捲門前，昏暗的燈光，讓人看不清他臉上的表情，但我猜，肯定不是太好。

見我姍姍來遲，他劈頭便是一頓嘮叨，「徐小春，我不是叫妳別補習了，還補到這麼晚。妳媽來家裡做客時很擔心，害我被我爸叫來接妳。」

他說話的語調總是淡淡的、不疾不徐，即便毒舌，溫潤悅耳的嗓音，配上那張臉，就是讓人討厭不起來。

我還記得，某個愛慕他的女生曾經對我說，以溫仲夏的條件，即便渣也令人心甘情願，嘴巴狠毒了點又算什麼？

愛情的確可以使人盲目，但被喜歡的人累次三番不留情面地責罵，還是很難受的。

「這麼不甘願的話，你可以不要來啊！」

溫仲夏沒察覺我低落的心情，續道：「就妳那顆腦袋還浪費什麼補習費？」

「不然你去跟我爸媽講，叫他們別再對我寄予厚望了。」

「我爸不是說讓我教妳就好了嗎？」

我翻了個白眼，「你不是每次都嫌我笨，說我是扶不起的阿斗？」

「扶不起的阿斗也得有大學念吧？」

「你別管我啦！你以爲每個人都像你一樣優秀嗎？現在大家都忙著補習，不像你還有時間準備鋼琴比賽。」我加快腳步，有些悶悶不樂。

其實，我也想讓溫仲夏教我，但我們正值學業壓力大的高二，而且學校自從發現他精湛的琴藝後，便開始幫他報名國內大大小小的鋼琴比賽，他同時要念書和練琴，一天二十四小時都快不夠用了，我爸媽不想讓我占用他寶貴的空閒時間，便婉拒了溫叔叔的提議。

終於發現我心情不好的溫仲夏，三步併成兩步跟了上來，「徐小春，妳眞幼稚。」

聞言我抿著嘴，瞪了他一眼。

其實，我也不曉得自己爲什麼會因爲一個毫無根據的測驗結果，就如此不開心。

或許是因爲分析出來的內容，某種程度上確實對應了我們的狀況吧？而且，校慶當天，我好不容易鼓足勇氣親他，卻被當成是在撞他的牙齒，這件事至今仍令我耿耿於懷，所以這陣子無法和顏悅色地與他說話，也是合情合理的吧……

「徐小春，妳到底怎麼了？」

這種時候，最怕被喜歡的人問怎麼了。

我低著頭沒有回應，踢著腳下的柏油路前行，也不管鞋子是否會因此磨損。

溫仲夏的態度開始放軟，猜測道：「是因爲今天的考試考差了？」

「我才不會因爲這樣就心情不好。」

「也是。」他點點頭，「我本來想，如果妳突然開始在意成績，還會讓人感到有點欣慰。」

「溫仲夏，你不如別來接我了，是要把我活活氣死在路上嗎？」

他輕笑一聲，見我眉頭皺得更緊才問：「要吃檸檬嗎？家裡附近的二十四小時超市有在賣，我們去買。」

還沒等我回答，他便自行拉著我走捷徑，穿過公園抵達離路口不遠的超市。

溫仲夏從檸檬堆中，選出一顆綠得十分均勻的，拿去櫃檯結帳，「這顆看起來很酸。」

「你又知道了？」我挑起一邊的眉毛。

他笑著將檸檬塞進我手裡，「妳回去吃吃看再告訴我。」

「你是不是因爲現在太晚了，我不能拖著你一起吃，才故意選酸的。」想讓我酸到牙疼。

「妳也可以切一片，明天早上帶到學校給我。」

「你明天不跟我一起上學嗎？」

他送我到家門口，搖頭說：「我一早就要到校練琴，妳爬不起來的。」

「又要練？不是不久前才剛參加完區域賽嗎？」

「學校幫我報名了高中職的雙鋼琴比賽，就在下個月。」

「雙鋼琴比賽？」我捏著手裡的檸檬，心中升起一股不好的預感，「跟……跟誰啊？」

「林若妍。」

聽見這個名字，我覺得胸口更悶了。

全高中部都在傳，他們這對金童玉女能夠修成正果，就連平時不鼓勵大家在學期間談戀愛的資優班導師，偶爾都會開玩笑地拿他們的事說嘴，更揚言，若是同學們都能像他們一樣優秀且不影響學業，那師長們對於學生談戀愛的事，或許也能抱持著樂見其成的態度。

「進去吧！」溫仲夏雙手插進兜裡，「我走了。」

我回過神，抓住他的衣角，「你明天要在哪裡練琴？幾點？」

溫仲夏淡淡地瞅著我，頓了幾秒才答：「學藝樓的琴房，七點。」

「嗯，的確是很早，我恐怕爬不起來……」我上揚的嘴角透著尷尬。

指甲深陷進果皮內，檸檬清香淡淡地蔓延，伴著一股酸味，像極了我此刻的心情。

明明經過這幾年的訓練，無論有多少人喜歡溫仲夏，我都能不為所動，卻在升上高二分班後，因爲林若妍的出現破功。

溫仲夏說過，他欣賞既有臉蛋又聰明的女生，而林若妍對他的喜歡，又是那般昭然若揭。即便他們目前只有課業上的互動，也未曾聽溫仲夏說過他們有什麼私下交流，但萬一這只是他沒讓我知道呢……

我糾結的思緒被溫仲夏的動作中斷，他修長的指掌罩住我的頭頂，雖不溫柔卻顯親暱地揉了揉，「而且妳睡不飽就有熊貓眼，會變更醜。」

「溫、仲、夏！」我撥開那隻作亂的手，咬牙切齒地喊他的名字，難過的心情瞬間退去了一半。

他笑著退開，離去前不忘提醒，「檸檬記得切一片帶去學校給我。」

「我會拿半顆給你，強迫你在我面前吞下去。」我氣鼓鼓地說。他明明就不愛吃酸的，爲何還那麼堅持？

溫仲夏不以爲意地一笑，擺了擺手，「快進去吧！」

等他走遠，我才落寞地垂下目光，轉動著手裡的檸檬，忽然想起這場暗戀的源頭。

要不是國小六年級時，他第一次陪我吃檸檬片，我怎麼會發現自己喜歡上他了呢？

Secret 02

一直以來，我計較的，不是他能為我破例多少，而是他能喜歡我多少。

每個人發覺自己喜歡上某個人的瞬間都不同，可能是因爲一個眼神、一抹微笑、一句話語、一次擦身而過，或多年後的驀然回首。而我發現自己喜歡上溫仲夏的那一刻，則是伴隨著滿腔酸澀，這似乎預告了接下來的日子，我都會因爲這場暗戀經歷無數心酸。

那天，我因爲上課偷看漫畫被老師抓到，罰站了整整一節課，心情十分低落，放學後想找老師要回沒收的漫畫，卻被要求下週數學小考的成績，必須拿到九十分以上，才能拿回漫畫。

那本漫畫是租的，逾期未還就要繳交罰款，超過一週未還，老闆便會要求以二手書的價格買下，當時的我根本負擔不了。若是開口向爸媽坦承，不僅免不了一頓責罵，恐怕還會有好長一段時間都不能再看漫畫。

在腦子裡把各種後果都想過一輪而悲從中來的我，放學後一見到溫仲夏，就一路向他哭訴，沿途還害溫仲夏被同學們誤會他欺負我。

溫仲夏因爲實在太怕我回家被爸媽看見那副哭過的模樣，會順理成章地抹黑他，於是提議帶我去他家吃點心、緩和情緒。

原本我沒心情吃東西，但他說溫阿姨準備了我愛吃的草莓大福，因此假意推託兩次後，身體就誠實地跟他回家了。

回到溫仲夏家，餐桌上貼了一張寫著「出門買菜」的字條和兩顆草莓大福。溫仲夏拆開塑膠盒，推到我面前，「兩顆都給妳，不准再哭了。」

他不提還好，一講到「哭」，我的眼眶又再度盈滿淚水，「嗚嗚嗚嗚──」

溫仲夏長嘆一口氣，「妳到底要怎樣才不哭？」

不曉得爲什麼，當時我的腦海中浮現「吃檸檬」這個念頭，「你家有檸檬嗎？」

溫仲夏想了想，點點頭，「有。」說完他便打開冰箱，拿出一顆檸檬。

「你陪我吃。」我任性地要求。

他的眼角抽了一下，起初並不肯陪我一起吃，但就在我裝腔作勢地吭了幾聲後，他便答應了，「好啦、好啦！就一片喔！」

我吸吸鼻子，看他從刀架上取出水果刀，俐落地切了薄薄兩片，將其中一片遞給我，「拿去。」我擦乾眼淚接過，等他準備好。

「妳眞的要吃喔？」溫仲夏再三地向我確認，並試圖勸阻，「檸檬酸會腐蝕琺瑯質，對牙齒不好……」

但沒等他說完，我已經張嘴咬下，他錯愕地看著我，吞了一口口水。

儘管檸檬片帶來的酸澀感令我五官瞬間皺成一塊，甚至逼出了幾滴淚，但我還是連肉帶皮地將整片吞下，並催促著溫仲夏，「換你了。」

溫仲夏臉色鐵青，在我的注視下，硬是掙扎了一會，才一鼓作氣地吃掉。

這下，我們都紅了眼眶和鼻子，乍看就不像是我哭過了。

而且，我還得到兩顆草莓大福。

心情稍微平復後，我問：「你不是不喜歡吃甜食嗎？溫阿姨怎麼會準備草莓大福？」

「大概是買給妳吃的吧！」溫仲夏見我吃得津津有味，神情無奈間略帶一抹笑意，「妳不是喜歡草莓嗎？」我點點頭。

後來，溫阿姨回到家，發現我們吃了檸檬片後，很訝異地告訴我，溫仲夏不愛吃酸的，平常連檸檬水都不喝，沒想到今天竟會爲了哄我而吃下檸檬片。

我聽完，心裡頭甜滋滋的，發現自己對溫仲夏而言其實是特別的，感到開心不已。

送我回家的路上，溫仲夏塞了一百塊錢給我。

「我不能收啦！」

他酷酷地將兩手插進口袋，「就當是我借妳的。」

「可是……我不知道要多久才能還你。」我不好意思地道。

「多久都行。」他聳聳肩，「反正我們估計會當很久的鄰居。」

過了半晌，他又說：「妳不還我也行，但下週數學小考，妳要考九十分以上。」

我皺起眉頭，「你這樣跟老師有什麼差別？」

「不一樣啊！」他停下腳步，揚起笑容，「有我教妳，保證達標。」

「你爲什麼要教我？你不是嫌我笨嗎？」

「我是怕妳如果沒考到老師要求的分數，心情會很差。」他接著補充道：「我可不想再陪妳吃一次檸檬。」

雖然最後我的數學小考成績，仍然沒考到九十分以上，但溫仲夏堅持不接受我還錢。

一想到溫仲夏爲了我吃討厭的檸檬，還借我錢幫助我解決問題，甚至教我數學，這一連串的舉動讓我不禁猜想，會不會有可能，溫仲夏其實喜歡我？只是他太遲鈍了，所以還沒明白自己的心意而已？

那樣的念頭，曾經令我雀躍許久，我滿心歡喜地想著，或許有一天，我可以先鼓起勇氣向他告白，讓我們之間的關係更進一步。

這個幻想，卻在我國中一年級的某天放學破滅了。

那天，溫仲夏拿給我一封情書，那是他朋友假冒我的名義寫給他的，他說：「幸好這不是妳的字跡。」

我看著信上的署名，覺得荒謬又感到困惑，「什麼意思？」

「我的意思是，幸好這封情書不是妳寫的。」

當我透過溫仲夏的眼神，逐漸明白他的意思時，心臟彷彿也隨之被緊緊掐了一把。

我問：「如果……是我寫的呢？」

他勾起嘴角，「妳可千萬別喜歡上我。」

「爲什呢？被我喜歡不好嗎？」

「當然不好。我不希望我們之間變得太複雜。」

他的話，粉碎了我內心所有的期待。

是呀，我怎麼會忘了？這些年，溫仲夏早就在我們之間畫下了界線。他說，我們是青梅竹馬、是好朋友，也是家人。

他是不是也在告訴我，我們兩個，不會再有更多的可能了。

✦

整晚翻來覆去睡不著的我，難得起了個大早。我看著鏡子裡有著熊貓眼的自己，嘆了口氣。

學藝樓和高中部只隔一座花園涼亭，學生們經常會在那裡告白，久而久之，那座涼亭便被學生們稱做「告白亭」。我曾幻想過無數遍，有天也要在那裡向溫仲夏告白，但又覺得，對於已經太過熟悉彼此的我們而言，告白這件事，光是用想的都有些矯情了。

二樓的琴房門敞開著，優美的琴聲迴盪在寧靜的長廊。我刻意放輕腳步，深怕驚擾到這場演奏，更怕被發現出現在這裡。

躲在門牆邊，這偷偷摸摸的樣子，令我唾棄起自己。

琴房內，兩架鋼琴對開放置，溫仲夏和林若妍練習的身影，耀眼得猶如觸不可及的星辰。他們投入在音樂中，雙雙演奏出的旋律時而優暢、時而濃烈，充滿變化的琴音，既和諧又隱含暢快淋漓的較勁，讓整首曲子的表現極具張力與層次感。

我窺視著眼前的畫面，開始埋怨起小時候的自己，當爸媽要我和溫仲夏一起好好學鋼琴時，我為什麼要哭鬧著說不想去呢？倘若當時我有認真學習，此刻坐在溫仲夏對面彈琴的人，會不會就是我了呢？

在我胡思亂想之際，他們似乎也已經練習得差不多了。

「抱歉，原本約七點的，臨時又提前半個鐘頭。」溫仲夏起身整理著琴本。

「沒事，早點練習也好。」林若妍嗓音含笑。

「今天練習的部分，妳覺得有沒有什麼需要提出來討論的地方？離第一堂課還有些時間，我們可以——」

「沒有。」林若妍走上前，倚在鋼琴邊，開玩笑地道：「和區域賽冠軍一起彈琴，即便有問題，也是我練習得不夠。」

溫仲夏沒有順著她的話繼續，只是點了下頭便說：「那妳先回去吧！」

「你不回教室嗎？」

「我想再待一會兒。」

「待在這裡？」

「對。」

林若妍望著他沉默了幾秒，隨後露出一抹笑容，「好，那我先回去了。」

我怕被林若妍發現，連忙躲到樓梯轉角處，直至腳步聲漸遠，才又靠近門邊探頭偷看，沒想到卻被溫仲夏逮個正著。

「徐小春，進來。」

我像做錯事被抓包的小孩，不服氣地撅起嘴，乖乖踏入琴房，「你什麼時候發現我的？」

「早就發現了。」溫仲夏坐回琴椅，開始彈奏了起來。

他剛剛不是在認眞練習嗎？居然能發現我躲在門口偷看？

「所以你是因爲我，才支開林若妍的嗎？」

「不然呢？」他沒停下彈琴的手，瞥了我一眼，「過來。」

我依著溫仲夏的指令僵硬地移動，在他的身旁坐下，靜靜聽著優美的琴聲。

彈完一首曲子，他輕嘆一聲，「昨晚沒睡好？」

「你怎麼知道？」我明明塗了遮瑕膏才出門的。

「都變成熊貓了，我能不知道嗎？」

因爲不想再被他批評，我乾脆自暴自棄地說：「好啦，我又更醜了，可以吧？」

「爲什麼沒睡好？」

「就……沒睡好啊。」

「因爲沒睡好太早起，所以才來的嗎？」

「不、不然呢？」我低著頭，心虛地說。難不成要坦白告訴他，我是因爲介意他要和林若妍共處一室，擔心得整晚失眠，才一大早跑來偷看的嗎？

「你們彈琴很好聽耶！」

溫仲夏盯著我瞧了片刻，才將雙手重新放到琴鍵上，開始演奏起〈卡農〉。聽著聽著，我的心情平復了許多，卻不願意表現出來，不想讓他太得意。

溫仲夏繼續彈奏著，邊道：「妳以前睡不著，不是都喜歡聽這首曲了嗎？」

「那你什麼時候要把〈卡農〉錄起來送我？」這是前年我許下的生日願望，只是被他拒絕了。

「不錄，這種事情，我只會爲我喜歡的人做。」

「小氣。」心底一陣酸楚湧上。

「我的檸檬呢？」

我有些生氣地撇頭，「沒帶。」

「爲什麼？」

「以後吃檸檬這種事，只有男朋友才能陪我做。」

「徐小春。」

「幹麼？」

「妳眞幼稚。」

我瞪了他一眼，心裡有些悶悶的。

「睏嗎？」他問。

我撕著指甲緣邊的死皮，沒有回答。

溫仲夏拍了拍肩膀，難得好聲好氣地問：「靠著我睡一下？」

但我不領情，站起身來，「不要。我要回教室了。」丟下這句話，我便頭也不回地往門口走去。

如果能回到小時候，那該有多好？我就能放肆地枕著溫仲夏的肩膀補眠，而且還要把口水流在他衣襟上。只是長大以後，我變得顧慮太多。

沉浸在思緒中的我，撞上了迎面而來的人。

莊子維扶住我，白淨的臉龐揚起一抹淺笑，「同學，走路要看路。」

「對、對不起。」站穩後，我懊惱地側身讓開。

氣氛頓時有些微妙，一旁的蘇晴噗哧一聲笑出來，拍了一下莊子維的手臂，「幹麼這樣？你嚇到我們補習班同學了。」

莊子維回望著她，「我沒有別的意思。」

莊子維和蘇晴同班了九年，與我和溫仲夏一樣。同樣陪伴了彼此那麼多個日子，但他們之間的互動，卻與我們截然不同。

蘇晴是眞的喜歡莊子維，她對他的喜歡，是那樣的明目張膽且坦然無畏，而莊子維即便拒絕了蘇晴，卻還是給她無須隱藏心意的溫柔，哪怕當不成戀人，也清楚地讓她感受到，他對於彼此間友誼的重視。

這麼說起來，溫仲夏叫我別喜歡上他，是因爲他害怕自己既做不到無動於衷，也沒有自信能妥善處理好這份感情嗎？

我看著他們的身影發楞，不知何時出現的楊虹，自後方點了點我的肩膀，「他們很登對，對吧？」

我回頭，看見她臉上那抹羨慕的神情，「但莊子維沒有答應。」

「對呀，好奇怪。」她聳肩笑了笑。

「妳其實挺喜歡他的，對吧？」

「對啊，但是知道自己不可能，所以一直不想承認。」她搖了搖頭，感嘆道：「如果我長得跟心怡一樣漂亮，或許會更勇敢一些吧！」

我想，長得再漂亮的女生，在喜歡上一個人的時候，也會有屬於她自己的煩惱吧！否則黃心怡怎麼會一遇上簡易雲，就總是裹足不前呢？

「但妳想跟莊子維考同一所大學不是嗎？」

縱使無望，仍然想追隨喜歡之人的背影，這便是我們在青春裡，無可救藥的執著。

上課鐘響起的同時，楊虹輕輕地道：「因爲我想憑藉著這份喜歡，讓自己變得更好。既然都那麼努力去喜歡一個人了，總得爲自己留下些什麼，不是嗎？」

這一刻，我忽然覺得，暗戀著莊子維的她，很耀眼。

✦

我天真地以爲，過了一個情人節，就不用再幹這種事了。

三月十四日是白色情人節。男方若在二月十四日情人節時收到女方送的巧克力，就必須在白色情人節回禮。

但爲什麼此刻的我卻被幾名女同學包圍著呢？

她們拿著要送給溫仲夏的禮物和情書，一邊眨著無辜的雙眼，一邊託我轉交給溫仲夏。

「我們沒別的意思，只是想表達心意。」

「溫仲夏應該會看在妳的面子上收下吧？」

我很想坦白地告訴她們，溫仲夏並不會收下這些禮物和情書，上回我拿給他的那一疊情書就被拒收了，後來還是我請他的同班同學塞進他抽屜裡的，也不曉得最後那疊情書怎麼處理。

我也很想直接勸退她們，但又覺得女生何苦爲難女生，她們能不求回應地向溫仲夏表白，已經是十分勇敢的行爲。

「我——」拒絕的話才剛到嘴邊，又被硬生生地吞下，我不是不懂得拒絕，但一遇到關於感情的事，我總會變成一個濫好人。

堵在胸口的嘆息聲都還沒呼出，答應的話就已經先說出口：「好吧！」

其中一名女同學擔心我拿不完，體貼地拿出早已準備好的紙袋，「謝謝妳呀！徐同學。」

我試圖給她們一抹和善的微笑，卻絲毫提不起勁。

一名長髮及肩的女生在遞放禮物和情書時，突然開口問：「徐同學，妳不喜歡溫仲夏嗎？」

我嘴角一僵，還未想好說詞前，其他人便搶先替我回話，「怎麼可能？徐小春如果喜歡溫仲夏，就不會答應幫我們送禮物和情書了。」

「他們只是從小一起長大的關係。」

「看他們的互動就是朋友啊！」

「聽說，資優班的同學一致認爲他們最不可能在一起耶！」

我一邊聽著大家的想法，一邊假裝同意地點點頭，雖然省去了解釋，難免還是有些悲傷。

黃心怡見我抱著裝滿禮物和情書的紙袋回到教室，便搖搖頭，「那些女生真是不懂得放棄。」

我無奈地扯唇，「別說了。」

「溫仲夏肯定會生氣的，我勸妳還是別送去了。」

「不然我要直接扔掉嗎？」就算溫仲夏不收，我總得意思意思一下拿去給他吧？

「妳根本就不該代收。」黃心怡一手放在椅背上，「每次都這樣，妳心裡不難受嗎？」

「多虧這幾年訓練有素，我已經練就銅牆鐵壁了。」

「我都替妳心痛。」

我將東西收進抽屜裡，「午休的時候妳可以陪我找溫仲夏嗎？」

黃心怡點點頭，翻開英文課本背單字，準備接下來的小考。

資優班由五育均優的學生們組成，比同年級的教室高一層樓，且鄰近教職員辦公室，所以相對寧靜。

每次到溫仲夏班上找他，都讓我倍感壓力，學校這樣安排，無疑是在加深資優生和普通生之間的隔閡。不過也有可能是我自己的自卑感作祟，因為身旁的黃心怡看起來就比我自在許多。

簡易雲和其他同學們三三兩兩地走出教室，一見到我們，便打開窗戶往內喊：「溫仲夏，外找！」

我順著簡易雲喊的方向望去，剛好對上溫仲夏投來的視線。他看了我一眼後，便低頭繼續動筆寫字。

黃心怡疑惑地睜大圓滾滾的雙眼，「他怎麼不出來？他不是看到妳了嗎？」

「等他把手邊的東西寫完吧！」

「你們這麼有默契？他什麼都沒說呢！」黃心怡轉過頭，發現簡易雲仍未離開，抿唇微笑，打了聲招呼。

「芋泥你不走？」不遠處一位男同學問道。

「你們先去吧！」

「太晚雞排就搶不到了啦！」

「那你幫我搶一個啊！」

幾位男同學們同時回頭，看了黃心怡一眼，眼神曖昧地朝簡易雲挑眉。離去前不忘調侃「簡芋泥看見妹子就不餓了啦」、「有獸慾沒食慾」。

「妳叫黃心怡對不對？」簡易雲說。

「你怎麼知道？」黃心怡感到有些訝異。

「我認識妳們班的人，問的。」說完，簡易雲像想起什麼似地「啊」了一聲後，掉頭走進教室。

不久，他手裡拿著一把摺疊傘走出來，而溫仲夏則跟在他身後。

他把傘還給黃心怡，「那天謝謝妳。」

我盯著黃心怡一臉害羞的模樣，覺得事有蹊蹺，他們什麼時候變成會借傘的關係了？

見我一臉困惑，黃心怡趕緊向我解釋，「有天放學下雨，我在樓下遇到他，看他沒帶傘，就把傘借給他了。」

「那妳不就淋雨了？」

「我剛好有帶輕便雨衣。」

「那爲什麼不把輕便雨衣給他穿？」黃心怡偷偷踢了我一腳，以眼神示意我別再多嘴。

我瞬間讀懂她的小心思，輕便雨衣用完就丟了，但傘是需要歸還的。

「那天走得匆忙，忘記問妳的名字和班級，還好有認識的人知道，本來前幾天就想還給妳的……」簡易雲搔了搔頭，對上黃心怡含笑的目光，居然也臉紅了。

我彷彿是來看他們談情說愛的，空氣中莫名冒出了幾顆曖昧的粉紅泡泡。

簡易雲應該是沒順便打聽一下黃心怡的個性，她平時可沒這麼靦腆。

「徐小春，妳找我？」被晾在一旁的溫仲夏出聲。

我這才想起來資優班的目的，遞過手中的紙袋。

「這什麼？」

「今天是白色情人節。」

「所以呢？」

「女同學們的心意。」

溫仲夏閉了下眼，皺緊眉頭，顯露出他的不悅。

「溫仲夏，要丟你自己處理，我才不要——」

他從紙袋內抽出一張卡片，拆開信封，看完署名後問我：「這是幾班的？」

「我、我記得她好像是……文組三班的？」

還來不及釐清溫仲夏的用意，他就已經抓著我的手腕邁開大步。

「你們要去哪裡？」黃心怡問。

下樓時，我聽見身後傳來窸窸窣窣的聲音，連簡易雲也跟過來湊熱鬧。

三班教室前，溫仲夏找了一位在走廊上聊天的男同學，麻煩他請寫卡片的人出來。

「溫仲夏，你幹麼啦？」我扯著他的制服衣襬，不安地問。

他沒有回答，情緒盡數收斂在那張淡漠的臉龐。

女同學被通知外找時，造成班內不小的騷動，幾位同學好奇地趴在窗邊豎起耳朵，圍觀的人潮也逐漸朝我們靠攏。

她看上去非常緊張，跟朋友一起走出教室時，還拉著對方的手臂。

待人來到面前，溫仲夏跳過開場白，板著一張臉，直接且毫不留情地淡淡道：「請妳以後，不要再委託徐小春送東西給我。要送，可以直接拿來，但我會丟掉。」

女生一被訓斥便馬上哭了出來，並且不斷向他道歉，但仍不見他心軟，冷血得可以。

原來他這是在殺雞儆猴，順便說給其他愛慕他的女同學們聽。

圍觀的群眾一片靜默，沒有人落井下石。溫仲夏把我抱在懷裡的紙袋遞給那名女同學的朋友，拉著我離開人群，走廊上這才開始揚起此起彼落的討論聲。

我走在溫仲夏身旁，斟酌了半晌，才緩緩開口：「你不覺得你太殘忍了嗎？」早知道會這樣節外生枝，我就放學的時候再拿給他了。

「我不希望她們繼續浪費時間在我身上，早點斷了念頭，好好讀書，比較實際。」

那如果是我向他告白呢？他也會以那麼狠心的方式拒絕嗎？

我悄悄捏緊制服裙襬，皺著眉道：「喜歡你還眞不容易。」

溫仲夏駐足，好看的唇瓣抿成一條線，「徐小春，這是妳逼我的。」

「我怎麼逼你了？」

「因爲妳老做這種沒意義的事情，讓我很厭煩。」

我低垂目光，頓然不知道該如何反駁。

「妳是在兼職郵差嗎？還是想當愛神丘比特？」

你以爲我願意嗎？我在心裡吶喊著。但面對她們的請求，我不知道爲什麼就是無法狠心拒絕。

「妳不忍心，那就只好我來。」

「所以……你是因爲我，才這麼做的嗎？」

「是。順便當著大家的面說清楚，以絕後患。」他說。

「就算要解決問題，你也不用……」人家會有多傷心啊，被當眾拒絕也就罷了，還將她的心意視如敝屣。

「徐小春，妳的同情心未免太氾濫了。」

「我不是同情心氾濫。」我是太清楚，那有多難受。

「不然？」

我咬唇瞪了他一眼，「算了，我懶得跟你說。」

不曾喜歡過誰的他，怎麼會知道單戀一個人需要付出多大的勇氣、承受多少難以言說的酸楚。

溫仲夏拉住轉身欲離的我，「徐小春，妳到底在生什麼氣？」我悶不吭聲地撇頭，卻忘了溫仲夏也是個固執的人。

「妳不說清楚，我們就繼續站在這裡，午飯也別吃了。」

他這是在威脅我？我氣惱地環顧四周，卻不見黃心怡和簡易雲的蹤影。這兩個人是八卦完就自行解散了嗎？會不會太沒義氣了？

「徐小春？」溫仲夏還在等我給他一個解釋。

我不擅長編織謊言，只好將實話稍作刪減，說道：「其實……二月十四日那天，我親手做一個義理巧克力要送給你，但我怕你會像拒絕其他女生一樣，把它拿去扔了，所以沒送。今天看你那樣對待那位女同學，我還眞慶幸自己當初做了正確的決定。」

溫仲夏鬆開了手，令我下意識地回首。他若有所思的眼神，害我以爲他要質疑我的說詞。

須臾，他輕輕地嘆了一口氣，「那還能吃嗎？」

「什麼東西？」

「妳做的巧克力。」

「應該是……不行？」雖然還收在我家書桌的抽屜，但不曉得有效期限到何時，還是不要冒險比較好。

「妳不需要爲這種事煩惱。」我歪著頭，不太明白他的意思。看出我的困惑，他說：「下次直接拿給我就好。」

「你會拿去丟吧？」

「不會。」

我訝異地問：「那……你會吃嗎？」

溫仲夏似笑非笑，「徐小春，從小到大，我因爲妳沒少吃壞肚子。」

他的好，總是這樣。因爲我們是朋友，所以即便給予溫柔，也會拿捏分寸。

✦

晚上補習時，我向楊虹抱怨黃心怡有異性沒人性。

黃心怡舉起雙手喊冤，說她是看我和溫仲夏的臉色不對，想說我們需要空間好好談談，所以才和簡易雲達成共識先行離開。

我虧了她一頓後才勉爲其難地接受她的說詞，並在她們的輪流拷問下，分享了和溫仲夏的談話。

楊虹聽完便道：「小春，妳怎麼會不擅長說謊呢？妳這輩子說過最久的一個謊言，不就是欺騙溫仲夏，妳不喜歡他嗎？」對於她的精闢的分析，我感到啞口無言。

此時，後座的一位男生，點了點我的肩膀，遞給我一張紙條，「後面傳過來的。」

「不會是情書吧？」黃心怡興致勃勃地說。

我瞪了她一眼，小聲斥責，「別胡說。」

將身體轉正後，我在黃心怡和楊虹的圍觀下打開紙條。

徐小春同學，妳好：

我是商中的王浩宇，想和妳當朋友，能互加LINE嗎？

我的LINE ID：bj55xxx0902

「哇塞！我們小春桃花開了。」楊虹低聲歡呼。

「某程度而言，這也算是情書吧？」黃心怡說。

楊虹接著道：「我一直都覺得我們小春長得不差啊，要不是溫仲夏太耀眼，他們又常混在一起，否則，小春應該不至於如此透明。」

「什麼透明？她那是被溫仲夏無意間斬桃花了好嗎？」黃心怡拿起一疊廢紙搧風，「哪個男生見她身邊有那麼優秀的人在，還敢貿然接近的？怕她眼光被養刁了，其他人她看不上啊！」

「其他男生在小春眼裡的確不夠優秀，妳看她都暗戀溫仲夏多少年了？」

「妳們能不能閉嘴。」她們到底是朋友還是損友啊？

「怎麼樣？」楊虹勾起指節敲了敲桌上的紙條，「要加LINE嗎？」

「加什麼加？」我把紙條夾進講義裡，打算當作沒這回事。

「妳不加喔？」黃心怡一臉可惜，「好不容易才開出一朵桃花的說。」

我板起一張臉，糾正她，「我們來補習班，是要專注學習的。」

黃心怡伸手摸摸我的額頭，「小春，妳沒發燒吧？」

楊虹有模有樣地捏住我的手腕，假裝把脈，「我看看妳哪裡不舒服。」

現在我很確定，她們絕對是損友無誤。

Secret 03

喜歡一個人沒有錯，只是我們常常輕易地放棄了不該放棄的，卻堅持著不該堅持的。

雙鋼琴比賽這天，風和日麗，萬里無雲。

爸媽和溫叔叔、溫阿姨相約去爬山，便交代我要代表他們出席觀賽，替溫仲夏加油打氣。

出門的時候，我在玄關看見兩家父母製作的加油板，上頭還緊貼寫著「勿忘」的手寫字條。

由於溫仲夏一早就赴會場報到排練，所以我只能獨自前往比賽地點，我把加油板放進紙袋裡，不情願地走出家門。

許是因爲適逢週末，觀賽的人比我想像得多，我順著排隊人龍登記進場，過程中意外發現，準備加油板這種事，原來多數父母都會做，更令我意外的是，還有一些本校高中部的學生，也特地來爲溫仲夏和林若妍加油。

他們習以爲常般，自然且大方地拿著各種花俏的加油板，但我偏偏就不是走這種風格。我連遇見欣賞的偶像，都只會開心不顯於色地默默多看幾眼，儘管內心竊喜不已，外表仍假裝鎮定。

或許，也是因爲這個緣故，我才能在溫仲夏面前，把暗戀他這件事，隱藏得滴水不漏吧？

當我四處張望尋找座位時，感覺肩膀被輕點了兩下，回頭一看，不偏不倚地對上一抹陽光笑容。

「嗨，徐小春。」

一看見那抹笑容，我便想著，等一下絕對要傳訊息跟黃心怡說，讓她後悔今天選擇睡覺而不是陪我來觀賽！

「你怎麼會在這裡？」

「來看溫仲夏呀！」簡易雲一手抓著後背包肩帶，另一手握著手機，他的手機螢幕還亮著，畫面停留在聊天室，我餘光撇見了一個熟悉的名字。

「他……」

正當我想開口發問時，簡易雲對著手機輸入語音訊息，向另一端的人報備，「我找到她了。」

「嗯？」我挑眉。

簡易雲索性拿他和溫仲夏的對話內容給我看。

「簡易雲，小春也會來，你幫我找她。」

「要比賽了就專心排練，還惦記我幹麼？」我的嘴角不自覺地上揚。

「你們班就你來嗎？」

「林若妍的朋友們也有來，不過他們都坐在那裡。」簡易雲指著斜前方的位置。

「那你不跟他們一起嗎？」

「不用。」簡易雲搖頭，領著我找到兩個面向舞台正中央的空位入座。

「溫仲夏……不會只有你一個朋友吧？」不過，以他那不討喜的性格，說他是邊緣人我也不意外。

「別擔心，仲夏雖然多半時間都冷冷的，但他在班上人緣還是很好的。」

哼，我哪裡擔心了？「那怎麼會只有你來？」

「我們班的男生對鋼琴比賽沒什麼興趣。」

「那你還眞是好朋友。」

「不是。」他搖頭坦言，「我是因爲猜拳輸了，所以代表出席。」原來是同爲天涯淪落人。

我以指節壓著唇，掩住笑意。

簡易雲用下巴示意著我手裡的紙袋，好奇地問：「這什麼？」

「加油板。」

「不愧是青梅竹馬，眞有心。」

「不用青梅竹馬，多得是其他人給他做。」我看向周圍幾處已經迫不及待高舉板子的女學生們。「這加油板其實是我們爸媽做的。」

「妳等等會拿出來嗎？」

我搖頭，「沒有這個打算。」

「那妳為什麼要帶？」

「等比賽結束，丟給溫仲夏處理呀！」

簡易雲忽然認真地盯著我看，似乎在思索些什麼。我不自在地別過眼，「你這樣看著我幹麼？」

「我在想……我本來以為，身為青梅竹馬，難免都會有些喜歡或曖昧什麼的，但妳和溫仲夏之間，好像真的沒有？」

我隨著他的結論鬆一口氣，看不出來就好，免得他去跟溫仲夏亂說。黃心怡和楊虹每次都誇大其詞，說全世界都看得出來我喜歡溫仲夏，導致我被問到與溫仲夏的感情時，都有些緊張。

「我跟溫仲夏就是……從小認識的關係，他爸媽喜歡我，若他敢欺負我，絕對會被他爸媽揍。」

「難以想像。」

「什麼？」

「溫仲夏被揍的樣子。」

「很矬的。」

「矬這個字和那傢伙沾不上邊吧？」簡易雲搖頭，「妳是真的對他免疫啊？」

我點點頭，口是心非地道：「他成天狗嘴吐不出象牙，總是嫌棄我又笨又衰，我又沒有被虐體質。」

「看來愛情小說裡的青梅竹馬，都是騙人的。」

「你一個男生，不會也看愛情小說吧？」

「有人規定男生就不能看愛情小說嗎？妳這是性別歧視。」簡易雲挑眉，瞥了我一眼，「我是沒興趣，只是我妹買了很多，我偶爾好奇會翻一下。」

結束這個敏感話題後，我們有一句沒一句地聊了一會兒，我趁簡易雲滑手機時，發了一條訊息給黃心怡。

沒過多久，黃心怡便回覆了一連串尖叫、哭泣的貼圖，我的心情總算得以平衡。

簡易雲發現我在偷笑，瞄了一眼我的手機螢幕，「是黃心怡？」

我關掉對話視窗，點點頭，「對，我在叫她起床。」

「黃心怡是妳們班的班花，對吧？」

「你知道？」

「有聽說。」

「她很多人追的，你別看她外表嬌滴滴得像公主，其實她個性爽朗直率，人很單純沒什麼心眼，聊起天來幽默風趣，是個值得認識的好女生。」

我滔滔不絕說了一堆，簡易雲只回了一聲：「嗯。」

「你這是在句點我？」

「不是。」簡易雲一臉猶豫地問：「妳覺得，如果要跟她聊天，以什麼話題開頭會比較好？」

天啊，黃心怡這是中獎了嗎？簡易雲看起來好像對她有好感耶！

「首先，你得先有她的LINE。」

「我有。」他點開黃心怡的LINE頭像，「那天交換了。」

可惡，偷偷進展得這麼神速，居然沒向我報備，黃心怡眞是好樣的。

「接下來就隨便打個招呼？」拜託，他根本不用煩惱要聊什麼好嗎？光是他主動傳訊息，哪怕只有一張貼圖，都足夠讓黃心怡開心一整天了。

簡易雲似乎覺得我在說廢話，此時會場的燈光也逐漸暗下，表示比賽即將開始，他收起手機，專注地看向舞台。

「不然，你就跟她分享今天的鋼琴比賽好了，其實她挺想陪我來，但因爲睡過頭所以來不及。」

簡易雲這才向我微笑致謝。

溫仲夏和林若妍前後共完成了四首曲目，莫札特的奏鳴曲、柴可夫斯基的〈花之圓舞曲〉，再加上兩首炫技作品。

我從眾人不時發出的低聲驚嘆，和評審們一致的好評中，徹底感受到他們備受肯定的優秀實力。最後，他們果眞眾望所歸地奪得第一。

頒獎典禮上，林若妍身穿一襲鵝黃色緞面禮服，襯得膚色雪白透亮，她靜靜地站在溫仲夏身旁，兩個人看上去非常登對。

我爲溫仲夏感到高興，卻也因眼前的畫面感到鬱悶。

簡易雲見我臉色不對勁，低聲問道：「妳是太感動了嗎？」

我別過頭，隨口搪塞，「只是有東西跑進眼睛裡了。」

活動落幕後，簡易雲陪我一起在禮堂側門等溫仲夏，此時林若妍的朋友們走過來，其中兩名女生來回看著我和簡易雲，彼此交頭接耳，後來直接問道：「你們該不會是來約會的吧？」

「妳們想太多了。」簡易雲反駁。

「不是約會，那你爲什麼不跟我們坐在一起？」另一名女同學問。

「我是受仲夏所託照顧徐小春的好不好。」

「少來！」

「不是在故意製造機會嗎？」

她們輪流揶揄，直到溫仲夏和林若妍並肩出現才消停。

「恭喜耶！眞是太棒了！」

「剛剛頒獎典禮上，我還一度以爲是參加你們的婚宴，看起來實在好登對。」

「就是呀！什麼時候要在一起？」

她們你一言我一語地說著，讓林若妍害羞地紅了臉龐，出聲阻止，「妳們別亂說，會造成仲夏的困擾。」

「你們趕快在一起就不困擾了啊！」

溫仲夏沒有回應她們的玩笑話，在聽見我打了聲噴嚏後，把手中的西裝外套丟給我，「妳不是怕冷嗎？還穿這麼少。」

「我又不冷。」我真正冷的是心。

「嘴硬。」

我垂首看了一眼身上的雪紡紗襯衫和過膝長裙，在心裡承認，早上出門時，我確實覺得天氣有點涼，但懶得折回去拿外套，想說反正看完比賽就要回家，應該沒差。

「會場空調低。」我說。

「萬一感冒，又要栽在我頭上。」

「你少胡說，我才不會！」

我們的互動和鬥嘴，看在那群女同學和林若妍的眼裡，根本不算什麼。青梅竹馬之間的親近熟稔，像是一齣陳腔濫調的戲碼，不會被過分解讀，也沒什麼可誤會的。

「要不要一起去吃飯當作慶功宴？」勾著林若妍手臂的女生主動提議。

「我要回家了。」溫仲夏單肩背包，逕自接過我手裡的提袋，並對簡易雲道：「你想的話就跟她們去吧！」

簡易雲搖頭，「我晚上還要跟爸媽去親戚家。」

動身離開時，林若妍叫住溫仲夏，她挪步至他跟前，緩緩地伸出手，「仲夏，今天謝謝你。」清透明亮的眼神，流轉間，帶著顯而易見的仰慕之情，任誰都看出來。

我不動聲色地暗自細數著林若妍的優點，看著眼前舉止有度、大方得體，令我望塵莫及的女孩，忽然覺得自己好多餘。

溫仲夏沒有回握，只是點了頭，如往常般一副高嶺之花的模樣，「謝謝妳。」

✦

搭上返程的公車，我坐在雙人座椅靠窗的位置，身旁的溫仲夏按壓著鼻梁和眉心，透出了一臉疲倦，他兩手環在胸前向後靠。

公車顛簸的厲害，晃了幾下後，溫仲夏便把頭靠在我的肩膀上。

我偷覷他的臉龐，那對長長的睫毛，如簾幕般倒映出淡淡陰影。有些人雖生得好看，但看久了難免會感到乏味，可溫仲夏的清俊，卻教人百看不厭。

「徐小春，妳是不是在偷看我？」溫仲夏閉著眼睛，開口問道。

「誰偷看你了。」我轉頭望向窗外，「既然醒了，就給我起來，別靠著我，你的頭很重。」

「腦袋裡有東西，當然沉了。」肩上的重量消失，他整理了下襯衫，問道：「紙袋裡裝的是什麼？」

「你爸媽跟我爸媽一起做的加油板。」

「那妳怎麼沒舉。」

「觀眾席上那麼多人，你怎麼知道我沒舉？」

「我看到妳了。」

「你視力二．〇嗎？」

溫仲夏注視著我，輕笑一聲。

聽見廣播傳出熟悉的站名，我趕緊伸手按鈴，準備下車。

回家路上，溫仲夏突然拉著我拐進巷弄，把紙袋內的板子塞給我。

「幹麼？」

他舉起手機對著我，指使道：「徐小春，妳笑一個。」

「我才不要！」我慌張地想把板子還給他。

「拍照存證啊！不然妳怎麼跟妳爸媽交代？」

「有什麼好交代的？」

溫仲夏將紙袋藏在身後，就是不肯讓我把板子放回去，繼續討價還價，「一張就好。」

「我、不、要！」我反抗著，險些摔倒。

溫仲夏見狀趕緊扶住我，「連在平地都能摔，妳怎麼辦到的？」他皺起眉頭，「徐小春，快點站好，我要拍了。」

我拗不過他，最後還是舉著寫有「溫仲夏，你最棒」的加油板，臭著臉讓他拍了幾張，「我臉色那麼難看，你也要拍？」

「反正妳笑的時候和生氣的時候不都一樣嗎？」

「哪裡一樣？」

「都不好看啊！」他笑著說。抽走掛在我胳膊上的西裝外套，攤開蓋住我的臉，「遮著吧！」

「溫仲夏！」我氣炸了，直到回家，都不肯跟他說話。

溫仲夏跟在我身後進門，說是收到他父母的訊息，今晚要在我家辦慶功宴。

當兩家父母在廚房裡忙進忙出地張羅晚餐時，溫仲夏還硬要折騰我，趁吃飯前的空檔教我數學，說要爲下週的隨堂考做準備。

我聽他講解著空間中向量的線性組合，整顆腦袋昏昏沉沉，趴倒在書桌上，還被他拿原子筆敲頭。「痛！被敲傻了怎麼辦？」

溫仲夏冷冷地道：「妳本來就傻，敲一敲搞不好更聰明。」

飯桌上，雙方家長其樂融融地談天說地，我分享了溫仲夏和林若妍領獎時的照片，沒想到爸爸很白目地說：「這兩個孩子看起來眞登對。」

這時媽媽偷偷踢了爸爸一腳。我會知道，是因爲她也踢到我了。

「會嗎？」溫叔叔微笑，看著我和溫仲夏，「我覺得小春和仲夏比較般配。」

溫阿姨跟著點頭，「小春要是能當我們家兒媳婦就好了。」

「哎呀，這怎麼是我們說了算呢？兩個孩子也有他們自己的想法嘛！況且，我們小春相貌一般，學習成績也是一般，仲夏還未必看得上眼。」聽爸爸說話，有時候眞是會被氣得快吐血。

溫叔叔笑著擺了擺手，罔顧自家兒子的意願，親切地問我：「小春，妳覺得呢？」

我趕緊往嘴裡塞滿飯菜，企圖矇混過關。這種時候，多說多錯。

「我和徐小春不可能。」溫仲夏淡淡地道，難得沒有擺出嫌棄的表情。或許正是因爲他不似平常般玩笑毒舌，所以說出來的話才顯得更加眞實。

「我又不是問你。」溫叔叔沒把他的聲明當一回事，再度看向我，「小春，妳說呢？」

「我……」食物都已吞下肚，又有那麼多雙眼睛盯著我，再不說點什麼，恐怕會僵在這個話題。我吞吞吐吐地道：「溫叔叔，我跟溫仲夏太熟了……很難發展的。」

聞言，溫叔叔便嘆了一口氣，「可惜，太可惜了！」

「可惜什麼？說不定徐小春早就有喜歡的人了，你們也別再一廂情願了。」

「有嗎？」爸媽連同溫叔叔、溫阿姨，同時看向我。

我差點沒被飯粒給噎著，摀嘴猛咳了幾聲，這看在長輩們的眼裡，無疑是被說中了心事。

爸爸率先追問：「ㄚ頭，妳有喜歡的人了？」

溫仲夏實在很過分，不喜歡我就算了，還把問題丟過來給我。既然如此，那我乾脆順勢堵住他們的嘴，一勞永逸，「有是有，但高中生應以課業爲重，所以我只是單純欣賞而已，請不用擔心我早戀。」

我故作誠懇地回答，卻在與溫仲夏對上眼時，看見他眼裡的變化。

「怎麼樣？你懷疑喔？」

溫仲夏面無表情地夾菜，「我只是覺得，妳那成績不像是有以課業爲重的樣子。」

我皮笑肉不笑地朝他咧嘴，內心一陣無語。這不知感恩的傢伙，我這麼說是爲了我們好，只要我說有喜歡的人，他們就不會再把我們湊在一起了。溫仲夏不但不懂得感恩，居然還酸我？

飯後，負責洗碗的我們留在廚房，我從溫仲夏手裡接過碗盤放進烘碗機，氣氛安靜得有些尷尬，我想隨便找個話題，卻有些力不從心。

正當我苦惱之際，以抹布擦拭完流理臺的溫仲夏，忽然轉過身來問：「徐小春，妳喜歡的人是誰？」

「我幹麼告訴你？」

「妳經常關心我的感情狀態，還老是雞婆幫別人遞情書，卻不告訴我關於妳的事？」

「誰知道你有沒有老實說……」

其實，就算你老實說了，我怕我也不敢聽。林若妍既漂亮又優秀，站在你身邊，簡直是天生一對。如果她向你告白，你會答應嗎？這個問題時不時浮現在我的腦海，想問卻又不敢問，我怕會得到自己不想聽的答案。

「我說過了，如果哪天我對誰心動，會第一個告訴妳。」

「那在你還沒遇到讓你心動的人之前，公平起見，我有權利不分享我喜歡的人吧？」

「可以。我只是在想，你是眞的有喜歡的人，還是只是爲了敷衍爸媽而說謊。」

他一定要這麼懂我嗎？我不甘心地咬牙，「溫仲夏，我不說，是因爲說了你也未必知道是誰。」

溫仲夏點點頭，「的確。」

他那副模樣令我更火大了，彷彿心高氣傲地在說，身旁有這麼優秀的他，我還能看得上誰。

「他姓『莊』，是自然組的。」對不起了楊虹，我不是故意拿妳喜歡的人當擋箭牌的。

溫仲夏驀地眼色一頓。

我得意地哼聲，「怎樣？無話可說了吧？」

半晌，他點點頭，「嗯，我很意外。」

我瞇起雙眼，不相信他會就這樣放過我，「你接下來不會是要說，那個被我喜歡上的人，肯定是倒了八輩子楣之類的話吧？」

「不是。」溫仲夏望向我，露出一抹難以解讀的微笑，「謝謝他的犧牲，讓其他人能幸免於難。」

✦

體育館內人聲鼎沸，同學們拆分成六人一組，輪流在場上打排球。

我和黃心怡站在前排的位置，開局不過五分鐘，就已經身心疲憊。

「對面的人是怎樣？中午都沒吃飯嗎？」黃心怡上氣不接下氣地抱怨，「就不能打得遠一點嗎？都是前排的人在接球。」

「不然下一局就叫替補的上場，我們溜去福利社買甜筒吃吧？」

「上個月經痛沒痛死妳喔，居然還敢吃冰？」黃心怡白了我一眼，「算一算時間，不是也快到了嗎？」

「痛了再說，及時享受比較重要啊！」

「隨便妳吧，我看到時候溫仲夏會怎麼罵妳。」

「有差嗎？他平時說話也沒好聽到哪去……」

黃心怡笑了兩聲，「妳還說自己不是抖M。」

「不吃就不吃，買喝的總行了吧？」

我顧著和黃心怡聊天，沒有留意球場上的情況，直到聽見同學們的喊叫聲，才驚覺對面同學發出的排球，觸網後，在網前墜落。

「徐小春！看球！」

我迅速衝上前並蹲低，想試著把球打回去，卻沒站穩，撲跌在地。

擔任裁判的同學吹哨，喊了暫停，並跑去通知老師。

黃心怡小心翼翼地扶我起來，彎腰查看我的傷勢，低呼：「哇，妳的膝蓋都破皮流血了。」

體育老師小跑步過來，確認我只是皮肉外傷並無大礙，便囑咐黃心怡陪我去保健室處理傷口。

黃心怡邊攙扶著跛腳的我，邊說：「這下福利社沒得去，還得進保健室了吧？看妳下次還敢不敢在月經來前說要吃冰。」

「妳少牽拖，這完全是兩碼子的事好嗎？」我回嘴的同時，她忽然停在保健室門口，「怎麼了？」

黃心怡壓低音量，「徐小春，妳看。」

我順著她指的方向，往保健室裡面一看，見林若妍正坐在椅子上，蹲在她身前爲她治療傷口的，是一道熟悉的身影。

「溫仲夏在幹麼？」

「我怎麼知道？」此刻，胸口傳來一股滯悶的感覺，膝蓋上的擦傷似乎也沒那麼痛了。

「我們幹麼站在這裡不進去？」說完，我便拖著黃心怡邁開步伐。

溫仲夏聞聲回頭，很快就注意到我受傷了，「妳怎麼回事？」

知道我不想回應，黃心怡便替我拋回話題，「那她又是怎麼了？」

溫仲夏有樣學樣，故意不回答，只好由當事者自己解釋，「我在操場跑步時扭傷了腳。」林若妍挪動身子，目光越過黃心怡，落在我的膝蓋，「天呀，都破皮流血了，肯定很痛吧？」

她臉上的關懷神情那麼真切，教我討厭也不是，喜歡也不是。

「對喔，你們班這週體育課好像是輪到操場。」黃心怡扶我到一旁的空位坐下，「護理老師呢？」

「剛才說有事要出去一下。」可能是有我們在，林若妍不好意思再麻煩溫仲夏，便從他手裡接過冰袋，自行彎腰敷在腳踝上。

「那我們能先自己處理嗎？」黃心怡邊問，邊走向擺滿醫療用品的推車。

此時護理老師正巧走進保健室，「同學，妳在找什麼？」

黃心怡錯愕地收回尋找藥品的手，乖乖回話，「老師，我朋友受傷了，我只是想找生理食鹽水或酒精棉片，幫她的傷口消毒。」

護理老師擱下手裡的文件，見我膝蓋的傷勢，搖頭嘆氣，「你們呀，上個體育課，怎麼都那麼不小心呢？」她從推車裡取出幾件醫療用品，蹲在我面前，動作流暢地著手替我消毒、上藥和包紮。治療過程比我想像得還要難受，護理老師在點優碘時，我痛得眼眶泛紅，差點落淚。

護理老師轉身看了林若妍一眼，交代後續的照護事項，便告知他們可以離開。

這期間，溫仲夏從頭到尾都沒對我說出半句關心的話，和林若妍離開保健室時，臉色還十分難看。

處理完傷口，黃心怡陪我慢慢走回教室，如連珠炮般地開口：「溫仲夏該不會眞的和林若妍之間有什麼吧？他剛剛完全都沒關心妳耶！爲什麼？你們不是朋友嗎？而且他離開時臉怎麼那麼臭啊？你們吵架啦？」

我抬手揉了揉太陽穴，「妳要我從哪個問題開始回答？」

「他們在交往嗎？」

我瞪了她一眼，「妳會不會說話？」

「那不然妳就回答我一個問題，你們吵架了嗎？」

「沒有。」

「那溫仲夏臉幹麼那麼臭？」

「我怎麼知道？」溫仲夏有時候挺陰陽怪氣的，就算是與他相識十幾年的我，也未必清楚他在想什麼。

「既然沒吵架，那他為什麼不關心妳的傷勢？」黃心怡摸了摸下巴猜測，「該不會是因為有林若妍在，他怕被林若妍誤會，才刻意跟妳保持距離吧？」

「誤會什麼？」若我和溫仲夏之間，是能被人誤會的關係，那我還會高興一點。

「也是，你們倆從小青梅竹馬，關係透明得很，的確挺無聊的。」

我低頭不語，對這張從小到大都撕不掉的標籤感到厭煩。

「溫仲夏該不會喜歡林若妍吧？」

「不知道。」

「妳沒問過嗎？」黃心怡戳了一下我的手臂，「暗戀對象的事，妳怎麼一問三不知啊？」

「難道我問了，他就會老實告訴我嗎？」

黃心怡側頭想了想，「確實，像溫仲夏那種心思深沉的人，要想從他嘴裡套出答案，比登天還難。」她理了理馬尾，又問：「那妳到底喜歡他什麼呀？就只是因為從小一起長大嗎？」

「他帥啊，這個理由夠充足吧？」

「妳這麼膚淺喔？」

我扯了扯唇，一時不曉得該怎麼接話。

溫仲夏的優點很多，他長得帥、品學兼優，還很會彈鋼琴。喜歡他，簡直是件極其容易的事。只是，身為青梅竹馬的我，似乎得說出更特別的理由，才顯得不那麼膚淺。

其實，喜歡一個人久了，漸漸地連喜歡的理由都說不清了，就只是喜歡他而已。

「喜歡一個人，一定要有理由嗎？」我不服氣地反問：「那妳呢？妳喜歡簡易雲什麼？」

「很多呀！」黃心怡伸出手指細數道：「我喜歡他陽光般的笑容，和偶爾害羞靦腆的神情。喜歡他留意小細節的體貼，喜歡他絕對不會已讀不回，也喜歡他每天都會和我說早安、晚安。」

「在我聽來，妳這些理由也挺表面的？」我忍不住吐槽。

黃心怡聳肩一笑，根本不在乎我怎麼想。

「不過，你們的進展眞是迅速耶！這麼快就開始曖昧，會每天說早安和晚安了喔？」我勾住她的脖子，逼她老實交代，「留意小細節的體貼？你們該不會已經單獨出去約會過了吧？」

「那不算約會啦！」黃心怡害羞地愈講愈小聲，「只是我前幾天放學，約他去學校附近的麥當勞，請教一些難解的化學習題……」

我瞇起眼，開始對她進行搔癢攻擊，「黃心怡，妳確定妳是母胎單身嗎？」

她左閃右閃地縮著躲開，三指立誓道：「眞的、眞的啦！我發誓！」

「那妳這些招數都是從哪學來的？」

「多上網查就會了呀！」

「妳簡直是做球技能點滿啊！之前的那副慫樣去哪了？」我搖頭喟嘆，「哎……這種事情，果然還是挺靠長相和天分的。」

「妳又不需要！」黃心怡笑著虧我，「妳和溫仲夏十幾年來相處在一起，近水樓臺先得月，只缺良辰吉時好不好。」

「這麼容易的話，我還需要苦惱嗎？」多年的天時地利，偏偏就是人不和啊！

一陣笑鬧後，黃心怡抓著我的手，認眞地問：「小春，妳眞的不考慮向溫仲夏表白嗎？」

我原先上揚的嘴角一滯，思忖半晌後苦笑，「如果妳是我，妳很清楚對方只把妳當朋友，而且說過很多次彼此沒有其他可能，那妳還會告白嗎？」

黃心怡想了想，拍拍我的肩膀，「嗯……妳這問題，比我買蛋糕時，糾結要買巧克力口味還是草莓口味還要難。」

傍晚，放學的鐘聲響起，教室內傳出一陣哀號，不少同學陣亡在課桌上，抱怨連連，「今天的考題也太難了吧？」

「這只是隨堂考，老師要不要這麼狠啊……」

「有讀跟沒讀一樣，早知道不讀了。」

我默默收拾東西，早就交卷的黃心怡站在走廊，半倚著教室窗台，朝我揮手催促，「小春，楊虹來了！」

我加快整理的速度，背起書包一跛一跛地走出去，楊虹見狀，皺起眉攙扶著我，「這麼嚴重啊？」

「紗布摩擦到傷口時，有點疼而已。」

「今天沒補習，要不我們送妳回家吧？」

我擺了擺手，「不用啦！妳們家住得離學校遠，又跟我家不同方向，別麻煩了。」

楊虹依然不放心，「要確定欸！」

「我又不是林黛玉，不走弱不禁風的路線。」

黃心怡的目光，忽地往我們身後飄去，笑道：「哎唷，不用我們了啦！小春自有別人送回家。」

「嗯？」

「什麼意思？」

我和楊虹一時沒能反應過來，直到聽見某人開口：「徐小春，回家了。」

黃心怡燦笑著猛朝我擠眉弄眼，楊虹則是退至黃心怡身旁，無視我眼中的求救訊號。兩人說了句再見後，便迅速跑走了。

感覺到溫仲夏的靠近，我低頭掩飾心裡的不自在，又不禁懊惱自己何必和溫仲夏鬧彆扭。

「你今天不用練琴嗎？」

「不用。」

「沒和同學相約一起複習功課？」

「沒有。」

「不去圖書館讀書嗎？」

「不去。」

「那——」

溫仲夏一手扶著我的手臂，一手扶著我的腰部，霸道地說：「走了。」

這人怎麼這樣啊！我翻著白眼，撇了下唇。

出了校門，溫仲夏領我至腳踏車停放區，掏出一把我從未見過的鑰匙，解開自行車鎖。

「你今天騎車？」

「跟同學借的。」

「為什麼？」

「載妳回家。」

「誰啊？人那麼好？」

「簡易雲。」

我的食指節滑過鼻尖，目光閃爍地故作隨口一問：「那你怎麼不送林若妍回家？」

「我為什麼要送她？」

「你不是……今天還陪她去保健室嗎？」

「那是因為她腳扭傷的時候，我剛好在旁邊，所以老師才交代我陪她去保健室。」

「她是不會叫女生朋友陪她去喲？」我嘀咕著。

顧著牽車的溫仲夏沒聽清楚，「妳說什麼？」

「沒事。」我搖頭。

他拍拍腳踏車後座，「上來。」

「你確定要載我嗎？」我挑眉，「你不能嫌我重喔！」

「妳又胖了嗎？」

「什麼叫我又胖了！」我氣呼呼地指著他，「溫仲夏，你怎麼說話的？」

「我說話一向如此。」

他勾起唇角，「小時候還能背，但現在，只能騎腳踏車了。」這個嘴巴惡毒的黑心鬼，我絕對、肯定是頭殼壞了才會喜歡他！

我不服氣地坐上後座，抱緊書包和調整位置，溫仲夏確認我坐穩後，出發前瞄了我一眼，「抓好，否則掉下去我可不管。」

「如果我掉下去，那肯定是因爲你的騎車技術太差！」我咬牙切齒地拍了一下他的背，還來不及思考要抓哪裡，他腳一踩便騎了出去。

即使我們打打鬧鬧多年，也親近慣了，但我仍會因爲溫仲夏的一些小舉動或過於靠近的距離，而感到怦然心動。

好比此刻，他騎著腳踏車，而我坐在後座拉著他的運動外套下襬，空氣中瀰漫的淡淡花香，是他們家慣用的洗衣精味道，僅僅如此，我便感到心動不已。

抵達家門時，溫仲夏見我行動不便的模樣，蹙起眉頭，「妳怎麼這麼不小心？」

「就打排球的時候沒站穩……」我驀地想起他在保健室時冷淡的態度，覺得自己有些委屈，「你也不用如此嫌棄吧？」

「我有嗎？」

「下午在保健室，你一臉不開心的樣子。」

「那是因爲妳快哭了。」

「因爲很痛啊！而且我又不是哭給你看，這樣也嫌煩嗎？」

「左右膝蓋都擦傷那麼大一片，萬一留疤怎麼辦？」他碎念：「每次都不好好走路，兩條腿都不夠妳摔。」

「誰從小到大身上沒幾道傷疤的啊？」

「但妳的腿已經夠不好看了。」

我剛才還一度以爲他是心疼我，原來是我想多了。我忿忿不平地道：「反正我怎樣都沒有林若妍好看啦！」

「跟她有什麼關係？」

我捏緊拳頭，指甲狠狠地戳進掌心，忍不住開口：「溫仲夏，你是不是喜歡林——」

「哎呀，你們回家啦？」好巧不巧，媽媽提著一袋裝滿食材的花色環保購物袋，笑吟吟地問：「仲夏，晚上來家裡吃飯嗎？」

「不用了阿姨，我只是送徐小春回來。」

媽媽這才注意到我腳上的傷，蹙眉道：「妳是怎麼回事？」

「體育課打排球時摔倒。」

「也太不小心了吧？嚴重嗎？」

「只是皮肉傷，沒什麼啦，過幾天就好了。」話落，我拿出鑰匙開鎖進門。

媽媽和溫仲夏在門外聊了幾句後才進屋，把環保購物袋放在餐桌，呼喊癱在沙發椅上的我過去幫忙。

「有沒有人性啊，妳女兒都受傷了……」

「妳腳受傷了，但手有受傷嗎？」

說不過母后大人，我只好認命地按照吩咐在流理臺前洗菜。媽媽拿起一把菜刀，準備開始料理，關心道：「傷口還疼嗎？」

我漫不經心地搖頭，「不會啊。」

「那妳爲何看起來心情不好？」

「有嗎？」

媽媽靜默了一會，試探地問：「和仲夏吵架了？」

「沒有。」怎麼全天下的人都以爲我們吵架了？

「那是失戀了？」

我無語地看向媽媽，「……沒有。」但可能快了。

「ㄚ頭，那天幫仲夏慶功的時候，妳說妳有喜歡的人，那個人眞的不是仲夏嗎？」

這句猝不及防的提問，令我頓時後頸冒汗，我開始裝忙，企圖迴避那雙敏銳的目光，卻失敗了。

「但仲夏對妳，似乎沒那個意思，對吧？」

我停下手邊的動作，做了個深呼吸，矢口否認道：「我們只是朋友而已。」

媽媽沉默了片刻才緩緩開口：「我和妳爸在考慮，等妳高中畢業，要回東部老家接手爺爺的茶鋪。妳也知道，自從妳奶奶去世後，爺爺就一個人守著老家，如今他年事已高，若我們不回去，那麼祖傳三代的茶鋪就得關門了。妳要和我們一起回去嗎？」

我關上水龍頭，原就堵在胸口的滯悶感，變得更沉重、壓迫。

我雖然胸無大志，也明白有些事情並非努力就會有好結果，況且我的課業成績落後溫仲夏太多，想考上同一所大學是不可能的，即使如此，我還是不想離他太遠，就算是在同一個城市也好。

「其實我們已經考慮很久了，只是在確定要回東部之前，一直沒告訴妳。」

「那要是我想繼續留在這裡呢？」我緊張地問：「這間房子會賣掉嗎？」

「妳想留在這裡，是因爲仲夏嗎？」媽媽態度溫和，言詞卻很直接。

「我……」

「這間房子沒有要賣。」她拿走我手中的菜盆，將裡面的水瀝乾，「我和妳爸討論過，若妳想留下也無妨，只是……」

「只是什麼？」

「妳不覺得拉開距離，會比較好嗎？」媽媽意有所指地道：「小春，人和人之間，相處久了、時間長了，難免會分不清究竟是喜歡還是習慣。我私心希望自己的寶貝女兒，不會因爲這樣青澀的情感而受到太多傷害，更何況，朝夕相處之下，想要淡忘這份感情，並不是件容易的事，唯有抽身離開，才能眞正放下。」

我想，媽媽這是在告訴我，這段青澀的感情，注定是會讓我傷心的。

「但我習慣了這裡的生活，我的朋友們也都在這裡，而且心怡和楊虹……」

我知道自己只是在找藉口，還支支吾吾，說得毫無說服力，但我就是還沒準備好和溫仲夏分開。

媽媽輕輕點了下頭，沒有強迫我馬上做出決定，微笑地安撫，「不急，妳現在才高二下，還有將近一年的時間能好好想想，也可以找時間了解一下東部的大學後再做決定，我只是想提前讓妳知道我和妳爸未來的打算而已。」

我忽然想起曾經在網路上看過的一句話——當你和喜歡的人之間沒有發展的可能時，全世界的人都會來告訴你。

從前年紀小，對於愛情的認知，只有喜不喜歡的差別，可長大以後，歲月追著青春跑，時間變得愈來愈擁擠，想法多了，有好多事情需要考量，就連單純想守著一個人的這份心情，也變得複雜了。

Secret 04

有句話說得好：「人都是有選擇了，才會變得挑剔。」

家裡收到親戚寄來的一箱玉女番茄，媽媽將部分番茄裝進兩個玻璃保鮮盒中，囑咐我今天帶去學校給溫仲夏。

我塞在課桌抽屜，拖著拖著就忘了，直到午休結束，才忽然想起這件事，傳訊息通知溫仲夏來找我拿。

「妳爲什麼不直接送去給他呀？」黃心怡問。

「憑什麼每次都是我去找他？偶爾也該輪到他來找我吧？況且，這兩盒番茄還這麼重。」

「嗯，好像有點道理。」

我單手托腮，側頭望向窗外走廊，一道熟悉的身影闖入視線，在對方託人叫黃心怡之前，我先開口道：「某人來了。」

黃心怡見我狡黠的笑容，疑惑地轉頭一看，只見神采奕奕的簡易雲，正站在班級門口。

她在同學們的起鬨聲中走出教室，從簡易雲手裡接過兩本書和一包洋芋片，又交談了幾句，黃心怡才目送他離開，坐回我旁邊的位置。

「簡易雲拿什麼給妳？」

「英文和數學的筆記。」

「哇，也太有心了吧？」我一臉羨慕地看向黃心怡，「資優班的筆記耶！該不會下次考試，妳的英文和數學都突飛猛進拿高分吧？」

「如果這樣就能拿高分，我會直接叫他把每一科筆記都借我。」黃心怡伸出食指推了一下我的額頭，「而且妳最沒資格羨慕了，資優班的第一名是妳的青梅竹馬，溫仲夏的筆記妳看得還少嗎？也不見妳成績大有進步呀！」

「妳這麼說可就冤枉我了。」我搖了搖手，「溫仲夏是不做筆記的。」

她噗哧一笑，拆開洋芋片，「吃嗎？」卡辣姆久是我們倆都愛的零食之一。

「吃。」我不客氣地拿了幾片，不忘追問進度，「欸，你們要在一起了沒？」

黃心怡低頭滑著外送APP，顧左右而言他，「晚上補習，我們要吃啥？」

「別給我轉移話題，班上一堆人關心著呢！」

她抬頭，「有什麼可關心的？」

「簡易雲在學校裡，再怎麼說也是個小有名氣的人物嘛，而且……」我咳了一聲，不曉得該不該這麼誠實，「他們都說，深入認識妳後，還沒被妳的反差給嚇跑的男生，肯定是眞愛。」

黃心怡意外地坦然接受，「這倒也是。」

「所以……」

她神祕地眨了眨眼，「再說吧！」

「什麼叫再說？」

黃心怡一邊躲著我的搔癢攻勢，一邊笑道：「至少也得等對方表白呀！」

「妳可以做球給他呀！這妳現在很拿手了。」

「不，只要對上簡易雲，我就很慫。」她用我之前說過的話堵我的嘴。

我向她豎起大拇指，無話可說。

八卦探聽不成，只能回到晚上補習要吃什麼的話題。

「咖哩飯？」我說。

「才不要！前天補習也是吃這個！」黃心怡怪叫，駁回我的提議，還逼我一起看外送APP。

我拿出手機先確認LINE，看見溫仲夏已讀未回，但我並不是那麼介意，反正他的性子就是這樣，總會抽空來找我的。

果不其然，下堂課間休息，溫仲夏出現在班級教室外。我提著保溫袋走出去，沒料到林若妍也在。

林若妍微微笑，主動向我打招呼，「嗨，小春。」

「你們怎麼……」我疑惑地看向溫仲夏。

「我們有事要去一趟學藝樓。」

「那你們怎麼不先去？」我勉強撐起一抹尷尬又不失禮貌的微笑，「拿水果這種事又不急……」

「剛好順路。」林若妍關心地問：「妳上次受的傷都好了嗎？」

「嗯，謝謝關心。」

只是傷口結痂的部分看起來有點醜，所以我最近都盡量穿長褲。真是幸好女生的制服有百褶裙和西裝褲能自由選擇，否則溫仲夏看見我的傷疤，肯定又要損我了。

出於禮貌，我反問：「妳的扭傷也好了吧？」

她點點頭，「已經沒事了。」

等我們客套地寒暄完，溫仲夏才道：「徐小春，東西呢？」

「喔對，在這裡……」我心不在焉地遞出保溫袋，沒拿穩也沒等他接好便鬆開了手，「啪啦」一聲，是玻璃破碎的聲音。

我急忙蹲下身，拉開保溫袋的拉鍊，想伸手確認，卻被溫仲夏制止。他拉住我，反倒自行伸手查看。

「怎麼樣？是不是碎了？」

溫仲夏眉頭輕蹙，收回手，「下面那盒破了。」

林若妍箭步向前，抓起他的右手腕，將掌心攤開朝上，「仲夏，你流血了。」他的食指和中指腹上有著兩道冒血的割痕。

溫仲夏掙脫林若妍的手，「沒事，小傷而已。」

「不行，我陪你去保健室擦藥吧！」林若妍的溫柔中帶著一抹堅持。

都怪我不小心，又害他受傷了……

我後退一步，見溫仲夏提起保溫袋。他像能讀懂我心思一般，淡淡地道：「不關妳的事，不用自責。妳進教室吧，我走了。」

我還寧願他像以前一樣嫌我帶衰，這樣我心裡還能好過一點。

我看了看他，又看了看林若妍，「不去保健室嗎？」

「別擔心，我會強迫他去的。」林若妍揚起的笑容，就像是在我心上壓上一顆泡過醋的石頭。

黃心怡跑來勾住我的手臂，以唇語詢問：「怎麼啦？」

我轉身走進教室，不願見到溫仲夏和林若妍成雙離去的背影。

黃心怡欲言又止地跟我回座位，「妳還好嗎？」沒過多久，她又自問自答地說：「想也知道不好，有林若妍那樣的情敵太難了。」

我懶得說話，無力地趴在桌上。

難的不是有林若妍那樣的情敵，而是我沒有和她公平競爭的資格。打從一開始，我就像是個走錯考場的學生，坐錯位子、拿錯考題，即便答案全做對了又如何？

終究是不及格。

黃心怡捏捏我的肩膀，安慰道：「我早上看星座運勢，最近水逆啦！這只是段短暫的過程，別往心裡去。」

「什麼過程？」奔赴失戀的過程嗎？

黃心怡被我問倒了，苦惱地雙手環胸沉吟，「嗯……」

我其實並不在乎答案是什麼，揮了揮手，「星座運勢都不準啦！」

那次校慶，星座運勢上明明寫著「有機會與暗戀的人更進一步」，也是因此，我才鼓起勇氣親溫仲夏，最後還不是被誤會我在撞他的牙齒。

✦

放學前，爸媽傳來訊息，說爺爺因爲跌倒而骨折了，現在人在醫院，所以他們要趕回東部老家一趟，等隔天觀察完情況，再決定是否要多待幾天，並千叮嚀萬囑咐，要我補習完別在外面閒晃。聽聞近日有可疑分子在住家附近徘徊，務必注意安全，盡快返家、鎖好門窗。

楊虹得知後非常擔心，她把隨身攜帶的小罐防狼噴霧借給我，讓我帶著防身。黃心怡也提議要維持三方通話，直到我到家。

我們一同走出補習班大樓時，一名穿著別校制服的男同學正等在門口，並在旁人的鼓勵下朝我走來。

「徐小春！」

原本還聒噪個不停的楊虹和黃心怡，瞬間噤聲，目光一致地朝男同學看去。

我手指向自己，困惑地問：「你找我？」

「對……對呀！」高出我半顆頭的男孩靦腆一笑，一手插著口袋，一手害羞地撓了撓後腦勺。

「有事？」

他難爲情地點點頭，支支吾吾地說：「之……之前我傳給妳的紙條，妳有收到對吧？」

「嗯？」我想了一下才記起，「啊，有！」

「那妳……有什麼想法嗎？」

王浩宇其實長得挺可愛的，厚厚的瀏海遮著眉毛，雙眼眼尾稍垂，如小狗般無辜，再搭配兩顆笑起來時，刻在唇頰邊的酒窩，親和力滿點。短短的幾句言談間，便能感覺到，他是個好相處的大男孩，和溫仲夏是完全不同的類型。

雖然我們補同一科，偶爾也會聽見其他同學喊他的名字，多少知道有這個人的存在，但我從來不曾像現在這般仔細地看他。

「同學，你喜歡我們小春啊？」黃心怡興致勃勃地插嘴。

王浩宇兩頰微紅，難爲情地抬手按壓頸側，沒有承認，只是小聲地對我說：「我……我其實注意妳一陣子了，那天才終於鼓起勇氣寫紙條給妳……」

楊虹偷掐了我手臂一把，以眼神示意我趕緊說點什麼。

我的視線越過王浩宇，瞥見隔了一段距離，看上去像是在爲他加油打氣的幾名同學，思考片刻後，掏出手機點開LINE，切到加好友的介面轉交給他。王浩宇立刻明白我的意思，笑著輸入自己的ID。

成爲好友後，我說：「我們之後再聊吧，別讓你朋友們久等了。」何況還有黃心怡和楊虹在場，我猜他也不好意思說太多。

王浩宇聞言，揚起燦爛的笑容點點頭，揮手告別後便小跑步折回友人身邊，和他們勾肩搭背地走了。

「小春，妳爲什麼加他啊？」等王浩宇走遠後，黃心怡問。

「他朋友都在看，拒絕的話，多沒面子。」

「妳這麼貼心喔？」

楊虹代替我回答：「不意外呀！小春平時都會同情那些被溫仲夏當面拒絕的女生。」

「也是。」黃心怡勾住我的手臂，「但妳眞的會跟他聊嗎？」

「再說吧。」我還沒想那麼多。

「有人來接小春了。」眼尖的楊虹比我們早發現某人的身影，她拉開黃心怡，指了指在一旁的街燈下，不曉得站了多久的溫仲夏。楊虹催促著我，「妳快過去吧！」

我遲遲沒有邁開腳步，溫仲夏見狀，便走了過來。

「你怎麼在這裡？」我問。

他冷冷地道：「妳說呢？」

黃心怡和楊虹交換了一記眼神，把我推向溫仲夏，「太好了！有溫仲夏送妳我們就放心了。」

楊虹咧嘴笑著，跟著附和，「快走快走，早點回去，注意安全啊！」說完，她們便丟下我，手拉手往公車站走去。

「你沒說要來。」

溫仲夏面不改色地開口：「我有。」

「你有……嗎？」我困惑地滑開手機查看，才發現有一條未讀訊息，應該是剛剛忙著和王浩宇交換LINE，所以漏掉了。

「你是特意來送我回家的？」

「不然呢？」

「天要下紅雨了嗎？」我打趣地道。

溫仲夏撇唇，「最近社區不是在傳有可疑分子出沒嗎？」

「所以你是在擔心我？」

他不置可否，把手裡拎著的牛皮紙袋塞進我懷中。然而我的注意力，卻落在他貼著OK蹦的食指和中指上，「你的傷——」

「擦過藥了。」他屈指收起，下巴朝紙袋揚了揚，「妳不看看嗎？」

「這是什麼？」我打開紙袋，往裡瞄了一眼，見透明的塑膠盒內，裝著三顆草莓大福。

「番茄的回禮。」沒等我詢問，他便開口解釋，「我媽交代的。」

在看到草莓大福的時候，我竟有那麼一瞬間，以爲是溫仲夏特地買來給我的。我藏起失落的情緒，斜眼瞪了他一眼，「替我謝謝阿姨，但這麼晚吃大福會肸。」

「妳有我媽的LINE，自己跟她說。」他就是量我沒這個膽吧。

「好，我會和阿姨道謝的。」

我走在前，安靜地想了一會兒，回頭看向緩緩跟上的溫仲夏，「草莓大福是你買的？」

那雙好看的眉眼微微挑起，似作默認。

「溫同學，下次能買點別的嗎？」我嫌棄道：「都認識這麼久了，你該不會只知道我愛吃草莓吧？」

他停下腳步，「妳以爲草莓大福很好買？」

「你沒有回答我的問題。」雖然我知道自己是笨了點，但也沒有笨到會讓他轉移話題。

溫仲夏看向前方，緩緩地邁開腳步。

原本以爲他不打算理我，結果走了幾步，他慢條斯理地念出一長串食物，「巧克力甜甜圈、糖炒栗子、冷凍過的統一布丁、波士頓派、肉桂捲、檸檬蛋糕、綠豆凸、鳳梨酥……。徐小春妳根本不愛吃正餐，只喜歡這些點心零食。」

我喜孜孜地憋笑，哼聲反駁，「誰說的？我喜歡吃咖哩飯啊！」

溫仲夏搖了搖頭，「隨便。」我又問：「那我不喜歡吃什麼，你知道嗎？」

「青椒、紅蘿蔔、絲瓜。肉類的話，不喜歡吃羊肉和魚，特別是虱目魚肚。」

「喜歡的飲料呢？」

「珍珠奶茶。」

「喜歡的顏色？」

「綠色。」

「喜歡的季節？」

「冬天。」

「喜歡的小動物？」

「兔子。」

溫仲夏全都答對了。我本來應該感到開心的，現在卻有些百感交集。

溫仲夏所知道的這一切，都是多年來，彼此相處中的累積。他明明如此懂我，卻始終看不清占據在我心裡的人。

「你不是總說懶得理我嗎？對我的喜惡了解不少嘛！」

「這是兩回事。」

我努嘴，「喔。」

「徐小春，妳問完了嗎？」

我點點頭，「幹麼？你不會是生氣了吧？」

「那換我問了？」

「可以呀！」我自信滿滿地挺起胸膛。他的所有喜好，我也都瞭若指掌，不怕被問倒。

豈料，溫仲夏只問了一句毫不相關的，「剛才那男生，是妳補習班的同學？」

「你說王浩宇嗎？」我接住他淡淡掃過來的視線，「他是商中的，跟我們不同校。」

「我看出來了。」也是，那制服那麼明顯。

「那你還想知道什麼？」我逕自地說下去：「他只是找我要LINE。」

「他喜歡妳？」

「喜歡嗎？」我認眞思考了一下，謹愼回答：「可能吧，但他沒這麼說。」

「他知道妳有喜歡的人嗎？」

「你呀？」

捕捉到溫仲夏眼底那抹乍現的錯愕時，我才驚覺自己說了什麼渾話，趕緊猛搖著手，「喔，沒有沒有，他不知道，我幹麼跟他說？他又不是我們學校的，就算說了也不知道對方是誰，況且他又沒告白，我們——」

「我又沒說什麼，妳這麼緊張幹麼？」

「我怕你誤會啊，你那麼自戀……」

「我記得妳喜歡的人姓『莊』。」

見他似乎並未起疑，我安下心點點頭，「嗯，記得就好。」

「妳既然有喜歡的人了，爲什麼還答應跟他交換LINE？」

「不行嗎？」

溫仲夏望著前方路段，步伐規律，輕聲回應：「沒有不行。」

本來我也不期待他會吃醋，只是這過於平靜的態度，未免令人心寒。

「有喜歡的人又怎麼樣？難道就不能給其他人一個機會嗎？妳知道自己在做什麼就好。」

「那你幹麼問？」

「無聊。」

我回嘴，「你無聊嗎？」

「徐小春。」他喊了我的名字，卻遲遲沒有說出下一句話。

停佇在離家不遠的街燈下，溫仲夏的神情襯著夜色，比朝日裡溫和，一雙清亮的眼眸與光輝相映，竟透出幾許溫柔。

儘管如此，他只要一張口，仍不改本色，「快高三了，與其整天想些有的沒的，不如多花點心思在學習上，我怕妳沒幾所大學能挑。」

「毒舌還眞是你的風格喔！」我強顏歡笑，「反正，你大學的唯一志願，我是肯定考不上的，讀哪裡不都一樣？」我看得很開。

溫仲夏壓根不打算安慰我，「有自知之明是好事。」

我兩手一攤地聳肩。

而他，不知是爲了哪樁事低聲嘆氣。靜默半晌，忽然伸手撫上我的髮頂，語聲溫煦，感性地說：「徐小春，大學別考得離我太遠。」

我按捺著心底泛起的悸動，打趣地道：「終於知道捨不得我了吼！」

溫仲夏勾唇，恢復一貫的模樣，「不，我是怕到時妳受委屈想找我傾訴，還得長途跋涉。」

「你就不能說點好聽的嗎？」我皺起眉頭，有點生氣，「偶爾哄哄我，是會要了你的命是不是？」

「好，我知道了。」

我撥了撥被他弄亂的長髮，「好什麼好？」

溫仲夏沒答腔，推著我走向家門，「記得打電話跟妳爸媽報平安。」

我仍惦記著剛才的話題，固執地追問：「到底好什麼好？」

溫仲夏替我帶上家門，「注意安全，晚安。」話落，留我一人獨自煩惱。

✦

高二下至高三上的日子，猶如規律地按著幻燈機上的按鈕，一幕幕幻燈片等速掠過，上課、下課、社團和補習。只有幾幕印象深刻的事件，被記載在我們除了讀書學習外，所剩不多的腦容量裡。

其中，溫仲夏就占了大半部分。

溫仲夏在準備學測之餘，出色的鋼琴演奏實力獲得眾人肯定。在準考生們被升學壓力給壓得喘不過氣，除了念書，沒有多餘心力做其他事情的非常時期，他卻屢屢參賽為校爭光，也爲自己贏得許多鋼琴獎座，這讓國內外皆有許多學校搶著邀請他入學。到了如此炙手可熱的階段，參加大考於他而言，不過是走個形式。

此外，他和林若妍的緋聞，依然在學校裡傳得沸沸揚揚。每回獲獎，他們這對緋聞CP就會被拿出來炒作，這都多虧了林若妍在百忙之中，仍不忘當個忠實觀眾，出席他每場公開賽。

隨著溫仲夏和林若妍愈走愈近，我被黃心怡揶揄，說我這是在被動地將溫仲夏拱手讓人。

但所謂人無遠慮，必有近憂。如今我之所以落得必須每日心無旁騖地複習功課、挑燈夜戰的下場，還不是因爲當初我把心思都掛在溫仲夏身上而荒廢學業，導致學習成績落後。現在想要補上落後的成績，申請到離溫仲夏的第一志願近一點的學校，就只能專注在讀書上，無暇顧及其他了。

「人家努力讀書考好大學，是爲了給自己爭取一個有前途的未來，而妳努力讀書考好大學，卻是爲了能離某人近一點。」黃心怡吸吸鼻子，替我感到心酸，「就爲了他一句話，妳就這麼拚，溫仲夏知道嗎？」

我不以爲然，「他本來就覺得我傻，還覺得我沒救了呢！」他只是不知道我爲了他，究竟還幹過多少傻事。

在最後衝刺的幾個月裡，已經設定好目標的我們，無一日睡得飽。每天睜開眼，不是埋首在各科講義習作裡，就是在參加志工活動，只爲了能把備審資料寫得更豐富、更精采。

因爲所剩的備考時間不多，所以就連晚上補習班老師放人的時間也愈來越愈晚，值得慶幸的是，溫仲夏偶爾會在溫叔叔的逼迫下接我回家。

我多麼希望他那顆聰明的腦袋，與過目不忘的本領，能分我一點，或許我就不用這麼辛苦的追進度了。

不過，即使再忙，遇到重要的日子，還是必須暫時拋開學業，大肆慶祝一下！

每年我的生日，是一年中我最受寵的日子，溫仲夏便會對我嘴下留情。

黃心怡和楊虹自前天起，就開始幫我安排行程。今年我生日正逢週六，那天只要補習到下午四點，結束後，我們剛好能一起逛街和吃飯。她們負責規畫路線，我只管享樂。

當天，她們怕人少不好玩，還特別邀請簡易雲一起。

我低頭邊回覆同學們的祝賀訊息，邊問：「為什麼是簡易雲啊？」

「溫仲夏不是會來嗎？他們好作伴啊！」黃心怡回答。

「妳不會是假借我生日之名，行約會之實吧？」我懷疑她是別有居心。

黃心怡臉頰微微發紅，「人這麼多，哪算什麼約會呀！」

她和簡易雲這對，可謂是備考時期攜手向學的最佳曖昧典範，時常泡在圖書館一起勤奮用功、努力讀書，這段日子以來，託黃心怡的福，我跟簡易雲也熟識了不少。

這時，楊虹打算透過餐廳的線上系統預先訂位，於是問起人數，「五位沒錯吧？妳確定溫仲夏會來？」

「我前天問過他，他說下午要練琴，晚上沒事。」而且近幾年來，他都沒缺席我的生日，今天溫叔叔和溫阿姨更是一早就來送禮物了。

「好，那我訂位了。」

「妳訂了什麼？」黃心怡咬著飲料吸管問。

「日式咖哩餐廳啊，小春不是喜歡吃嗎？」

我摟住楊虹，開心地歡呼，「妳最好了！」

黃心怡這才注意到我戴著新手鍊，捉住我的手腕問：「誰送的呀？潘朵拉不便宜呢！」

「這是我的生日禮物。」我得意地搖了搖，幾顆鋯石在日光燈下折射出耀眼的光芒。

「溫仲夏送的？」黃心怡一臉曖昧地眨了眨眼。

「差一點點……」我以食指和拇指比了一小短距離。

她受不了我賣關子而翻了個白眼，楊虹也隨之瞇起眼，我才趕緊說：「溫叔叔、溫阿姨送的啦！」

黃心怡笑道：「喔，原來是未來公婆送的啊！」

「妳少胡說，八字都還沒一撇呢！」

「明明就很高興。」她指了指我的臉，「還不承認。」

「我哪有不承認，我是很高興沒錯啊！」大家都這麼熟了，裝模作樣實在不符合我的風格。

我們心不在焉地聽課，好不容易等到補習班放人，便迫不及待地起身，準備前往百貨商圈附近的幾間特色小店逛逛。

王浩宇在補習班教室的門口攔住我，給了我一個繫著水藍色蝴蝶結的小方盒。

「這是什麼？」

「生日禮物。」眾目睽睽之下，他面露羞澀，有些不敢正眼看我。

「你怎麼知道今天是我的生日？」

「LINE上有通知。」

「原來如此。」我知道自己不該收他的禮物，但當眾拒絕，好像會讓他沒面子，

「你不必破費的，說聲生日快樂，送句祝福就好了。」

「小東西而已，希望妳會喜歡。」

由於電梯太擁擠，我們便沒有搭乘同一班。他在朋友們的催促中，匆匆走進電梯裡，我也趕緊在電梯門關上以前和他道謝。

「你們眞的有在聊天啊？」楊虹問：「怎麼沒聽妳提過？」

「偶爾聊。」

「我沒給他機會。」

「他告白了嗎？」

「什麼意思？」

「我說我已經有喜歡的人了。」

黃心怡瞪大雙眼，「妳跟他說妳喜歡溫仲夏喔？」

「沒有，但他知道我的意思。」

「那他還送妳禮物，是想繼續追？」

「我會再找時間還給他的。」

楊虹琢磨著盒子的大小，「我猜，這不是手鍊，就是項鍊吧？」

「那我就更不能收了。」我將禮物收進包裡，和她們一同邁入電梯。

逛了一會兒街，看時間已經六點了，我們便前往預訂的餐廳門口，準備和另外兩個人會合。

只見簡易雲隻身前來，黃心怡探頭詢問：「溫仲夏呢？你們沒一起啊？」

「他會來嗎？」簡易雲顯然還在狀況外，「我不知道耶！」

「小春，妳沒跟溫仲夏說嗎？」

「有啊，但他……」我從包裡摸出手機，發現溫仲夏已讀訊息卻沒回。

「妳要不要打電話給他？」

我點點頭，按下號碼，無奈電話響了許久，卻沒人接聽。

「反正，妳已經把餐廳地址發給他了，對吧？」楊虹拍拍我的肩，要我放寬心，「他應該等等就會自己出現了，我們先進去。」

然而，十分鐘、半小時過去了，溫仲夏還是沒有出現。

直到大家為我偷偷準備的蛋糕，被餐廳服務人員點著蠟燭端上桌，仍未見我所期待的身影，甚至連一條訊息、一通電話都沒有。

他們唱著生日快樂歌，我在滿滿的祝福聲中，許下三個願望。希望大家友誼長存、如願考上理想的大學，以及最後一個沒說出口的願望——希望能和溫仲夏永遠在一起。

我收下楊虹送的眼影盤，以及黃心怡和簡易雲合送的皮夾，揚起笑臉致謝。

他們都看得出來我在逞強，只是為了顧及我的心情不好說破。

我知道簡易雲背著我打了幾次電話給溫仲夏，但都被轉入未接來電。

慶祝會結束散場時，楊虹和黃心怡竊竊私語的古怪行為引起了我的注意，「妳們怎麼了？」

她們蓋住手機螢幕不敢給我看，迫於我的頻頻逼問，最後只好拿出來，「溫仲夏今天好像受學弟妹邀請，參加學校流行音樂社的獨立成果發表會。」

有人拍到溫仲夏在表演台上彈奏鋼琴，而林若妍出現在台下第一排觀眾席，將照片刊登在校園社群網。

難道學弟妹們的成果發表會有比我重要嗎？他明明知道今天是我的生日……

「小春，妳還好嗎？」楊虹關心地問。

沉默半晌，我搖搖頭，輕聲開口：「不早了，我們回家吧！」

「妳一定很失望吧？」黃心怡擔憂地和楊虹一左一右包圍我。

我聳肩，笑得僵硬，「這也沒辦法啊，不是嗎？」

「溫仲夏太過分了！如果不能來，好歹提前說一聲啊！」楊虹爲我抱不平，「無消無息的算什麼？」

黃心怡跟著遷怒簡易雲，「看你朋友幹的好事啦！」

簡易雲一臉無辜，「我沒聽溫仲夏說他今天要參加學弟妹的活動啊。」

「反正你們男生就沒個好東西。」黃心怡冷哼。

「小春，我們送妳回去吧？」楊虹提議。

「不用了，大家都不順路。」我爲安撫他們而展顏，「我自己回去就可以了，沒事的。」

楊虹不放心地拉住我，「妳確定嗎？」

我掙脫她的手，朝大家揮手道別，「下週見！」

然後，不等他們再開口，我就直接往捷運站的方向快速走去，深怕再被攔下，會忍不住哭出來。

我憋著滿腔情緒，一路默默回家。爸媽見我神情有異，關心地問了幾句，我刻意迴避他們的目光，多半時間都低著頭回話。

我想，最了解孩子的，莫過於父母，他們應該已經猜到我爲什麼難過，卻沒有點破，只叫我早點休息。

房間的書桌上，有媽媽貼的手寫便條紙，寫著「蛋糕在冰箱裡，生日快樂，我們的寶貝」，旁邊放著爸媽送的生日禮物。我掀開盒蓋，裡頭擺著我想要很久的側背包。

今天收到好多禮物，我本來應該要很開心的，可惜這份幸福，卻因爲溫仲夏的缺席被打了折扣。

其實他原本就沒義務陪我過生日，只是多年來都有他的參與，而我人自信地把這件事視爲理所當然。

「溫仲夏你這個討厭鬼！沒陪我過生日就算了，居然還和林若妍在一起……」

我換下外服，進浴室洗澡時，襯著蓮蓬頭的水聲偷哭了一會。

回家後，我便沒再查看手機，唯有如此，才不會再次經歷失落。

✦

隔天，我約了週日也要補習的王浩宇在樓下見面，他趁課間休息前來與我碰面。

「這個還你。」我拿出昨天收到的禮物，原封不動地歸還。他沒有接過，退了一步，神情有些受傷地望向我。

「昨天沒有拒絕，是不想讓你爲難，但這個我眞的不能收。」

「爲什麼？」王浩宇疑惑地問：「當作朋友送的也不行嗎？」

「不是不行，是這個禮物不合適。」我上前，強行把禮物塞進他手裡，「這應該是項鍊或手鍊吧？」

他點點頭，證實了我的猜測，「是項鍊。」

「我已經有喜歡的人了。」我小心地拿捏說詞，不想太傷他的心，「這條項鍊，值得一個能配戴它的女孩，不應該只是被收在抽屜裡。」

「我買的時候，沒想那麼多。」

「你沒多想，就買下這麼貴重的東西，那我就更不能收了。」

「這又沒有很貴……」

「你明白我的意思的。」禮輕情意重。

王浩宇沉默了一下，點點頭。

「我覺得你很好，當朋友很好。」

他哭笑不得，「妳是在發好人卡嗎？」

「你又沒向我告白，我幹麼發好人卡給你呢？」王浩宇因爲我的話，露出了釋懷的表情。

離開前，他叫住我，說了聲謝謝。

我想，或許我們當不成朋友，但在這個世界上，知道曾經有人欣賞自己，其實還挺開心的，就像得到某種肯定，從別人的認同中，發現自己的優點。

我踏著輕快的步伐回家，卻在家中撞見一位不速之客。

溫仲夏見我回來，懶洋洋地開口：「叔叔和阿姨剛才出去了。」

「你在這裡幹麼？」他的出現令我措手不及，一點心理準備也沒有。

「等妳。」

「等我幹麼？」

我繃著臉走過客廳，正想上樓，卻因他的話而停下腳步。

「送生日禮物。」

「我、不、稀、罕。」我一字一句說得十分用力，握著樓梯扶手，腳步躊躇。

「妳確定？」溫仲夏的聲音裡夾雜一絲笑意，令我更加煩躁。

「溫同學，我的生日已經過了。」

他知道我在鬧彆扭，手插著口袋自沙發起身，朝我走近。

我撇過頭，表現出心意已決的模樣，而他直接抓起我的手，將禮物放在我的掌心。

「這是……」LINE Friends的熊大限量公仔！這不是要用抽的嗎？他怎麼拿到的？

讀出我心裡的疑惑，他說：「不用太崇拜我，我一次就摸到了。」

「誰崇拜你了，自戀！」我壓抑著上揚的嘴角，仍是不肯這麼輕易地就饒過他，「你昨天錯過我的生日，也沒有說生日快樂。」

「沒良心的東西。」溫仲夏彈了一下我的額頭，「我有說生日快樂。」

對，我早上看手機時是有看到他的訊息，但，「都過了你才說。」

他滑開對話紀錄，讓我仔細看清楚。

「徐小春，生日快樂。」11:55pm

「你這是犯規，不算！」

「妳這是耍賴。」溫仲夏折回客廳，指了指擱在玻璃桌下的紙袋，「還不快過來。」

我端著姿態坐進沙發，接過他遞來的鞋盒，「這是什麼？」

「打開來看看不就知道了？」是一雙NB的球鞋，依照我腳的尺寸和經典色號，現在應該很難買到了。

「你——」

「別太感動，但如果眞的憋不住，也可以哭出來。」

「神經，誰要哭了！」我只是睫毛扎進眼睛裡了。

「上次來妳家，我看過妳的鞋碼沒變，應該合腳吧！」

我試了試球鞋的大小，剛好。「你怎麼買到的？」

「我自有我的辦法。」這傢伙總是這樣，說三分、藏七分。

「送鞋不好，我拿一塊錢給你。」

「哪裡不好？」

「送鞋，代表送人走、會分開的意思。」

「那是情侶之間才有的說法吧?」溫仲夏投來目光,「我們又不是。」

我收回正想從包裡尋找錢幣的手,脫下鞋,咕噥:「嗯,不用給也好,省得麻煩。」

「妳剛才去哪裡?」

「去還禮物。」

溫仲夏眉眼微挑,「妳不是挺喜歡收到生日禮物的嗎?幹麼還?」

「王浩宇送的禮物,我收不起。」

「喔,上次那個男的。」他點點頭,算是明白了,「難怪不收。」

「我是在避免誤會。」怕給王浩宇不必要的希望。

「誰會誤會?妳喜歡的人?」

我抿著唇,拒絕回答。

「他知道妳生日嗎?」

「他還放我鴿子呢……」我囁嚅。

溫仲夏沒聽清,再問了一次:「妳說什麼?」

我終於憋不住心中的疑問,質問他:「你昨天爲什麼沒來?」

「我昨天臨時受學弟妹所託,去幫忙流音社成果發表會的演奏。」

「你可以拒絕啊!」

「他們找了我的鋼琴指導老師,我很爲難。」

「那你好歹跟我說一聲。」

「我以為結束後，還來得及找妳。」

「那為什麼一句解釋都沒有？我打給你也沒接！」

「手機沒帶在身邊，等忙完已經晚了。」說到底，他就是不夠在乎我……

「那林若妍呢？」我賭氣道：「你敢說你們昨天沒見面？」

「我們見了。」他如實以告，「還聊了幾句。」

「溫仲夏！」他是故意惹我生氣的吧？

「林若妍本來就會去，她之前也是流音社的。妳這麼激動幹麼？」他都這麼說了，我還能計較什麼？難道要氣他們有緣？

我乾脆沉默，任由怒火中燒。

「我買了肉桂捲放在餐桌上，要吃嗎？」

「不要。」

「妳心情不好？」

我握著熊大公仔，雙手盤在胸前，語氣不佳，「明知故問。」

「那要吃檸檬嗎？」

「你眞的很討厭！」

對於我忽然發火，溫仲夏不痛不癢，「是我比較討厭，還是妳比較愛生氣？」

「這樣逗我有意思嗎？」

他坐進我身側的空位，半晌，緩吁口氣，淡淡地道：「只是一年沒幫妳慶生，妳就氣成這樣，那以後怎麼辦？」

「什麼意思？」

溫仲夏看著我，搖搖頭，「雖然遲了點，但生日快樂，徐小春。」

Secret 05

長大後的我們才漸漸懂得，互相喜歡的兩個人，並不一定會在一起。

日復一日，我們終於迎來大學學測，交出最後一科的試卷後，每位考生的臉上都露出如釋重負的表情，隨著人流緩慢散場，我看見心事重重的黃心怡站在樓梯口等我。

「小春，妳等等有事嗎？」

「沒有，怎麼了？」

「妳能陪我去個地方嗎？」

「妳該不會是……考差了心情不好吧？」

「不是啦！」她皺眉瞟了我一眼，嫌我烏鴉嘴，並未多做解釋，就帶著我往考場學校的側門走。

直至那道熟悉的身影出現在眼前，我煞住步伐，「欸，等等！那不是簡易雲嗎？」

黃心怡點點頭，緊張的雙手擰得跟麻花捲似的。

「你們如果是要去約會的話，我可不當電燈泡喲！」

「不是啦！」她猶豫了一會兒，苦著臉說：「昨天晚上我收到他的訊息，說今天考完後要約我碰面，有話想對我說。」

「哇！」我驚喜地摀著嘴低呼，「他該不會是要跟妳告白吧？」

大家都看得出他們互相喜歡，如今終於要開始交往了嗎？但爲什麼黃心怡看上去一點都不開心呢？

「妳怎麼了？」

「小春……我……」

黃心怡還來不及和我傾訴心中的想法，手機便傳來了震動聲，是簡易雲打來的。

我捏了捏她的肩膀給予鼓勵，感覺現在說什麼都言之過早，於是建議，「不然，妳先去赴約，我在這裡等你們聊完？」

「妳不跟我一起嗎？」

「又不知道他要說什麼，我貿然跟過去，不太好吧？」萬一去了發現簡易雲眞的是要告白，那豈不是很尷尬。

黃心怡做了幾回深呼吸，「好吧……」待穩定情緒，便走向簡易雲。

因爲隔著一段距離，我聽不見他們談話的內容，只能隱約觀察到簡易雲的神情變化，由原本的欣喜期待轉爲失望落寞。

當他抱住黃心怡的那一刻，時間彷彿於他們周身停滯，穿越了一個世紀般久遠，直至黃心怡退開他的懷抱，折返向我跑來。

背對簡易雲的她潸然淚下，我趕緊上前抱住她。

遠遠的，我與簡易雲目光相會，我從那雙同樣通紅的眼中，讀出了不捨與遺憾。

我朝他點了下頭，想告訴他，我會好好陪伴黃心怡，請他放心。他最後深深地望了黃心怡一眼，向我示意似地淺揚唇角，便轉身離去。

黃心怡哭得十分傷心，我一時半刻不曉得該如何安慰她，只能手忙腳亂地從包裡抽出幾張面紙替她拭淚，「怎麼哭了？」

「我拒絕簡易雲了……」她抽抽噎噎地道：「他向我告白，但我拒絕他了。」

「為什麼？妳不是喜歡他嗎？」

過去幾個月，大家經常相約去圖書館一起念書，我觀察他們之間的互動，自然中偶爾透著曖昧的甜蜜，挺好的，怎麼就拒絕了呢？

「但我想考南部的商科，他卻想留在北部。」

對喔，我都忘了，高一高二時，對未來還感到徬徨的黃心怡，終於在高三上立定了志向，她認眞研究過北中南大學的商學院，最後決定以南部幾所學校的企管系作為前三志願。

坦白說，在得知黃心怡的規畫時，我和楊虹也是非常不捨，但看著她終於找到了自己的目標，身為好朋友的我們，應該要為她加油、給予支持。

只是，堅固的友誼能無畏距離，可剛要由曖昧結出果實的愛情，就未必經得起考驗了。

「是因為遠距離嗎？」

「嗯……」黃心怡捏著面紙擤鼻涕，斷斷續續地說：「前陣子，簡易雲就開始有意無意地向我透露，他能接受遠距離的想法。我就知道，他已經做好在一起後，必須相隔兩地的準備。但我總是打迷糊仗，沒有正面答覆過他，因爲……我不行。」

「即使很喜歡，也不行嗎？」

「我最近都在想，若早知如此，當初我是不是就不該招惹他……」黃心怡眼眶泛紅地抓住我的手，聲淚俱下，「小春，我是不是很壞？我既然不能接受遠距離，是不是早就該跟他劃清界線會比較好？那樣的話，現在他也不至於這麼傷心了，對不對？」

我皺著眉，此刻正懊惱著自己怎麼那麼不會安慰人，要是楊虹在就好了，她比我會說話，肯定能說些什麼，讓黃心怡的心裡好過一點。

愛情不是人生的全部，這個道理任誰都懂，但在情感的驅使下，感性多於理性的時候，往往很難果斷地做到全身而退。

其實，某程度而言，我羨慕黃心怡能理性看待感情，即便在一些人眼裡，這樣的決定和拒絕很殘忍。但她只是更清楚、更理智地知道，自己現階段眞正需要的是什麼，無謂對錯。

追隨喜歡的人到天涯海角的任性，恐怕只適合發生在小說或偶像劇裡吧？生活中的我們，總是不斷地在爲現實妥協，做出取捨，或咬牙放棄心中的渴望。還得謝謝這個世界，爲青澀的我們上了寶貴的一課。

我嘆了口氣，感慨地開口：「愛情裡沒有對錯，只要當初妳喜歡簡易雲的那份心意是眞摯的，我相信他一定能感受得到，儘管傷心，等事過境遷，他一定會體諒妳的決定。」

晚間，楊虹自我們三人的聊天室群組裡得知簡易雲告白的事情後，私下撥了通電話給我。

「心怡還好嗎？」

「哭了一個下午，現在心情應該有平復一點了吧？」其實我也不是很確定，只知道我們在捷運站分開時，她眼淚都已經流乾了，一雙眼睛腫得跟核桃一樣。「但要完全釋懷，恐怕還需要更多時間。」

「從她LINE裡打的那些文字，完全感覺不出心情，哎……她就是那種特別逞強的類型。我只是沒想到，她竟然會因爲遠距離而拒絕簡易雲。我想，打從她決定申請南部大學的那一刻起，就已經做好捨棄愛情的心理準備了吧？」楊虹說。

「或許吧……」不像戀愛腦的我，爲了和溫仲夏待在一起，無論如何都要考上一間離他最近的學校，還不肯跟爸媽回東部老家。

「其實，我曾經看到她在搜尋遠距離戀愛的資料，想必她也是做過功課，想清楚後才下決定。」

楊虹開始分析，「聚少離多很難維持感情，況且他們還沒有長時間交往的基礎，進入大學後的生活多彩多姿，誘惑也很多，這些不確定的因素，每一項都很致命。所以我認爲，與其堅持在一起，不如別勉強交往，讓彼此在磨合得傷痕累累後，卻還是以分手收場。」

她輕嘆一聲，「很多人都說，不能接受遠距離，一定是因爲沒那麼喜歡對方，但仔細想想，就是因爲太喜歡，所以遠距離所帶來的痛苦，才會更加折磨。有句話不是那麼說的嗎？『不敢問他有沒有帶傘，因爲我無法到他所在之處爲他撐傘』，簡單一句話，道盡一切心酸啊！」

楊虹的見解令我佩服，「妳今天應該要在場的！妳都不曉得，看著黃心怡哭到眼淚鼻涕直流，卻不知道該怎麼安慰她，那時的我有多無力。」

「哎呀，分析別人的感情我都很會，但面對自己的，不也一樣糟糕？」

「妳確定不在畢業前向莊子維告白嗎？」

「不是所有喜歡，都非得說出口，在心裡讓這段暗戀隨著畢業謝幕，也是種悼念青春的方式。」楊虹笑嘆，瀟灑地道：「既然知道莊子維不會喜歡我，又何必說出來徒增他的困擾呢？」

「那這次學測，妳感覺怎麼樣？有機會上C大嗎？」我問。

「因爲太緊張有點失常，但我盡力了，就算上不了C大也沒辦法，只好委屈一點，跟妳一起嘍！」

「妳什麼意思……」我忍不住翻了個白眼，可憐兮兮地道：「我一定是做人太失敗，兩個好閨密，一個要拋棄我去南部讀書，一個可能會跟我同校，卻說自己委屈。」

電話那頭傳來一陣笑聲，楊虹挖苦我，「妳還有溫仲夏呀！」

「他喔？」我搖頭，「算了吧，他沒竭盡所能地氣死我就已經很不錯了。」

當時的我還不知道，在這段轉瞬即逝的青春中，我們不僅誰都沒能鼓起勇氣向喜歡的對象告白，更隨著高中畢業，各自爲初識情愁的暗戀畫下句點。

✦

學測成績比預期高分，我也算是不辜負那段勤勉向學的艱苦時光了。大學申請告一段落後，黃心怡、楊虹和我，都順利通過第二階段的面試，能夠一路悠閒到九月開學。

黃心怡如願以償地申請上第一志願，楊虹雖然沒考上C大，但未來四年能繼續和我當同校又同系的同學，也是可喜可賀。

自高三下學期起，赴全國各地參加鋼琴比賽的溫仲夏變得更加忙碌，在學校裡時常神龍見首不見尾，就連我這個兩家熟得要命的青梅竹馬，想要見他一面都不容易。彈鋼琴一直是溫仲夏熱衷的事情，能在喜歡的領域發光發熱，我也很為他開心。

我甚至還想，趁著溫仲夏忙碌的這段時間裡，和黃心怡好好享受最後的高中生活，創造更多的在校回憶，畢竟升大學後，我們就要南北相隔，不能經常相聚。

但我沒想到，人和人之間的規畫，從來都不是單方面的，我所期待的未來，隨時都有可能因為其他人的不同決定而發生變化。

溫叔叔告訴我，經過家庭會議討論後，溫仲夏改變原本的升學計畫，決定出國留學，他已經收到美國一所知名音樂學院的錄取通知，近期也完成了托福和SAT的考試。

得知消息後，週末，一早黃心怡就奪命連環call，強勢地將我從睡夢中吵醒，「徐小春！現在是睡覺的時候嗎？」

聽見她猶如開了擴音般的高分貝吼叫，我睡眼惺忪地拿遠手機，瞥見十幾通未接來電，我哀怨道：「妳在週六早上狂打電話、吵我睡覺，最好是有什麼緊急的事情，否則改天就換我半夜叫妳起床尿尿。」

黃心怡在電話那頭驚嘆，「徐小春，妳怎麼還睡得著呀？」

「不然呢？」我揉掉眼屎，打了一個呵欠，「溫仲夏都收到錄取通知了，他的未來也不是我能決定的。」哭也哭過了，事情都已發展至此，我又能如何？難道我眞的要成爲他人生中的絆腳石，一哭二鬧三上吊，威脅他不許去？

「妳居然以爲我在跟妳說這個？」黃心怡在電話那頭怪叫，「天啊，我以爲妳已經知道了。」

「知道什麼事？」我心情不好又睡不飽，開始有點不耐煩了。

「溫仲夏和林若妍交往了！」

整整十八年的人生中，這一刻，我徹底體會到何謂「晴天霹靂」。

外頭的好天氣，透過薄紗窗簾引入一室明亮，然而，我的腦門卻像被雷給劈了般。

「妳說什麼？」

「這麼重要的事情，溫仲夏居然沒第一時間跟妳說嗎？難怪妳還睡得著。他倆昨天在一起的，學校的各大八卦群組都傳遍了……」

黃心怡接下來的話，都像噪音般在我耳邊嗡嗡作響，運送不進大腦裡，「我就跟妳說過，他們越走越近遲早會出事。妳還在那邊說什麼溫仲夏不會那麼容易被攻下……」

呼吸困難的我，一度以爲自己的心臟也要跟著停擺，隱約間只記得自己跟黃心怡說「我晚點再打給妳」，便結束了這通電話。

點開和溫仲夏的聊天室，我顫抖地打下幾串文字，又反覆刪了幾回，最後發送的訊息，只剩下一句簡短的問話。

「你今天有空嗎？」

「今天要練琴到四點。」

「那五點在超市附近的公園見。」

「好。」

我猜，溫仲夏大概已經知道我找他的原因，所以很快就答應邀約。

「如果哪天我對誰心動了，會第一個告訴妳。」

溫仲夏這個大騙子。

豔陽高照的上午，灰濛陰鬱的午後，大雨淋漓的傍晚，這一日的氣候，比我的心情轉折更戲劇化。

我站在公園涼亭等待，五點一刻，溫仲夏自雨幕中緩步而至。手中那把藏青色的摺疊傘，是高一時他冒雨跑到附近的便利商店臨時買的。那天他陪我去嘗鮮新開幕的甜點店，午後的雷陣雨卻下得讓我們措手不及。

溫仲夏走進涼亭，他說話的聲音幾乎隱沒在雨聲裡，「練琴耽誤了一點時間。」

「我知道。」半小時前他傳訊息說會遲到，是我早到了。

溫仲夏的目光由下至上掃了我一遍，最後停留在我溼漉漉的頭髮，他從口袋掏出面紙，在我髮尾幾處滴水的地方壓了壓，「徐小春，妳連傘都不會撐嗎？」

「雨太大了。」

「下雨就別約外面，我可以去妳家。」

我抽走他手中的面紙，「我自己來吧。」

溫仲夏逐漸暗下的目光比滂沱的雨勢更令我心顫，幾秒間短暫的沉默，足以教我喘不過氣。

「妳有什麼事——」

「你和林若妍交往了？」沒想到這句疑問，竟比想像中容易說出口。

「妳知道了？」他的語氣淡然，彷彿這並不是什麼大事。

「大概很多人都知道了。」

溫仲夏點了點頭，「我想也是。」

我對他的反應感到有些上火，「溫仲夏，我說了這麼多，你卻只回我四個字，有意思嗎？你爲什麼沒有第一時間告訴我？」

溫仲夏緩緩開口：「我記得我說的是，如果哪天我對誰心動了，會第一個告訴妳。」

「那不就是林若妍嗎？」

「關於這點，我並不那麼確定。」

「什麼意思？」我怎麼越聽越糊塗？

溫仲夏垂下目光，臉上的表情像是在思考著該怎麼向我解釋。

「你如果沒對她心動，爲什麼要答應和她交往？」兩個人之間交往與否，不是應該建立在雙方心意相通的基礎上嗎？至少我是這麼認爲的。

「一定要喜歡一個人，才能和對方交往嗎？」

「你到底在說什麼？」

「林若妍是個不錯的對象，各方面也令人欣賞，我覺得感情是可以慢慢培養的，所以試試看。」

「只是因爲這樣？」

「還需要別的理由嗎？」他淡淡地說：「大家都說我們很登對，我也不討厭她。」

「你怎麼能這麼隨便地看待感情？」我眞的無法理解，他到底在想什麼？

溫仲夏神態如常，回話的情緒很是平靜，「妳不覺得，妳應該接受每個人看待感情的不同觀點嗎？」

「那我算什麼？」

「我們是朋友。」

「我……」

「妳已經有喜歡的人了。」

我百口莫辯，若要解釋，勢必會牽扯太多。事到如今，他誤會與否似乎也不那麼重要了。

我逼自己冷靜，顫抖地呼出一口氣，「你要怎麼和林若妍培養感情？你都要出國讀書了不是嗎？」

「她不介意遠距離。」

「你也是嗎？」

「嗯。」

是因爲感情不深，所以才無所謂，還是他眞的能做到成熟地經營一段遠距離戀愛？

「那我呢？」現在想來，他那句要我別考得離他太遠，或許只是隨口說說，但我卻爲了那一句話，不分晝夜地學習，像個傻子一樣。

溫仲夏走向我，伸手抹去我眼角的溼熱，我竟連自己什麼時候哭了都不曉得。

「徐小春，即使我不在身邊，妳也會好好的吧？」

「你根本巴不得和我分開。」我別過頭，「從小到大，你總說我是你的冤親債主，是生來剋你的，害你很倒楣。」所以才不喜歡我。

溫仲夏輕笑出聲，「確實，所以這世界上，大概沒人會比我更習慣妳了。」

我握起拳頭無力地揍了他一拳，「就連你要出國，都是溫叔叔告訴我的。溫仲夏，你這個混蛋！」

「妳那時候在努力拚學測，我不想影響妳，而且，我只是想等考完、放榜後，再找個時間好好告訴妳，沒想到我爸卻先說了。」

「早知道你要出國，我何必那麼拚命？」

溫仲夏彈了一下我的額頭，「那是妳自己的未來，怎麼能說是爲了我呢？」

我若是努力想達成某個目標，那肯定是因爲他，這麼多年了，難道他一點都不懂嗎？

「溫仲夏，你一定要出國嗎？」

許是終於察覺我眼底流露的不捨，溫仲夏按住我的肩膀，難得溫柔，「徐小春，人長大了遲早會分開。我申請上的美國音樂學院，有一流的師資和豐富的資源，對我未來的目標大有助益。妳難道不為我開心嗎？」

我哽咽，沙啞地道：「這段話，你留著和林若妍說吧！」

「她不用我說就懂了。」

我不甘心地吸了吸鼻子，「是啊，難怪你選擇她。」

「妳也會支持我的，對吧？」

「從你嘴裡問出這麼感性的話，很噁心。」

「別哭了，妳已經夠醜了。」溫仲夏捏住我的鼻子，我氣到用力推了他幾把。

「醜也不關你的事！」從現在開始，我要每天詛咒他跟林若妍早日因為遠距離分手！

「徐小春，妳還是一樣幼稚。」

或許是因為想到我們快分開了，溫仲夏今天對我特別有耐性，在幾句玩笑話和言談間，可以感覺到他想哄我，但我不領情，撇下他，逕自離開涼亭步入雨中。

溫仲夏很快地追上，右手撐著自己的傘，左手拿著我的，氣急敗壞地道：「妳幹麼不撐傘就跑出去？萬一淋溼了感冒怎麼辦！」

「我就想淋雨不行嗎？」這樣一來，便分不清臉上的是雨還是淚，我也才有勇氣在他面前放肆哭泣。

「妳以前心情不好不是都吃檸檬嗎？」溫仲夏拉起我的手，「走，我帶妳去買。」

我甩開他的手，激動地說：「溫仲夏，我說過了！以後吃檸檬這種事，只有男朋友才能陪我做！」

「那我帶妳去買，不陪妳吃，不行嗎？」

「我不要！」

「那妳到底要什麼？」我要你在我身邊！

淚水模糊了我的視線，我面向站在傘下的他，卻看不清那張俊逸臉龐上的表情，「我要你陪我淋雨回家。」我終究是沒能說出眞心話。

「爲什麼？」

「就當是你騙了我的懲罰。」

「我騙了妳什麼？」

「你說過，要我大學別考得離你太遠，我那麼努力，你卻丟下我。無論你是不是爲我好，都算是騙了我。」

身爲朋友的我，有什麼資格要求他捨去理想，爲我留下？何況，如今他的身邊已有了別人。

溫仲夏猶豫幾秒後，收起傘，與我一同站在大雨中。雨水瞬間浸溼他一身，此刻的我們，終於看起來一樣的狼狽。

從認識的那一日起，我們就沒分開過，我以爲自己的暗戀總有一天會開花結果，豈料，卻是以這樣的方式被迫結束。

「走吧，我送妳回家。」

溫仲夏握住我的手腕，一路往家的方向前進，沿途未曾放手。這回，他力氣大得讓我掙脫不開。

淚水不斷落下，幸好有這場大雨，才不至於讓溫仲夏看穿我的傷心難過。

現在的我，眞的好想趕快回家，獨自痛哭一場。

✦

那天陪我淋雨後，溫仲夏得了一場重感冒。

連日來不眠不休地練琴，令他免疫力下降，再加上風吹雨淋，回家不久，便開始感到喉嚨不適。高燒了幾天，被重感冒折磨到不行，還得向學校請病假。

爸媽得知後把我訓斥了一頓，說全國鋼琴比賽在即，溫仲夏卻因爲生病好幾天都不能練習，萬一比賽成績不佳，都是我的任性害的。但溫叔叔、溫阿姨卻沒有責怪我，只是擔心我去探望溫仲夏會被傳染，所以在他生病期間，我們都沒有見面，僅以通訊軟體聯絡。

「你感冒還好嗎？」

「不好，可能會燒到變白痴。」

「這麼嚴重嗎？」

「妳說呢？」

「對不起喔，我又害到你了……」

「算了，我習慣了。果然笨蛋不會感冒，否則同樣淋雨，妳怎麼一點事也沒有？」

「你希望我也生病嗎？」

「算了，妳還是好好的吧！」

「溫仲夏，全國鋼琴比賽……你會拿冠軍的，對吧？」

「妳希望我得冠軍嗎？」

「除了冠軍，我也不知道還有什麼名次適合你。」

「好，知道了。」

「知道什麼？」

「我會拿冠軍的。我怕不拿冠軍，妳會自責……如果，妳還有點良心的話。」

「林若妍應該很擔心你吧？她有去探望你嗎？」

「她又不是醫生，來幹麼？」

「你這個男友眞的很不行。但也是我的錯，你們才剛交往，就因爲我害你感冒而見不到面。」

「就算我沒感冒，我們也沒什麼時間見面。」

「爲什麼？」

「練琴和比賽，我很忙。」

「喔。」

「而且她也該習慣，畢竟未來要遠距離。」

我曾經想像過和溫仲夏交往的模樣，但沒想過他會是如此冷漠的風格。忽然不確定，該不該羨慕林若妍了……

「我覺得，妳能平心靜氣地跟溫仲夏討論林若妍，是件非常不容易的事。」三方通話裡，黃心怡說。

「同意。」楊虹附和。

「不然呢？」我仰躺在床，望著白漆的天花板輕嘆，「反正遲早都要接受事實，人是會習慣的生物，多聊幾次就會麻痺了吧？」

「妳倒是看得很開。」

「看不開又能怎樣？」上星期整個週末，我幾乎都悶在被子裡大哭，也吃不下任何東西，只要聽見失戀情歌就想哭，提到溫仲夏的名字更想哭，覺得這就是世界末日，結果呢？再怎麼心碎，世界依然在運轉，日子還是得過。我現在唯一的願望，就是希望這段情傷能修復得快一些。

「都說忘記一個人，要花比喜歡一個人多三倍的時間。」楊虹在電話那頭淡淡地說：「照這話來推測，小春喜歡溫仲夏那麼久，等忘掉他，不就已經是中年婦女了？」

「徐小春變成中年婦女？」黃心怡沉默半晌，嫌棄地道：「天啊，我要起雞皮疙瘩了，好難想像喔！」

「能不能別再討論我了！請尊重一下剛失戀的人好嗎？」

「好呀，那心怡最近和簡易雲還有聯絡嗎？」楊虹換個人提問。

「有啊！但就……慢慢淡掉吧。」

「妳捨得？」

「正因為現在就捨不得了，所以若是遠距離肯定更難受。」黃心怡嘆道：「他會遇到比我更好的女孩的。」

「或者，他也可以等妳四年？」

黃心怡搖頭，「拜託，就算簡易雲眞的願意等我四年，那也不是愛情了，只是執著罷了。」

我揶揄，「喲！黃心怡，妳說話怎麼變得跟楊虹一樣老成了？」

「呿！就妳長不大吧！」

「小春要怎麼長大？」楊虹跟著笑，「從小到大，她都有溫仲夏照顧呢！」

黃心怡哼聲，「以後就沒有了。」

「照顧？他也沒做到那種程度吧……」

「是嗎？」黃心怡故意地鬧，「讓我數數喔，溫仲夏為闖禍的妳擦了幾次屁股——」

「好啦、好啦！我承認還不行嗎？」

「別得了便宜還賣乖，溫仲夏其實對妳很不錯了。」

「要好好珍惜最後能相處的時光。」楊虹提醒，「他出國後，一定會變得更忙，美國那麼長的時差，要聯絡也不容易。」

我一直都很珍惜的，畢竟，十幾年的青梅竹馬，從來就不是順理成章，而是有一個在這段關係中不肯放棄的人，拉著對方年復一年地走過漫長的青春歲月。

結果我們都忘了，會好好珍惜時間和溫仲夏相處的人不只有我，還有林若妍。

他們是男女朋友，所以溫仲夏有空，應該是先陪她，而不是我。雖說痛久了就會麻痺，但我也不可能明知會痛，還硬加入他們來個三人行吧？

時光荏苒，我們畢業了。

畢業典禮這天，晴空萬里。溫仲夏頂著全國鋼琴比賽冠軍，以及在校成績第一名的光環畢業，風風光光地站在戶外的典禮台上代表畢業生致詞。而我坐在台下，看著他一顰一笑，說著官腔到不行的致詞內容，我一個字也沒聽進去，倒是回憶起我們相處的點點滴滴。

禮成後，林若妍帶著她的家人，緊跟著溫家，不給人任何喘息的空間。

爸媽從我的言行間，察覺我有意迴避，便心照不宣地陪在我身旁，多半時間都在和黃心怡、楊虹，以及她們的家人寒暄聊天。

簡易雲送黃心怡一幅相框當作畢業禮物，裡頭裝著他們唯一的一張合照，那是某次大家一起去圖書館讀書時，我幫他們拍的。

黃心怡在拆開禮物的當下就哭了，簡易雲大方地給了她一個擁抱，謝謝她在高中生活的尾聲留給他美好回憶。這份禮物，就當作一份紀念，希望她記得，他們曾經喜歡過對方，即使沒能牽手，也好好說了再見。

溫叔叔撇下人群，手裡捧著一束鮮花單獨來找我，他說那是他和溫阿姨的心意，祝我畢業快樂。

隨後出現的溫仲夏，身旁依舊有林若妍跟著，不願虛與委蛇的我，匆匆致謝後，便假藉其他事由先行離去，留下爸媽代爲應對。

我避開人群，獨自在校園裡漫無目的地散步，每經過一處熟悉的地點，回憶便湧上心頭。沿著路徑向前，告白亭的紅簷灰柱落入眼底，亭下佇立著一道孤寂的身影。

背對著我的男孩，隨著我趨近的腳步聲回頭。

和莊子維四目相接的那一刻，我們同時露出訝然之色。

「你……」

「妳和人有約？」

我愣了愣，搖頭，「沒有，只是路過。」

斯文的臉龐，換上一抹輕鬆的淺笑，「每年的畢業典禮都不過如此，很無聊吧？」

「以後就會懷念了。」

「或許吧！」莊子維聳肩一笑，頓了頓問：「妳曾經……想過在這裡跟某個人告白嗎？」

「想過。」我如實道。

見他那副了然於心的模樣，爲了避免他繼續追問，我決定把話題帶到他身上，「你剛剛是在這裡向某個女生表白？」

「嗯……」他耐人尋味地沉吟，「恰好相反。」

「有人跟你告白？」

他的表情有些哭笑不得，「很意外嗎？」

「該不會是楊虹吧……」我低喃。

「我們班的楊虹？」耳尖的莊子維挑眉，面露疑惑，「爲什麼是她？」

驚覺失言，我連忙緊張地搖頭改口，「沒有沒有，是我搞錯了！那、那你是拒絕了誰？」

他失笑，「同學，妳很八卦？」

「哪有？」我尷尬地撓了撓鼻尖，「其實，我也沒有很想知道……」只是一時情急所以唐突了。

莊子維安靜地看著我，一會，忽然笑出聲。

「你笑什麼？」

「妳不覺得我們剛才的對話，很有意思嗎？」

我歪頭想了想，「有嗎？」這人怎麼有點奇怪？

「妳是徐小春，對吧？」

「對。」我揚眉，「你記得我？」

「蘇晴說過，妳是補習班同學。」難怪他會跟我多聊幾句。

「那不是好久以前了嗎？你還記得？」

「我們偶爾會在補習班搭同一班電梯，在學校的福利社、補習班附近的便利商店也偶遇過，只是妳都沒注意到而已。」

「可能是我神經比較大條吧？」畢竟我把所有的細膩，都給了另一個人，騰不出位置留意其他了。

「又或者，是因爲妳眼裡看不見其他人。」說中我心事的莊子維莞爾一笑，望向出現在不遠處，正朝我們的方向投以視線的人，「他是來找妳的？」

我轉頭看了一眼，搖搖頭，「我不知道。」

「我聽說你們是青梅竹馬。」

「整個高中部還有人不知道這件事嗎？」同學們整天唉聲嘆氣地抱怨課業壓力大，但八卦消息倒是都沒少聽。

「你們感情一定很好吧？」

「哪方面的感情？」

他愣了一下，輕揚唇角，「除了友誼，難道還有其他？」

「這倒是沒有……」

莊子維瞇起雙眼，「我看，我還是趕緊離開好了，免得被誤會。」他走沒幾步，又回過身，「徐小春。」

「嗯？」

「畢業快樂。」話落，他向擦肩而過的溫仲夏禮貌性地點了下頭。

「他是誰？」溫仲夏問。

「莊子維，和我同一間補習班的。」

「他姓『莊』？」

我看著他困惑的表情，就知道他恐怕是誤會了，不過無妨，反正我們之間早有太多事說不清。

「對，怎麼了嗎？」

「妳告白了？」

原來他知道這裡是告白亭，我還以爲全校就他不把這裡當一回事。

「我——」

他問完，卻沒等我回答，又接著面不改色地道：「徐小春，妳這陣子是不是在故意躲我？」

我抿了下唇，咧開心虛的笑容，「哪有？我幹麼躲你？」

「我以爲，我快出國了，妳至少會有點捨不得。」

「有那麼多人捨不得你，還缺我一個嗎？」我故作大方，「況且，你也得多花點時間陪陪林若妍，不是嗎？」

「她知道我們是朋友。」

「我們的確是呀！但尊重你女友，還是保持點距離比較好。」

溫仲夏直直地看著我，似乎是想了解我內心眞實的想法。我太清楚自己不是說謊的料，根本騙不過他，所以那句話，不僅是對他說，也是在對我自己說。

「我聽叔叔阿姨說，他們會搬回東部老家接手茶鋪，所以以後北部這裡，就只有妳一個人住了。」

「對呀。」

「妳這耐不住寂寞的個性，受得了嗎？」

「人都是要學習長大的嘛！」

「如果孤單，可以打給我。」

「溫同學，我們有十幾個小時的時差耶！」

「無所謂。」

「你有空還是多陪陪林若妍吧，別擔心我。」我笑著拒絕，「再說，就算眞的覺得孤單，我還有其他朋友啊！遠水救不了近火，你沒聽過這句話嗎？」

溫仲夏靜默了一陣，問道：「徐小春，妳是不是很介意林若妍？」

我收起笑容，想迴避他的目光，卻擔心會被解讀成心虛，於是我說：「溫仲夏，我喜歡你。」

清澈的瞳仁，瞬間染上一層無措，跟我預期的反應差不多。

我自圓其說，「如果我不喜歡你，我們也當不了這麼久的朋友，對吧？」

「什麼意思？」聰明如他，第一次看上去那麼困惑。

我淺淺一笑，將雙手置於身後，緊握的拳頭，像掐著自己的心臟，還強迫自己必須一派輕鬆，「朋友之間的喜歡啦！溫仲夏，你是不是緊張了？」

溫仲夏鬆了口氣，走上前，冷不防地伸手彈了一下我的額頭，「這種喜歡，就不用說了吧！」

「爲什麼？」

他抬手揉亂我的頭髮，「笨蛋。」

花香拂面，面容上的暖意淡淡地盤旋在嘴角，而他的每一個動作，都毫無遺漏地落入我的眼底。

這一次，我遂了自己的心願，把多年來藏起的心意，換個方式向他坦白，然後隨著畢業一同埋葬。

「仲夏！」林若妍捧著兩束花小跑步來。

微風掠髮，溫仲夏替她把被風吹亂的髮絡勾回耳後，「急什麼？」

「班導找你，說想介紹一位音樂學院的教授給你認識。」

他點頭回應：「知道了。」

林若妍轉身，騰出一隻手，親切地握了一下我的手腕，「小春，我們改天約出去吃飯吧？」

「好啊。」她的提議，我就當作是客套答應了，畢竟少了溫仲夏，我們之間，並沒有要好到會相約出去的程度，她想在溫仲夏面前表現得像個落落大方的女友，我沒必要拆穿她。

「仲夏，我們走吧？」林若妍看似自然地勾住溫仲夏的手臂，但我知道，她是故意這麼做的。

溫仲夏淺揚唇角，與我目光交會，「徐小春，改天見。」

「改天見。」

我曾經想過，爲了喜歡溫仲夏，自己能放棄矜持、卸下驕傲，即便低到塵埃裡也甘之如飴。但在朋友的這層關係裡，我所有的委身終究是毫無意義。

我也很清楚，比起詛咒他早日和林若妍分手，其實我更需要的是徹底放下，如此一來，在往後沒有他的日子裡，我才能謹守自己該待的位置，試著去尋找其他幸福的可能……

✦

溫仲夏出國那天，我沒去機場送他。

登機前，我們透過LINE小聊了一會。他難得主動說想打給我，卻被我以經痛爲由拒絕了，因爲我怕聽見他的聲音會忍不住想哭。

「溫仲夏，我們會一直是朋友，對吧？」

「會，只要妳需要我，我就會在。」

「即使你不在我身邊，也一樣嗎？」

「嗯。」

從小到大，他不曾向我承諾過什麼，卻在我們即將分隔兩地後，突然對我這麼好，這不存心教人難過嗎？

「好，我知道了。」

「徐小春……妳該不會是在偷哭吧？」

聊天室介面上的字句，在我眼前模糊成一片。

「有什麼好哭的，你又不是不回來了。」

送出這則訊息後，我摀著嘴抽抽噎噎地哭個不停，即使他聽不見，我也不敢放肆地哭出聲。

「徐小春，改天見。」

一如畢業那日，我們最後說的話。

我驀然想起一首歌，打開手機從YouTube上搜尋並播放。演唱者溫暖動人的嗓音繚繞，深深牽動著我內心洶湧翻騰的情緒。

我們不討論的關係　很接近卻不是愛情
擁有無數交集　要丟棄太可惜
我演的恨　眞不誠懇
你最清楚　我是怎樣的人

我們不說破的關係　很微妙卻不是愛情
容許這種維繫　是我不夠爭氣
一再追問何其愚笨　我也清楚你是怎樣的人

沒人不羨慕的關係　只是沒結局的續集
爲什麼太熟悉　反而變成距離
觸不到的戀人　化身摯友也像搪塞

你明知道我　不會等到卻放任我等
〈摯友〉A-Lin

我們不說再見，因爲身爲朋友，永遠不用眞正道別。
所以，溫仲夏，我們——
改天見。

Secret 06

暗戀到了最後，就是從騙人，到自欺欺人，嘴上說著想放棄，其實心裡一直在等。

拉著幾個好友在校園裡走得飛快，刻意繞路到某個地方，一走到喜歡的人附近，便放慢腳步，只爲了能待在對方周圍久一點，你曾經像個傻瓜般這樣做過嗎？

每一回的假裝經過、不期而遇，背後都隱藏著痴心無悔的等候。

爲了喜歡的那個人，你決定改喝某一款飲料，或固定去某一間餐廳，點著相同的餐點，還會爲一些不足掛齒的小事暗自竊喜，覺得自己又離他更近一些。

甚至因爲他只在晴天出現，而開始討厭陰天。看似漫無目的地在學校各處遊蕩，實則期盼著能見他一面就好了，哪怕只是擦肩而過。

自從喜歡上某個人後，你變得愈來愈不像自己，或許會有些不甘心，可更多的是樂此不疲。

這樣的單戀之所以持續，是因爲對於愛情依然抱持著美好的期待，幻想著哪天對方一轉身，就會發現站在燈火闌珊處的你。

但追逐喜歡的人，就像一場RPG遊戲，你可能會因爲始終破不了關而選擇放棄，或者堅持突破所有關卡最終獲得勝利。

對於玩遊戲，人都是愈年輕愈起勁，有些人執著在同一款遊戲，有些人嘗試各種不同類型。

我屬於前者，卻在執著了十幾年後，因爲破不了關而選擇放棄。

✦

溫仲夏出國後，時間猶如被風吹動的書頁，快得來不及閱覽細節。

我升上大學，爸媽就回東部接手茶鋪了，忽然多出許多一個人的時間。爲了讓生活過得更充實，同時減輕爸媽的家計負擔，我和楊虹一起在學校附近的麵包店打工，一週安排二到三天的工作，其餘的時間，則用來應付課業、參加社團和一些系上的聯誼活動。

每隔幾天，我便會收到溫仲夏的訊息，如往常般熟稔的普通對話，卻無法令我們的心似過去般貼近。

「離開熟悉的環境後，發現世界之大，厲害的人很多，我開始對自己有點失望了。」電話那頭，溫仲夏輕嘆道，語氣像個老人。

見不著他的面，我無法準確地感受他此刻的情緒，只能竭盡所能地說些安慰的話，「你已經比世界上九九％的人都優秀了，這樣想會不會好點？」

「我最大的敵人是自己。」

我笑了笑，「要超越你自己，當然不容易。」

「爲什麼？」

「因爲你已經很棒了。」我記憶裡的溫仲夏很少示弱，一旦他開口傾訴，通常都已經累積了不少壓力。

「妳最近好嗎？大學生活過得如何？」

「多虧有楊虹在身邊，感覺一切如舊。」

「別太想我。」

「我不想你。」我漫不經心地說：「留給林若妍想你就好。」

「她說下個月中要來看我在洛杉磯的公開賽。」

「是嗎……你這麼忙，讓王翔哥多照顧她一點吧！」

赴美前，溫仲夏就被簽進一間跨國音樂公司，準備在課餘時赴世界各地參加比賽。溫叔叔因爲不放心，所以透過關係，向公司要求爲溫仲夏特別安排一位知名的專業經紀人，負責打理溫仲夏所有的通告活動、演出規畫和生活。

王翔雖然才大我們七歲，但已具備十分豐富的見聞和培育新人的經驗。以溫仲夏腹黑又難搞的個性，年長的王翔能應付得了，還逐漸與他培養出感情和一定的默契，確實不容易。

「妳也都知道我的行程，對吧？」

「嗯。」偶爾，王翔會發給我溫仲夏的活動行程，我沒問過他原因，也沒拒絕過。

我把行程存在手機裡，卻很少點開來看。

電話那端傳來王翔的聲音，我知道溫仲夏又要開始忙了，於是道：「我們改天聊。」

「等等。」

我將手機貼回耳邊，「怎麼了？」

「公開賽前，我會趁空檔回國三天處理點事。」頓了頓，他又說：「等結束後，我去找妳。」

這是他出國後第一次回來，時間真的過得挺快的，我拿起擺在書桌上的月曆，翻到前個月，看著一排排整齊劃一的格子裡，被打上一個又一個叉叉。從什麼時候開始，我不再數著沒有溫仲夏的日子、不再做記號。

「好啊！」

但有些事就是這麼折磨人，當你快養成一種習慣時，又總會被無情地打亂。

我在溫仲夏念出的回國日期上做標記，心中隱約升起久別重逢的期待。

等待的日子，以安穩的方式推進著，直到一場風雲驟變的噩耗，如惡浪般朝我襲捲而來。

✦

「謝謝光臨！」

送走值班期間的最後一位客人，我脫下圍裙走進內場，向準備交班的同事道：「晚上就交給妳嘍！」

她整理著儀容，點點頭，出去外場前，忽然停下腳步，「小春，剛剛……應該是妳的手機一直在震動，感覺很急。」

「是嗎？」我背起包包，從裡頭掏出手機，發現有五通未接來電，包含陌生號碼、爸爸和溫阿姨。

困惑的我回撥給爸爸，一邊走出麵包店，電話轉入語音信箱。正當我準備改打給溫阿姨時，就收到她發來的訊息——

「小春，妳媽媽出事了，妳可能要盡快去東部老家一趟。」

看到這段話的我呼吸一窒，滿心慌亂得連家都沒回，就搭上往火車站的捷運，買了最近一班直達列車的票。

三個多小時的路程中，我終於聯繫上爸爸，卻收到了媽媽的噩耗。

握著手機的雙手顫抖不已，在座位上嗚咽哭泣的我，嚇到了鄰座的女乘客，她遲疑地遞出面紙，怕這冒昧的善意，會令我心生戒備。

我哽聲道謝，拿面紙壓住眼睛，淚水很快地沾溼一片。

女孩乾脆把整包面紙輕放在我腿上，然後體貼地把頭轉向車窗，全程皆不發一語。下火車前，我再度向她致謝，便著急地往出口奔去。

明明昨天才和媽媽通過電話，她溫暖的嗓音和笑語言猶在耳，說再一個禮拜，等我去東部和他們過週末，要好好幫我補身體，爲此，她還問我有沒有想吃的特產、想念她做的哪幾道菜。

老天爲何要和我開這樣的玩笑？

抵達醫院時，阿伯就站在大門口等我。他帶我到大廳的座位區，沉重地說：「小春，妳別上去，一會妳爸爸就下來了。」

「阿伯……媽媽……我媽，她眞的……」我努力想把話說下去，但「死」這個字，卻怎麼也說不出口。

阿伯面色凝重地點頭。

「不可能！我們昨天才通過電話，我還說下週就會回來看他們……爲什麼？」我的眼眶再度泛紅，抓著他的手激動地追問：「怎麼會這樣？到底發生了什麼事？」

「妳媽媽下午出門買菜，返程的途中遇到砂石車……駕駛說，那是轉彎處的視線死角，他閃避不及，於是就……」

「那有沒有人趕快叫救護車？如果救護車早點到的話，是不是我媽媽就不會……」

阿伯握住我的手，難過地道：「她是當場死亡的，警察和救護車趕到時，早已沒了生命跡象。」

「我不信！」我歇斯底里地低吼：「我要見她！我要去找我媽！」

「小春！小春妳聽我說！」阿伯攔下我，「你爸見完最後一面，人就被送去太平間了，妳見不到了。」

我不願接受這個事實，用力地搖著頭，哭到連話都說不清楚，「爲什麼？我不……

我不要，媽媽……我要見我媽媽……」

模糊的視線裡，隱約出現爸爸的身影，他朝我快步走來，神情憔悴地從阿伯懷裡接過我，「小春，爸爸在這裡，有爸爸在……」

「爸……媽媽真的走了嗎？」我嗓音沙啞地開口：「她是不是很痛？」

爸爸沉默了一陣，哽咽地道：「妳媽媽會變漂亮的……」

「我不要……我不要……」我哭到渾身無法克制地顫抖，幾近崩潰，驀地眼前一黑，癱倒在爸爸懷裡，即便聽得見他們緊張的呼喚，卻發不出聲音回應，隨即失去了意識。

我在急診室角落的一張病床上醒來，身旁不見阿伯和爸爸，只有醫護人員忙進忙出的身影，伴隨著淡淡的消毒水味。

拉開綠幕簾走出診間，醫院報到櫃檯前的等候區，由於已近深夜，只剩寥寥無幾、形單影隻的病患家屬，面容疲倦地坐著休息。

我挑了一處偏僻的位置坐下，低頭滑手機讀取訊息。最近的一則，是爸爸傳來的。

「小春，爸爸和阿伯去處理點事，妳要是醒了別亂跑，在醫院大廳等我們一下，我們很快就回來接妳。」

另一則，來自溫仲夏。

「徐小春，我可能沒辦法回國了，臨時被安排參加一場活動……」

我愣愣盯著逐漸暗下的手機螢幕，久久回不了神，腦中什麼也沒想，彷彿世界驟然停止了運轉。

直到一雙白色球鞋驀地出現於視線之中，伴隨著帶有些許訝然的嗓音，「徐小春？妳怎麼在這裡？」

聞聲抬頭，男孩熟悉的臉龐占據了視線，我一時半刻沒能做出回應，默默不語地與他相望。

「我剛才經過就覺得眼熟，沒想到走近一看，眞的是妳。」莊子維坐到我身旁的空位，謹愼地斟酌用詞，「妳……是不是發生什麼事了？」

「我媽去世了。」我沒想到自己會如實以告。

「是生病嗎？」

我盯著前方，眼神渙散，彷彿尋不著寄託，「車禍。」

「嗯。」

原本我以爲莊子維會說些安慰的話，結果他回了「嗯」之後，便沒再出聲。

「你不安慰我嗎？」

「我倒寧願妳哭。」

我皺起眉朝他投去一眼。

他接著道：「都這種時候了，我怎麼可能還跟妳說『別難過』、『請節哀』之類的話，妳本來就應該傷心的。」

巨大的悲痛積壓在胸口，令我鼻子發酸，還有些喘不過氣。我瞅著莊子維的側顏，忽然不爭氣地想起溫仲夏。

如果此刻他在這裡，會和我說什麼呢？

會不會說：「徐小春，哭吧，有我在。」然後，給我一個深深的擁抱……

眼角溢出滾燙的溼意，我以手背抹去，卻止不住更加洶湧的淚水，而劇烈起伏的胸口，讓我連呼吸都隱隱作痛。

莊子維似乎想爲我做點什麼，又笨拙地無從著手，所以看上去有些坐立難安。

最後，他匆匆地起身離開，再回來時，手裡拿著一包面紙和一瓶礦泉水。

我對於他扭開瓶蓋，朝我遞水的動作感到疑惑，「你幹麼？」他這是在讓我喝水補充眼淚嗎？

「哭太久應該會口渴，要不先喝點？」

我忍不住牽動嘴角，難過的心情，神奇的因爲他的話語而得到片刻緩解。

喝了幾口水，我問：「你怎麼在這裡？」

「我來看我爺爺。他在浴室滑倒，撞傷了頭。」

「老人家摔倒很危險的。」之前我爺爺也跌倒骨折過，「他還好嗎？」

「還好，後腦勺有輕微瘀血，但意識還算清楚。就是八十幾歲了，人因此變得挺虛弱的，食慾也不好，這陣子經常住院吊點滴。我爸媽顧好幾天了，難得我這週末沒事，剛好來換手，讓他們休息一下。」

「原來如此。」

莊子維抽出一張面紙給我，「你們老家也在東部？」

「我爺爺奶奶是東部人，在這裡有間茶鋪，我高中畢業後，爸媽就回來接手了，留我一個人在北部。」

「所以妳是接到消息趕來的？」

「對。」沒想到會在這裡巧遇莊子維。

靜默了一會，莊子維露出遲疑的神情，反覆張嘴幾次，才緩緩出聲：「我下週向學校請了幾天假，都會留在這裡，如果妳有需要幫忙的，可以跟我說。」

雖然並不認爲會有事需要麻煩到他，況且我們也沒說過幾次話，但見他模樣誠懇，我仍是和他留下彼此的聯繫方式。

離開前，莊子維脫下外套，披在我肩上，「剛才拿水給妳的時候，不小心碰到妳的指尖，覺得滿涼的，醫院冷氣冷，別感冒了。」

我叫住他，「你……爲什麼對我這麼好？」不過是補習班同學的交情，還是鮮少打招呼的那種。

莊子維微微一笑，想了想，「或許是因爲，妳哭的樣子，讓我想起了一個人。」

我下意識地問：「誰？」

他沒有回答，只是擺了擺手，走了。

臂裡。

✦

夜深人靜，我反覆自失去媽媽的噩夢中驚醒，屈身坐起，環抱著雙膝，將臉埋進手臂裡。

我知道，發生這樣的事情，誰都無法預料，更不是任何人的錯。正因如此，才會令我心痛到無以復加，找不到宣洩的出口。

床頭邊的手機亮起，連續震動了幾下，引起我的注意。

我解鎖手機螢幕，點開LINE介面，這才看見八通未接來電，和溫仲夏正巧傳來的訊息——

「徐小春，我聽我爸媽說了……」

「妳爲什麼不打給我？」

「妳還醒著？」

亮起的已讀標記，讓溫仲夏發現我在線，他再度撥打電話給我。

我接了起來，卻沉默著。

「不想說話也沒關係。想哭就哭，我陪妳。」

沉默了一會，我帶著濃重的鼻音低聲說：「哭不出來了。」我已經哭到沒有淚水了，紅腫的雙目乾澀得連眨眼都痠疼。

「妳睡不著嗎？」

「睡了，做了個噩夢就又醒了。」

「做了什麼夢？」

「找不到媽媽……」

溫仲夏極輕地嘆了一口氣，說話的方式溫柔且沉緩，「妳那裡已經很晚了，試著再睡一下吧，我不掛電話。」

我躺下身，仰望著黑暗中的天花板，每每呼氣，就覺得全身莫名泛起疙瘩，原來心痛會擴散、會蔓延至四肢百骸，也會讓我在心裡不斷地放肆尖叫，猶如發了瘋一般。

須臾，我淡淡地開口：「溫仲夏，你知道嗎？我媽本來叫我這週回東部，說她想我了。」

「……對不起。」他說。

「因爲你說你會回來，說要來找我，所以我跟媽媽說下週再去看他們。」

空氣中一片靜默。

「溫仲夏，你爲什麼沒有回來？」我的眼眶逐漸灼熱。

我在喜歡的人和親情之間選擇了他，但他沒有如期出現，而我所要付出的代價，竟然是永遠失去媽媽……

即便我知道這場意外注定會發生，但還是不禁想，倘若我做出不同的選擇，會不會一切就有轉圜的餘地？至少，還能見到媽媽最後一面吧……

「小春，我會陪著妳的。」

「那又怎樣呢？我媽已經死了……」我悲慟地低嗚，喃喃自語：「爲什麼我總是爲了你，一次又一次犧牲我的家人呢？」

溫仲夏沒有回應我的控訴，只是安靜地任由我遷怒、發洩，說著言不由衷的傷人話語。

「你說過，只要我需要，你就會在，但你不在。」眼睛因過度哭泣而紅腫燒疼，我無理取鬧地喊：「你不在！你不在！」

「小春，我知道以這樣的形式，安撫不了妳，但我會盡我所能的，好嗎？」

「你說人長大了，遲早要分開的。我得學習成長、學著自己面對，所以我是不是不該繼續依賴你了？從小到大，儘管你覺得我煩、覺得我雷，甚至經常因我而受傷，卻還是會擋在我面前，出了事替我想辦法，有時候還莫名其妙就背了我的黑鍋，我太習慣有你在了……」

就像溺水的人攀著浮木在海中飄盪，不曾想過要奮力一搏試著上岸，卻忘了這世上，本就沒有永遠的依靠。

「徐小春，妳何必說這種話？」溫仲夏語氣嚴肅，「阿姨才剛過世，妳需要我的陪伴、需要依靠我，這不是很正常的嗎？」

溫仲夏鴨子聽雷，根本不懂我話裡眞正的含意。

待情緒趨緩，我緩緩地開口：「我的心情，不是你的責任。」而且，我要的從來不是這種陪伴。

「徐小春——」

彼端，一道耳熟的女性嗓音介入，「仲夏，我們該出發了。」

「……你去忙吧。」語畢，我沒再給溫仲夏說話的機會，掛斷了電話。原來，林若妍已經去洛杉磯了。

此刻他有女友在身邊，又要忙活動和比賽，實在不該煩惱我的問題。既然我們只是朋友，那我對他的依賴，就該懂得適可而止。

我閉上眼，將臉埋進枕頭裡，儘管身心疲倦，但今夜，恐怕是要失眠了。

✦

媽媽的告別式在東部老家舉行，因爲爸爸不想鋪張，所以參加的人數不多，只有雙方親戚和熟識的幾位朋友前來弔唁，而年邁的外公、外婆和爺爺，因爲受不了打擊，並未久待。

爸爸身形憔悴地佇立在靈堂前，時不時望向被花束所包圍的遺照，連日以來的操勞，令他的神情顯得恍惚。

告別式進行的過程中，肇事者前來下跪道歉，哭著說會盡他所能地補償，請求我們的原諒，但爸爸從頭到尾一語不發，全權交由阿伯回答。

我跟在爸爸身側，向慰問者們一一致謝，原本以爲自己已經沒有眼淚可流，卻在見到溫叔叔、溫阿姨後溼了眼眶。我躲進他們溫暖的擁抱裡默默流淚。

我生自己的氣，也埋怨溫仲夏，更感到後悔，早知如此，當初我就該和爸媽一起回東部，多珍惜和媽媽相處的時光。如果那天有我陪媽媽出門買菜，是否就能避免這一場車禍？

但後悔，是最無用的東西。我無法回到過去改變曾經做出的決定，正如我的媽媽再也不會醒來。

溫阿姨牢牢地握著我的手，輕聲說：「小春，仲夏很擔心妳，等有空時，打個電話給他，好嗎？」

我沒有答應，「阿姨，我沒事的。」

「小春，別把我們當外人。」溫叔叔語重心長地道：「妳一個人在北部讀書，生活不易，多依靠我們沒關係的。」

「我這孩子啊……真是麻煩你們了。」

見爸爸欲鞠躬致謝，溫叔叔立刻制止，「哎，你這是幹麼？太見外了！」

溫阿姨也說：「仲夏以前不也時常受你們的照顧嗎？何必現在跟我們客氣這些呢！」

「此一時非彼一時嘛，如今兩個孩子都大了……」

望著爸爸和溫叔叔互相扶著對方說話的模樣，忽然覺得爸爸一夕之間蒼老了好多，我不捨地抹去眼淚，搗著唇，快步走到外面透氣。

從小到大，無數和媽媽的回憶，如猛浪般拍打進我的腦海，令我頭暈目眩、難以喘息，險些站不穩，還好跟出來的溫阿姨見狀及時扶住我。

「小春，妳還好嗎？」她憂心忡忡地問。

我搖了搖頭，「我沒事。」

「妳這孩子，現在總說沒事……」溫阿姨輕嘆，「若能像以前一樣跟我們撒嬌該有多好？」

我默然牽起嘴角。

「聽妳爸說，後天妳就回北部了？」

「對。」

「那來我們家吃晚飯好嗎？」

「我搭晚上的車，到的時候可能都要午夜了。」

「那多危險啊，我們去車站接妳吧！」

「沒關係，有同學會來接我，她會在我家陪我住幾天。」為了拒絕溫阿姨的好意，我說了謊。

「也好……」溫阿姨點點頭，按了按我的肩膀，「那妳到家之後，記得向我們報聲平安，好嗎？」

「好。」

送走溫叔叔、溫阿姨後，我口袋裡的手機震動了起來，是溫仲夏打來的。他那邊已經凌晨了，難道還特意起床打電話給我嗎？

我看著它轉入未接來電，接著收到了一則訊息——

「徐小春，有空打給我。」

這些天，我都沒接溫仲夏的電話，也沒回他訊息，原本以為，依他的性子應該會生氣，不再繼續，孰料他卻天天做著重複的事——打電話和傳訊息。雖然時間點不固定，但沒有一天忘記。

我知道拒絕他的關心是在無理取鬧，但心裡就是卡著一個點過不去。

溫仲夏的積極讓我覺得像愧疚所致的彌補，我為了他所做的兩次決定，最後付出的代價都令我厭惡自己，不知該如何面對。

我想，若能趁機戒掉對溫仲夏的依賴，也未嘗不是件好事。

失神間，我想起媽媽曾經說過的話。

「人和人之間，相處久了、時間長了，難免會分不清究竟是喜歡還是習慣。我私心希望自己的寶貝女兒，不會因為這樣青澀的情感而受到太多傷害，更何況，朝夕相處之下，想要淡忘這份感情，並不是件容易的事，唯有抽身離開，才能眞正放下。」

沒有誰和誰會永遠在一起，長大了，自然就會有分開的時候。

這趟回北部，對我而言恍如隔世，深夜的車站周圍，不少遊民遊蕩著，我戴起耳機，迅速地往計程車招呼站走去。

乘車後，我拍下司機掛在椅背上的登記證傳給楊虹。

「我眞不懂妳為什麼要一個人搭這麼晚的火車回來。」

「想多陪陪我爸，要不是後天有小組報告，我本來想再多請幾天假的。」

「妳眞的沒事嗎？要不要我過去陪妳？還是我跟心怡打電話給妳，三方通話陪妳睡？」

「不用啦，我可以的。」

自從她們知道我家發生的事後，一直很擔心，時不時噓寒問暖，就怕我會獨自陷入悲傷中無法化解。殊不知，這些好意對於此刻的我而言，反而是種壓力。

司機是個熱情健談的大叔，沿路都在和我聊他的女兒和女婿，還說他女兒跟我差不多年紀，因爲懷孕，近期準備休學結婚了。

司機大叔出乎意料的開明，覺得成年後，女人幾歲結婚不重要，重要的是遇到值得託付終身的對象。

當我問及他的女婿時，他說，他的女婿比女兒大了八歲，有穩定的工作，家庭背景單純，人也老實敦厚。但我卻懷疑，這樣的好男人會讓他女兒大學沒讀完就懷孕嗎？

大叔透過後照鏡發現我疑惑的神情，豪邁地笑說：「是我女兒會看人，覺得這個男人好，所以先下手爲強啦！」我會心一笑。原來他女兒才是披著羊皮的狼。

大叔問我有沒有正在交往的對象或喜歡的人？

我馬上就想起了溫仲夏，卻搖了搖頭，「沒有。」

「別擔心，我相信妳以後一定會遇到把妳看得比自己更重要的男孩子啦！」

「要怎樣才能知道對方把我看得比他自己重要？」我隨口拋出疑問。

「每個人付出的方式都不同啊！但他有沒有用心，妳一定能感覺得到。」

下車前，大叔邊找零錢邊說：「人的一生啊，會經歷許多事情，開心的、不開心的，生活都得照樣過。有些事的發生，妳無能爲力，只能接受，但妳還年輕，未來的日子還很長，可以的話，努力向前看就好，不要回頭。」

那一刻我想，或許自我上車起，大叔就已經看出我低落的情緒，爲了轉移我的心思，才和我聊起他的女兒。

家門口放了一袋牛皮紙袋，裡頭裝著巧克力甜甜圈、糖炒栗子、肉桂捲和一些我愛的甜食，我的直覺告訴我，這應該是溫叔叔、溫阿姨送來的，畢竟，他們原本想邀請我去他們家吃晚餐，也很了解我的喜好。

我傳了一封致謝的訊息給溫叔叔，他的回覆證實了我的猜測，「妳喜歡就好，記得三餐要按時吃飯，好好照顧自己，有空就來我們家坐坐，我們都盼著妳來。」

✦

媽媽過世後，時間如湍急的河流遇上瀑布，刷地一聲沖散了四季，更迭的大學光陰裡，竟也爲我的感情經歷增添了幾筆。我遇見幾個不同的男生，談幾段或長或短的戀愛，這都是從前始料未及的，沒想到有一天，我也接受別人走進自己的生活。

這些男孩的出現，分別在我的生活軌跡裡扮演了不同的角色，有的陪伴我度過那段痛失至親的煎熬時期，有的驅散了我的寂寞，讓我擁有短暫的情感寄託，有的相處起來舒服自在。但論及「愛」，似乎缺乏了一種發自內心的悸動……

看向麵包店的玻璃窗外，午後細雨正濛濛地下著，路上行人大多行色匆匆，沒料到這場雨的到來。還是有人防範於未然，拿出並撐開隨身攜帶的摺疊傘，像一朵朵花在大街上穿梭著。

我瞅著前方的雨天街景出神，一時沒聽見楊虹說的話，直到她伸手在我面前揮了揮，「小春，妳在想什麼呀？」

「嗯？」我拉回視線，望向她，搖搖頭，「沒什麼。」笑了笑問：「妳剛剛說什麼？」

她嘆了一口氣，「我說，七夕情人節快到了，妳跟吳志賀打算怎麼過？」

「七夕情人節……需要過嗎？」

楊虹挑起一側的眉毛，不可思議地睨我，「徐小春，妳確定你們是在交往嗎？」

「是啊。」我點點頭。

「我記得今年情人節跟白色情人節，我都問過你們有什麼計畫，情人節的時候你們剛在一起，去吃了頓西餐，互送對方禮物，頗有儀式感，但白色情人節就沒什麼特別了，兩個人連一面都沒見上，再來他生日，妳也是只送了份禮物，而且還是生日都快過了才見到面，十一點多在路邊攤吃宵夜……」

「那天他也很忙呀！有很多朋友替他過生日。」我剛剛是不是看見她邊說邊翻白眼了？

「這就是重點，他朋友們替他過生日，妳這個女朋友爲何沒一起去？」

「那天我跟其他人換班了呀！我不是跟妳說過了嗎？」

「所以，爲什麼妳要答應跟別人換班？」

「我不太能融入他那些朋友，而且他有些女生朋友我見過一、兩次，不是很好相處……」見她搖頭，一副對牛彈琴的模樣，我展顏道：「哎唷，把每天都過得像情人節就好了，何必在乎特定節日要怎麼過，對吧？」

她聳聳肩，不以爲然，「好啊，那妳自己說說，這一個禮拜你們出去約會過幾次？」

「一……次？」我歪著頭想了想，「吃午餐算嗎？」

「我也沒怎麼看他來接妳下課或下班……」

「那是因爲他的課表排得很滿，社團活動也很多，時間兜不上。」吳志賀很積極在參加學校的社團事務，除課業外，大部分時間都花在社團。

「好，這就算了。」楊虹退而求其次，「那打電話聊天呢？」

「我打給他嗎？」

「當然是他打給妳。」

我伸出手指數了數，「三次？」

「講多久電話？」

「大概有……十分鐘？」其實我也記不清楚。

本來不覺得有異，被她這樣一條條問下來，我也越講越心虛。

「怎麼不管我問妳什麼，都是不確定的答案呀？」楊虹白眼只差沒翻到後腦勺了，正想發難，客人就陸續上門了。

我們各自忙碌了一會，等到再閒下來，她劈頭便是一陣念叨：「小姐，你們那樣算什麼交往啊？就算眞的各自忙到沒時間見面，難道都不會想念對方嗎？一個禮拜只通三次電話，每次還不超過十分鐘？你們才交往幾個月，熱戀期是只有第一週嗎？」

聽她這麼一講好像也是，但……

我蹙眉低嘆，「怎麼感覺，妳說話愈來愈像黃心怡了？」

楊虹手環胸前，露齒一笑，打趣地說：「一人分飾兩角啊，這樣她就好像時刻都在我們身邊一樣，不好嗎？」

我搓了搓雙臂倏然起立的雞皮疙瘩，「呵呵，別了吧，很可怕。」

細想過楊虹剛才提出的質疑，我仍然決定樂觀以對。

我和國貿系的吳志賀是在選修課上認識的，我們被老師隨機分進同個小組，幾次討論報告下來，彼此的距離拉近了不少，對我有好感的吳志賀很快就向我告白，而我也覺得體貼溫柔的他還不錯，可以試試。

我和吳志賀的戀愛風格並非轟轟烈烈，而是以細水長流、慢慢培養感情的模式經營，所以看在別人眼裡，會覺得過於平淡也很正常。

我擺了擺手，要楊虹別瞎操心，「感情是兩個人之間的事，其實志賀對我很好的，我覺得我們目前相處下來沒什麼問題呀！一段成熟的交往，是不用時時刻刻黏在一起的。」

溫仲夏都能和林若妍談遠距離戀愛了，沒道理我連和同校的人談戀愛，都維繫不好吧？

楊虹分裝著剛出爐的小餐包，若有所思地瞥了我一眼，「小春，妳是眞的喜歡吳志賀嗎？」

「喜歡啊！」正確來說，應該是比有好感再多一點點的程度。

「妳剛剛是不是猶豫了？」她質疑。

我無奈地道：「我覺得妳在唱衰我的戀情耶。」

「我是擔心妳根本不曉得自己眞正想要的是什麼，最後又會受傷。」

「不會啦，我已經是銅牆鐵壁了。」我的心臟，早就被訓練得十分堅強。

楊虹雙手環在胸前，斜倚在櫃檯邊的白牆上，直言：「是因爲溫仲夏嗎？」

我清點著麵包的種類和數量，未抬起頭，「怎麼突然提起他？」

「有突然嗎？」她朝我走來，「我已經好一陣子沒聽妳提他了。」

見我遲遲未答腔，楊虹又問：「妳該不會還在怪他吧？」

我看向窗外，思忖了一會後，失笑地搖頭，「我是曾經遷怒過，但我媽過世是無法預料的意外，而我的生活和朋友們都在這裡，即使時間倒轉，我依然會做出相同的選擇。」

「但我總覺得，妳之前那麼喜歡溫仲夏，還喜歡了那麼久，怎麼才過兩年，就變得如此生疏了呢？」

「我們也沒有生疏吧！況且，我們都有了各自的生活。」

事過境遷，如今我和溫仲夏，還是每隔幾天就會聯絡，分享彼此的近況，只是我的心境已大不如前，經歷過牽掛、期待、失落到放下，對於彼此間關係的梳理，也就更爲容易了。

楊虹沉吟一聲，才道：「嗯……那妳知道，溫仲夏快回來了嗎？」

我聞言閃神，手中的筆掉落在地，「妳說什麼？」

「我也是今天凌晨才偶然看見消息的，還以爲妳早就知道了呢……」楊虹邊說，邊從工作圍裙的兜裡掏出手機，迅速搜尋出一則小篇幅的新聞報導給我看。

前陣子清晨，溫仲夏打過一通LINE給我，但具體原因我忘了，只依稀記得——

「溫仲夏，你知道我這裡現在幾點嗎？」

「大概凌晨三點吧！」透過他的語氣，我絲毫沒有感受到他的歉意。

「那你還打來？」

溫仲夏忽略我的抗議，逕自道：「我上週在卡內基音樂廳的演出很成功，妳不爲我高興嗎？」

「高興，我不是傳訊息恭喜過你了嗎？」我打了一個呵欠，邊和瞌睡蟲奮戰邊咕噥：「我還知道，這次你是和辛辛那提交響樂團聯合出演，你也跟我『報備』過了。」

「嗯，沒錯。」

我揉了揉惺忪的雙眼，「你到底打來幹麼？」有時間講電話閒聊，不會打給林若妍嗎？爲什麼要虐待愛睏的我？

他像沒聽見我的疑問般，自顧自地問：「徐小春，妳有好好念書嗎？這學期會ALL PASS吧？」

「你半夜打來吵醒我，就只是爲了問這種無聊問題？」

「不是。」

「不然呢？」我眞的是要生氣了耶！我有這麼好欺負嗎？

溫仲夏沉默了幾秒，「我們有多久沒見了？」

「距離上次見面，已經快一年了吧！」

那回，他難得有時間跟我約在家附近的咖啡店見面，但我們只交談了不到二十分鐘，他就被粉絲認出來，造成不小的騷動。多虧王翔火速趕到現場，才能把他從一陣混亂中救走，並順便替我解圍。在全球榮獲多項鋼琴比賽大獎的溫仲夏，早已今非昔比，算是半個公眾人物了。

「徐小春，我……一段時間，好不好？」

溫仲夏的嗓音低沉而溫柔，如催眠曲般，令昏昏欲睡的我沒能聽清話裡的重點，

「……你說什麼？」

然而，他只是輕笑著說：「妳睡吧，晚安。」

楊虹拿著手機在我面前晃了兩下，「小春，妳怎麼了？被嚇傻啦？」

我抓住她的手，仔細地閱讀新聞標題——維也納莫札特鋼琴大賽首獎得主，年僅二十歲的溫仲夏宣布下一步規畫：預計轉學回國，專心完成大學學業。

如同他當初決定出國留學一樣令人措手不及，時隔兩年，溫仲夏要回來了。

Secret 07

怕空歡喜、怕無歸期，但最怕的是，他回來了，有些事卻回不去了。

我在大學聯合舉辦的校園藝文活動廣場，巧遇莊子維。

他大汗淋漓地從迴旋藝廊走出，看上去像是剛做過苦力的樣子。

「你怎麼在這裡？」

「大學聯合活動，我被拖來當搬運工。」他一臉哀怨。

「你又不是藝文系的。」

「這就是誤交損友的下場。」

話甫落，被稱爲「損友」的男生跟著另一群同學出現，經過我們身旁時，停下腳步，拍了一下莊子維的肩膀，「才搬幾項展品就累成這樣，你體力不行耶！」

「你還是不是人？我從早上到現在只喝你一杯飲料，忙到連飯都沒吃。」

「那現在可以收工吃飯啦！」

「好，你請。」

「幹！我這個月的零用錢，早就在今天請你們喝飲料後，一點也不剩了！」他動作浮誇地掏出空空如也的口袋。

莊子維無言地抹了把臉。

無視那副嫌棄的表情，損友男勾住莊子維的脖子，目光飄到我身上，「不愧是C大獸醫系男神莊哥，女朋友還來陪你喔？」

「我看你才是『裝孝維』，什麼女朋友？滿口胡言亂語。」莊子維拍開他的手，輕推著我走。

損友男甩著機車鑰匙圈，哐啷哐啷地響，在後頭笑問：「明天夜唱嗎？」

「趕報告，沒空。」莊子維轉頭拒絕。他的無奈，我徹底感覺到了。

往校門走的途中，莊子維跟我聊起他和損友男的淵源。他們因爲打線上對戰遊戲互譙到約出來一對一**PK**，意外發現彼此是同校同學，進而相熟。如此際遇牽起的友誼還挺奇妙的。

「我眞的餓了，妳學校附近有什麼好吃的嗎？」

「轉角巷子內有間麵店我覺得還不錯，但別點炸醬麵，很雷。」

莊子維瞄了眼腕錶，隨口邀約，「到飯點了，妳要一起嗎？」

我思考了一下，反正也沒事，那就一起吧，「好啊！」

小坪數的麵店裡客人不多，我們挑了一處正對冷氣口的座位，分別點了一碗餛飩湯和鍋燒意麵。

當年在醫院和莊子維互換聯繫方式後，我在媽媽頭七隔日，收到他的慰問訊息，斷斷續續聊了幾句。爲了歸還他在醫院借給我的外套，也見了一次面，但在那之後，我們其實很少聯絡，會漸漸熟識，起先是因爲兩校聯展時經常巧遇。

楊虹並未將其稱之爲「緣分」，她的說法是：「C大能看的就那麼幾個，莊子維在人群中當然顯眼。」

後來，高中時同間補習班中，幾個比較聊得來的老同學偶爾會相約出去聚餐或參加團康等活動，我們慢慢變成了有些交情的朋友。

「妳今天怎麼一個人，楊虹沒和妳一起？」

「她去打工了。」

「我覺得她比高中時期開朗了許多，是不是因爲打工要應對客人的關係？」不是，是因爲她以前暗戀你，所以在你面前會害羞，如今人事已非，態度當然就不一樣了。

我笑了笑，和莊子維閒話家常，直到餘光中閃過一道眼熟的身影，令我上揚的嘴角一僵。

「妳怎麼了？」莊子維順著我的視線方向望去，「咦？她不是……」大概是覺得眼熟，又一時喊不出名字，於是話只說了一半。

「林若妍。」我替他把話說完。

「我記得，她是我們高中的校花，對吧？」

「對。」但令我驚訝的不是她的出現，而是她正挽著一名高大英挺，身著淺藍色襯衫的年輕男子，親密地走在一起。

那男生是誰？她哥哥？她親戚？她朋友？

各種可能性迅速地在我腦中跑過一輪，再被一一刪去。

我記得林若妍是獨生女，而且那男的剛才彎下身，嘴唇貼在她耳邊說話，她並沒有迴避，如果是朋友或親戚，會靠那麼近說話嗎？

見到這一幕的莊子維同樣起疑，「林若妍不是在和溫仲夏交往嗎？」對，他們是高中群裡公認的一對，倘若分手，那消息肯定早就傳遍了。

所以，溫仲夏是被劈腿了嗎？

「那她不就——」莊子維觀察著我的反應，話到嘴邊又吞了回去。

「你覺得我要說嗎？」我沒頭沒尾地問。

他想了想，謹慎道：「如果是我，應該會先靜觀其變吧。」

「毀人姻緣畢竟不好，對吧？」

「話也不是這麼說……」我的心情有點複雜，好似突然冒出兩個分身在左右拉扯。

換作從前，我肯定會迫不及待地告訴溫仲夏，巴不得能拆散他們，但現在的我，卻不確定該不該這麼做……

等那對人影走遠，我過回神淡淡地說：「溫仲夏要回來了。」

「他不是去美國留學嗎？」

「對。」

「那回來是指？」

「坦白說，我也不清楚。」我吁氣，攪著碗裡的湯，沒了食慾。

新聞報導的內容，充滿著不確定性。關於回國這件事，溫仲夏至今都沒主動和我提過，所以我真不知道，他心裡究竟是怎麼想的？

吃完麵，莊子維拿起面紙擦拭嘴角，忽然道：「其實，我本來以爲，妳會和溫仲夏在一起。」

我愣了愣，扭頭看他。

「當年，妳喜歡過他，對吧？」

這分明是疑問句，然而對上那雙篤定的眼神，卻教人無從迴避。

那年在告白亭巧遇，他沒說穿，爲何如今要提？

我咬著筷子，含糊地開口：「唔……我不記得了。」

莊子維勾唇，「是嗎？」

他知道我心虛，卻不打算深究。

「吃完了嗎？」

我推開量還剩下一半的碗，點點頭。

「那我們走吧！」

我陪莊子維吃飯，他送我回家。除了方才在店裡，他問我是不是喜歡過溫仲夏，其餘時間我們都刻意避開感情話題，包括回家的路途。彼此在這點心照不宣，是因爲我們都有一段不能輕易觸碰的過去。

莊子維和蘇晴，我和溫仲夏，同樣都是青梅竹馬，同樣都有著隱藏在友誼之下，無法言明的委屈與心酸……

✦

「什麼？溫仲夏被劈腿了？」黃心怡的高音頻讓我不得不把手機拿遠，最後乾脆開著擴音把手機擺在桌上。

剛洗完澡就接到三人群組的來電，我連頭髮都來不及吹乾，就被逼得不得不接電話。她的急性子，還眞是沒變。

我坐在梳妝台前，手持瓶罐，勤勞地管理皮膚，畢竟沒有天生麗質，只能靠後天努力。「我其實……也不確定……」

「妳都看到她跟某個男生親密地走在一起了，還會有錯嗎？」比起黃心怡的急切，楊虹聲音相對平靜。

「話是這麼說沒錯，但——」黃心怡打斷我，「但什麼但！妳不打算跟溫仲夏說嗎？」

「我再想想吧，而且……」取下包裹溼髮的毛巾，我嘆了口氣，「他都要回國了。」

「就是要趁他回國之前趕快說呀！」

楊虹附議，「如果溫仲夏是爲了林若妍，那我看他還是別回來的好。」

「小春，妳問溫仲夏了嗎？」黃心怡問。

「我有傳訊息給他，但還沒收到回覆。」

「當初他對林若妍只是有好感，所以以未來前途爲重，現在感情深了，捨不得分開，自然就想回來了。這原因很合理啊！」黃心怡說得頭頭是道。

「我不認爲溫仲夏是那種會爲了感情放棄前途的人。」楊虹分析，「他感覺是務實理性的類型。」

「人都是會變的嘛！」

我靜靜地聽著她們討論，不想發表任何意見，直到黃心怡問：「小春，溫仲夏和林若妍的感情到底好不好？」

「我怎麼知道？我又不好奇他們的事。」

「他都沒說過嗎？」

「我們很少聊林若妍。」我們總會有默契地避開某些話題。

「那他知道妳又交男朋友了嗎？」楊虹插話。

「我……還沒機會說。」

「喔——」黃心怡一臉覺得我很可疑地拉起長音，「是沒機會說，還是不想說？」

「妳別欺負小春了。」楊虹笑言。

黃心怡回嘴：「但妳又沒什麼可欺負的。」

「咳。」我假咳一聲，趁機轉移話題，「黃心怡，妳最近有沒有認識新的男生啊？前陣子那幾個追妳的人呢？」

當年新生入學，大學新鮮人黃心怡剛進系上報到就得到不少關注，還被評選為「商學院三大美女之一」，陸續更聽她提過幾名愛慕者逗趣且令人印象深刻的追求事蹟，但就是沒半個能成功擄獲她的心。

黃心怡不以為然地道：「都知難而退了，不然咧？」

「拜託，已經要升大三了，前兩年妳都幹麼了？」楊虹嘆氣，「連小春都交過幾個男朋友了，妳有那麼多名人選，卻一個都看不上眼，當真要單身到出社會，公司裡清一色都是已婚男性或禿頭啤酒肚的剩男，才悔不當初啊？」

「小春交的那些男友都沒超過一年，最短的才一個月，更像是在扮家家酒吧？」黃心怡各種點名揶揄，「至於妳嘛，狀況跟我差不多，都單著呢！還敢嘴我？」

「我不一樣啊！我還要讀碩士，有的是時間，再不然，姐弟戀我也能接受。」楊虹的反駁，同時逗笑了我們。

爾後，她一改風格認眞地道：「妳喔，如果是因爲放不下簡易雲，乾脆就在一起吧，管他什麼遠距離。暑假剛開始時，我們社和C大電機系舉辦了一場聯合活動，認識一個和簡易雲同班的男生。稍微打聽了一下，據說簡易雲在他們系上滿受歡迎的，還有不少女生主動倒追，但好像沒遇到喜歡的，連個曖昧對象都沒有。他們都在猜，簡易雲心中有個念念不忘的人。」

黃心怡的呼吸聲透過聽筒傳來，我隱約感覺得到她情緒上的波動，「這兩年，妳和簡易雲還有聯絡嗎？」

「逢年過節，我們會傳訊息祝福對方，偶爾也會通電話，但不曾過問彼此的感情狀況。」

「是不好奇，還是不敢問？」楊虹一針見血地道。

「應該……是後者吧。」黃心怡難得地坦承。

「那妳還笑小春，妳們不是都一樣嗎？」楊虹輕嘆，「心怡，遠距離眞的讓妳這麼難克服嗎？即便不談遠距離，妳和簡易雲也都仍是單身，到底有什麼差別？」

「差別在，那時候他們沒想到會如此地忘不了對方。」我莫名感慨。

黃心怡淡淡地開口：「兩個人在一起，需要天時地利人和，錯過了時間點，想要再在一起，可就沒那麼容易了。」

況且人都是會習慣的動物，習慣了某種相處模式，若想改變，是需要勇氣和決心的。

「看妳們這樣，我就覺得想談個戀愛實在太難了，幸好我當初選擇自己默默消化，沒和莊子維告白，否則回去參加高中同學會的時候，該有多尷尬呀！」

黃心怡嘖聲，「我開始懷疑，妳當初到底是不是眞的喜歡莊子維。」

青春裡走過的痕跡，不一定每段都是深刻的，但即便只是淺淺的喜歡和回憶，我也慶幸曾經遇見那個令我怦然心動的人。

✦

難得週末沒排班，我放任自己睡晚一些，直到十一點整，手機鬧鈴響起。

我迷迷糊糊地伸長手臂往床頭櫃撈，關掉設定，然而，一隻不知從哪裡冒出來的厚實大掌按住我手背。

我皺起眉頭，閉著的雙眼左右轉動了一下，越想越奇怪，這才猛然張開。

熟悉的臉龐落入眼底，他不知道是何時拉了張書桌椅坐在床邊的，修長的雙腿交疊，托腮的右手肘靠著椅臂，我定眼一看，那張俊容上布滿了疲憊。

「溫……」驚覺自己嗓音沙啞，我吞了吞口水潤喉，再喚：「溫仲夏？」

閉目養神的他，揉了揉眉心，「嗯？」

我倒抽一口氣，拉起棉被遮住半張臉，只露出兩顆眼睛，惶恐地問：「你、你是怎麼進來的？」

溫仲夏緩緩睜眼，惺忪的神色中帶點埋怨，「我們有妳家的備份鑰匙，你爸媽當年回東部老家前給的，怕萬一妳有什麼事情好照應。」

「對喔，我都忘了……」

「妳不記得的事何止這一件。」溫仲夏抹了把臉，略長的瀏海散落在飽滿的額前，增添些許性感。

快一年不見，他怎麼又變得更禍害了？

溫仲夏勾唇，雖然看上去略有疲態，但心情似乎不錯，「遮什麼遮？又不是沒見過妳素顏。」此一時非彼一時了好嗎？

「你怎麼回國了？幾點到的？」

「清晨五點。」

沒想到他動作這麼快，公開消息都還不到一個月，人就回來了。

「爲什麼不跟我說？我可以——」

「算了吧！」他雙手抱胸，「當年妳連送機都沒來。」

這傢伙果然是會記仇的類型。

「再說了，妳也爬不起來。」

「其實……」我想了想，乾笑兩聲，「也不用我去接機嘛！想接你的人應該很多。」比如林若妍，還有他那一票鐵粉。

「你這麼早到，是想『避難』嗎？」

「我把這件事丟給王翔處理了。」溫仲夏說得輕巧。

「什麼意思？」

他揚起一抹壞笑，「這個時間點，他應該在機場享受熱情的接機服務吧？」剛說完，他的手機鈴聲就響了。

電話一接通，我立刻聽見對方的咆哮聲，「以後我絕對、絕對、絕對不會再同意這種事了！什麼調虎離山之計？根本不是這麼用的！溫仲夏，你太沒良心了吧？好歹我們也共事一段時間了，甚至還住在一起過，你就是這麼對你哥我的——」

面對那頭炮火猛烈的抱怨，溫仲夏只是將手機越拿越遠，最後乾脆連聲招呼都不打就直接掛斷。

我好奇地問：「什麼調虎離山之計啊？」

「沒什麼。」溫仲夏毫無愧疚之心，淡淡地開口：「只是爲了避免不必要的騷動，我讓王翔對外告知班機十點半抵達，其實我六點就到了。」

「那十點半代替你出現在機場的人，不就是……」

「王翔啊！」

「你也太壞了吧？」

溫仲夏微笑，「他一直是個稱職的經紀人，這點小事，難不倒他的。」

「但你也不能這樣欺負他呀！」

「那是他身為經紀人工作的一部分，怎麼能說是欺負？」

我覺得，這兩年聚少離多，溫仲夏的腹黑程度又更上一層樓了。

離開床鋪，我從衣櫃裡取出一套休閒服，進浴室梳洗完，扎起了馬尾，整個人神清氣爽，終於能好好和他聊會兒天，「你這次回來，打算待多久？」

「徐小春，妳都不看新聞的嗎？」他語氣不滿地說。

「我是有看到你宣布要轉學回國，專心完成大學學業，但計畫趕不上變化，你是真的要轉學嗎？」

「我已經辦理好轉學手續了，九月入學。離妳大學不遠，搭公車大概四十分鐘左右。」

四十分鐘的公車路程，比起二十二小時的航班，中途還得轉機一次，的確不遠。

「但你現在不能搭公車吧？不怕引起騷動嗎？」

溫仲夏聳肩，「還好吧！」

「你決定回國讀書，那王翔哥怎麼辦？」

「不怎麼辦，他還有別的事要做，又不是靠我吃飯的。」

嗯，這人嘴巴也更毒了。

「但你下半年不是還有安排好的演出行程嗎？」

「到時候再飛就好了。」

說得可真輕鬆，我都有點同情王翔了。

「你當初決定出國，讓我措手不及，現在改變心意回國完成學業，一樣挺令人不知所措的。」

「爲什麼？」

我失笑道：「因爲我都是你已經決定好了，才被告知的那一個。」

「當初沒說，是不想影響妳的學測，這次沒提，是想給妳個驚喜，妳這麼想就好了。」

「那你……」猶豫了一下，我遲疑地問：「爲什麼回來？」

溫仲夏看著我，並未馬上回答。

他的眼神害我忽然有點緊張，於是慌張地別開目光，「算了，沒事。你回來就好，原因不重要。我只是覺得，當初你經過深思熟慮決定去美國，不就是爲了能獲得更好的資源和發展嗎？爲什麼突然又改變想法……」

「妳覺得我只是一時衝動？」

「我、我不知道。」我整理起書桌裝忙。

須臾，溫仲夏慢條斯理地開口：「我並沒有放棄目標，只是有必須回來的理由。」

難道眞的如黃心怡所言，他是爲了林若妍？那我要說嗎？提醒他多觀察、留意林若妍的狀況？

我低垂眼簾，糾結著該如何起頭，又擔心就這麼告訴他，無憑無據收不了尾，會徒留一陣尷尬。

溫仲夏並未察覺我內心的天人交戰，調整了一下坐姿，揉著頸項問：「徐小春，我回來妳開心嗎？」被這番話中斷思考的我，愣愣地抬眼與他相望。

其實，知道溫仲夏要回國後，我的心情一直談不上開不開心。他能回來自然很好，但又如何呢？既然決定做朋友，那在不在身邊也就沒有區別了。

沉默了一陣，我避開正面回應，揚起笑容，「我支持你的決定。」

溫仲夏的眼眸裡閃過一抹未知的情緒，唇邊的笑意也跟著斂去幾分。見溫仲夏臉色不太對勁，我問：「你是不是哪裡不舒服啊？」

他喉結輕滑，淡淡地說：「頭痛。」

「怎麼會突然頭痛？」我皺起眉頭，「那你還有哪不舒服嗎？」

「沒有了，可能是因爲這幾日沒睡好，再加上時差的關係……」

我拍了拍床鋪，「不然，你先躺著休息一下吧！」

溫仲夏點點頭，依言躺下，嗅著枕頭的氣息，「是熊寶貝的味道。」

「嗯？」我坐在床緣，替他蓋上薄被。

他闔眼，「以前躺的時候，也是這個味道。」

一股懷念感油然而生，我瞅著溫仲夏的臉龐，不自覺地開口：「溫仲夏，歡迎回來。」

就在我以爲他已經睡著的時候，他說：「晚上，爸媽問妳要不要來家裡吃飯。」

我滑開手機行事曆，搖頭，「今晚不行，我和男友有約了。」差點忘了，今晚答應陪吳志賀和他的朋友們聚餐。

「男朋友？」溫仲夏未睜開眼，只有眉頭動了一下，「新的？」

我輕咬下唇，應聲：「嗯，交往幾個月了，一直沒機會告訴你。」

「……知道了。」話落，他沒再延續話題，轉身面牆，「我睡一下，等等叫我。」

如此平淡的反應，就和過往每次知道我交男友時一樣，我也習慣了，不再因此感到失落。

✦

吳志賀比我之前交往過的對象都溫柔細心。他記得我飲食的喜好，上菜時，會為我挑出我不喜歡的菜，也不會念我挑食；他會關心氣象，提醒健忘的我記得帶傘；走在馬路上，會留心路況，讓我走在內側；在一起時，他會盡量騰出一隻手牽著我，很少放開。

雖然我們因為各自忙碌，沒能時常膩在一起，又因為都不愛講電話，很少打電話聊天。但對我而言，經營一段感情，細水長流比轉瞬即逝好，與其大火快炒，我寧願慢火烹調，凡事都需要時間培養，不急於一時。

正因為我願意和吳志賀試試看，願意對這段感情付出，所以我才難以忽略，現在坐在我和吳志賀對面，某個有著落寞神情的女孩……

回家途中，發覺我心不在焉的吳志賀問：「小春，妳怎麼了？在想什麼？」

「沒有。」我收回思緒，「你說了什麼嗎？」

「我剛剛問妳，今晚的餐點好吃嗎？我的朋友們有比較好相處了吧？但妳都沒回答我。」

「好吃啊！」我漫不經心地揚唇，「大家今天都很照顧我，該不會是你跟他們說了什麼吧？」

「當然沒有。」他笑著揉揉我的髮頂，「其實他們人都很好的，只是有些慢熱。如果妳之前願意多主動和他們相處看看的話，應該早就打成一片了。」

「嗯。」我應聲，掙扎著該不該將心裡的疑問道出，「志賀，今晚……」

在我家前的巷口轉角，吳志賀停下腳步，忽然抱住我，「雖然不知道妳在想什麼，但這個禮拜，我很想妳。」

我稍稍退開，望向他逐漸壓近的臉龐，「今晚坐在我們對面的那個女孩，小牛……是你前女友？」我知道吳志賀想吻我，也知道此時問這種事很煞風景，但實在是沒能忍住。

他的眼底掠過一抹錯愕，「妳怎麼知道？」

「去洗手間的時候，偶然聽見她和其他女生的對話。」

他臉上的神情，又多了一絲驚慌，「她們有說什麼嗎？」

我觀察著吳志賀的反應，緩言：「沒說什麼，只說前女友和現女友都在的場子，你還能應付得來，挺不容易的。」

「就這樣？」

「嗯，就這樣。」看著吳志賀，我隱約覺得他有事瞞著我……

見我未再多言，他顯然鬆了一口氣，握住我的雙肩道：「小春，妳別多想，我跟小牛已經分手一年了，都過去了。」

「那你們現在只是朋友？」

他搖頭，「稱不上。」

「可是今晚的飯局……」

「共同朋友太多了，難免的。」他捧起我的臉，在頰邊落下一記親吻，「妳能理解的，對吧？」

即便郎已無情，恐怕妹仍有意，那名喚小牛的女孩，看著他的眼神分明還有愛，那樣專注的目光與神情，我實在太熟悉了。

「只要你能拿捏好界線，我不介意。」

「謝謝妳。」吳志賀攬住我，在頸窩處吻了吻，又在耳邊小聲地問：「今晚，我可以去妳家過夜嗎？」

女人的第六感告訴我，小牛和吳志賀並非只是簡單的過去式關係。心中的疑惑未解，令我心生芥蒂，下意識排斥與他過分親密。

「志賀，我今天——」

正當我要搬出月經來的藉口拒絕時，有人比我更早開口，「徐小春，這麼晚？」

吳志賀放開我，轉身與我一同往聲源望去，「你是？」

溫仲夏走上前，主動朝他伸手，「你好，我是溫仲夏。你就是小春的男友，對吧？」我有點傻眼，這不像溫仲夏平常會有的態度跟舉動，他這是在幹麼？

吳志賀非但沒有回握，還一臉戒備地將雙手插進口袋裡，「你是小春的誰？」

「我們從小就在一起，是雙方父母看著長大的。」某人刻意說著曖昧不明的話，還講得很順。

我發誓……我不認識這個人！

「溫仲夏，你發什麼神經？」我發現吳志賀鐵青的臉色，趕緊解釋：「志賀，你別誤會，我們只是兩家人認識，上大學前，經常讀同一所學校，僅此而已。」

「意思差不多。」溫仲夏唯恐天下不亂地補充，「但，青梅竹馬的套路你懂吧？」

「溫、仲、夏！」我握住吳志賀的手，慌張地猛搖頭，希望他能從我崩潰的神情中相信，那些話純屬玩笑。

吳志賀先是看著我，接著抬眼瞅向溫仲夏，「這麼晚了，你找我女朋友有事嗎？」

「有。」

「什麼事？」

「我們兩家的私事，你應該無權過問。」

「我是小春的男朋友。」

「男未婚女未嫁，你恐怕還不夠資格。」

「溫仲夏！」我氣到除了喊他名字，不知道還能說什麼。

「你這個人講話，一向如此無禮嗎？」

「無禮嗎？」溫仲夏不以爲然地挑眉，「那要看對象是誰。」

他眞是有隨便說兩句話就能氣死人的本事。不行，再繼續下去，等他們吵完我的感情大概也陷入危機了，「志賀，不然……你今天就先回去吧？」

吳志賀頭轉向我，瞠目結舌的模樣，彷彿在控訴我竟然沒選擇留下他。

「他會這麼晚來找我，可見是眞的有什麼重要的事……」才怪，我看溫仲夏根本是吃飽撐著。我邊在心裡吐槽，邊小心翼翼地勸說：「你先回去吧！我晚點再打給你，好嗎？」

吳志賀握緊拳頭，咬牙問：「徐小春，妳這樣對我公平嗎？」

「繼續僵持不下也不是辦法啊，而且……」我不想和你過夜。

吳志賀雖然滿眼的不諒解，但待情緒緩和後，仍順著我的話道：「好，我知道了。」離去前，他像在宣示主權般，當著溫仲夏的面抱緊我，「無論多晚，我都會等妳電話。」

我知道吳志賀很憤怒，望著他逐漸遠去的背影，我開始苦惱，晚點打給他時，該怎麼說明我和溫仲夏之間的關係，才能讓他釋懷。

煩躁地抬手撥了撥頭髮，我忍不住朝惹事的人發火，「溫仲夏，你到底有什麼毛病？」

「我怎麼了？」

「才第一次見面，你爲什麼那樣跟我男朋友說話？」我忍無可忍道：「還有，什麼叫我們從小就在一起？青梅竹馬的套路？胡說八道也要有個限度吧！耍我很好玩嗎？你是不是存心想害我跟男朋友分手？」

他一臉無所謂的模樣，「有這麼嚴重嗎？」

「你有這時間，爲什麼不好好看著林若妍！」我氣到口無遮攔。

溫仲夏瞬間面色一沉。

氣話是原罪，傷人又害己。空氣中的低溫凝滯，和夏夜的悶熱感相違，令我渾身滲出一層薄而黏膩的冷汗。直到我們同時開口——

「這跟林若妍有什麼關係？」

「當我沒說！」

溫仲夏盯得我背脊發涼。

我飄開視線，將散亂的髮絡勾回耳後，閉了下眼，無奈喟嘆，「溫仲夏，你為什麼要說那些話？那一點也不像你。」

他目光暗下，反問：「妳還在介意當年我和林若妍交往的事嗎？」

我不明白，好端端的為什麼突然提起這件事？正當我手心冒汗，苦惱著該如何回覆時，來電鈴聲如及時雨般忽然響起。

雖然是通陌生來電，但只要能逃避現在的話題，即便是詐騙電話，我也願意敷衍地聊上幾句。

「喂？徐小春嗎？我是陳玉珍啦！」

「玉珍？」我拿開手機確認了一下號碼，「妳換手機號碼了？」

「不是，我手機快沒電了，這是我男朋友的。小春，妳可以來接……」

「妳說什麼？」電話那端鬧哄哄的，我聽不清楚只好再問一遍：「妳說誰怎麼了？」

「我說，」陳玉珍提高音量，「楊虹她喝醉了，這麼晚不方便送回宿舍，妳能不能來接她，收留她一晚？」

「好，妳把地址發給我。」

「太好了！謝啦！」或許是終於找到救星，陳玉珍歡呼，「我馬上發訊息給妳。」

等我結束通話，溫仲夏問：「怎麼了？是誰？」

「系上的同學說楊虹喝醉了，要我去接她。」

「已經十點半了，妳要去哪裡接她？」

「還不知道，等她傳地址。」

「把地址給我，我讓王翔去接。」

「你會不會太誇張？」我翻了個白眼，「這又不是王翔哥分內的工作。」

「照顧我的心情，是他分內的工作。」

「楊虹喝醉和你的心情有什麼關係？」我看他今天八成是吃錯藥了吧？

溫仲夏把雙手放在我的肩上，扳正我的身子，「徐小春，妳在逃避話題。」

牽制的力道使我無法掙脫，我不耐煩地問：「逃避什麼啦？」

「妳真的要我再問一遍？」他的眼神教人無法忽視，害得我心跳驀地失序。

我板起臉瞪他，「現在這重要嗎？」

「重要。」

「爲什麼？」

「因爲我介意。」

「介意什麼？」

「妳。」

我愣愣地瞪大雙眼，頓時思緒混亂，但還來不及做出反應，注意力就被溫仲夏身後的畫面攫住。

在與我們相隔一段距離的暗處裡，似乎閃過兩道黑影。

「是誰……」

溫仲夏順著我視線的方向回頭，「什麼？」

我越過他前進了幾步，卻什麼也沒再看到。難道是我眼花了？我剛剛好像看到有兩個人拿著手機在偷拍……

「徐小春？」

此時，訊息通知發出聲響，溫仲夏趁我閃神，抽走我的手機，逕自解鎖密碼。確認過地址後，轉發給王翔。接著，又撥出電話交代了幾句，並在一陣咆哮聲中掛斷，最後才將手機歸還。動作流暢，一氣呵成。

我困惑地問：「你怎麼知道我的手機密碼？」

「四個零，一直都是這樣。」

「請你從實招來。」

「之前有一次妳睡迷糊時我問的。」

「溫仲夏，你好卑鄙。」

「妳這麼傻。」他伸手罩住我的頭頂，「不卑鄙一點怎麼照顧妳？」

「誰要你照顧……」我別過眼，掙脫他的手後退一步，瞥見他手機上的通話紀錄，撇了下嘴，「王翔哥肯定氣炸了。」

「的確。」溫仲夏點點頭，依舊是那副沒心沒肺的模樣，「本來以爲拒接我的電話，就不會有鳥事了，沒想到接到妳的電話也一樣。」

「他不會把我封鎖吧？」

「怎麼可能，他是那麼小心眼的人嗎？」

「我不知道，但你是個很腹黑的人。」從他剛才故意說的那些話、氣吳志賀的行爲，就能再次肯定。

溫仲夏展開笑容，雙手插進褲兜，「走吧，我送妳回家。」

至於那個被我忽略的問題，因爲我的避而不談，他也沒再提起。

✦

暑修早八的下課鐘聲響起，頂著兩顆熊貓眼，神情極度哀怨的楊虹推了我一把，「好姐妹一場，徐小春，妳怎麼能讓王翔來接我？簡直太沒義氣了！」

「是溫仲夏讓王翔去接妳的。」

「那也不行啊！」楊虹焦躁地揉亂自己的頭髮，「妳都不知道，今天清晨我在飯店房間裡醒來，發現自己身上的衣服被換過，還有個男人在浴室裡梳洗，這時內心有多驚恐崩潰，以爲自己被撿屍了！」

她的敘述令我噗哧一笑，「眞的假的？」

「當然是眞的！」她瞪我一眼，「我還把他當成變態暴打一頓，嚷嚷著說要報警呢！」

我憋笑到發抖，「天啊，不是吧……王翔哥一定覺得自己很衰。」

「雖然最後沒有報警，但我拿枕頭扔他。」楊虹苦惱地摀著臉，「誰知道他是拜託飯店女員工幫我換衣服。」

「妳昨天吐了嗎？」

「何止，聽說我還吐在他身上……」

我忍不住放聲大笑。

「徐小春！妳還笑！」

「對不起、對不起，但眞的好好笑！」我一邊笑一邊說。

楊虹氣鼓鼓地發動搔癢攻勢，「這麼愛笑，我就讓妳笑個夠！」

我抓住她攻擊的雙手，壓下嘴角放肆的笑意，「我錯了，投降。」

等終於能好好說話，楊虹嘆了口氣，「雖然王翔說不用還飯店的錢，但我覺得應該還是要給吧！」

「妳轉帳給他？」

「他不肯給帳號呀！我當時身上又沒帶那麼多現金。」

「那我讓溫仲夏幫妳還他？」

楊虹搖了搖頭，掏出手機推到我面前，「今天早上走得太匆忙，來不及要他的聯絡方式，妳給我吧！」

「喔……妳想親自道謝呀？」

她指著我的臉，瞇起眼睛警告，「妳給我收起這曖昧的眼神喔！我沒有別的意思好嗎？」

「妳不覺得你們很像偶像劇裡男女主角初相遇的情節嗎？」

「打住！」楊虹撇嘴，懊惱地說：「照顧一個爛醉如泥，還吐在自己身上的女人，能有什麼好感？我甚至誤以爲他是壞人，拿枕頭亂扔一通後才知道是誤會。除了丟臉，我根本沒有產生其他心思好嗎！」

「好好好，當我沒說。」我把王翔的手機號碼和LINE分享給她，「那妳就誠懇地向王翔哥道謝吧！」

楊虹抱頭沉吟，「哎，眞煩！他昨天爲什麼不把我送去妳家？」

「因爲有溫仲夏在。」

「徐小春，妳這是有異性沒人性啊！」

「呿，我昨天的狀況，也是蠟燭兩頭燒好嗎……」

聞言，楊虹興味盎然地雙手托腮，「發生什麼事？說來聽聽。」

我在她的眼神威逼下，娓娓道來昨晚發生的事。

聽完，楊虹思索了一會，「妳後來有打給吳志賀嗎？」

「有。」本來以爲在凌晨時分，吳志賀應該入睡了，但爲了履行承諾，還是意思意思地打了電話，正要切斷時，就被接通了。

「那他有說什麼嗎？」

「他聽完後感覺不是很高興，說男女之間沒有純友誼，希望我尊重他，跟溫仲夏保持距離。」

「他的要求也沒錯啊！往好處想，他是喜歡妳、在乎妳，所以才會介意。」

「但他……」

我來不及提有關吳志賀前女友參與飯局的情形，楊虹就接到來自社團同學的電話。通話結束後，她跳到另一個話題，「對了，妳還沒跟溫仲夏說林若妍的事嗎？」

「沒有。」

「爲什麼？」楊虹不解，「萬一他眞的是爲了林若妍回國，那不就——」

「他回來後，一切都會變好的吧……」我煩躁地撇唇，「林若妍當初那麼喜歡他，如果是因爲遠距離，一時感到寂寞才犯錯，或許還有得救。」

況且，這次溫仲夏回來，感覺整個人放鬆了不少，昨天還死皮賴臉地待在我家，叫了一堆宵夜，吃到半夜才肯回去，我不忍心影響他的好心情。

「劈腿只有一次和無數次。」楊虹義正詞嚴地道：「妳確定要把他蒙在鼓裡嗎？」

「那我總得找個適當的時機……」

「哪有什麼適當的時機？拿出手機直接傳訊息給他就好了。」她蹙眉，只差沒翻白眼，「奇怪了，平時妳處理事情，明明就十分果斷，怎麼每回只要遇到和溫仲夏有關的事，就變得拖拖拉拉呢？」她想了想，說出了唯一的可能性，「是因爲太在乎，所以才那麼小心翼翼嗎？」

我搖頭反駁，「我是因爲沒有實質的證據，擔心如果他去追問林若妍，林若妍卻矢口否認，那我不就變成企圖破壞他們感情的壞人了？」

「妳覺得溫仲夏會不相信妳嗎？」

「這很難說，畢竟我只是他的朋友，但林若妍是女朋友。」

「如果林若妍不承認，妳就說妳看錯了。」

「或者，妳可以說，妳疑似看到林若妍跟一個男生親密地走在一起，但不是很確定。就當是間接提醒他要留心。」陳玉珍在一旁聽見我們的談話內容，也提出建議。

楊虹睞她一眼，「同學，妳偷聽我們講話喔？」

「什麼叫『偷』？」陳玉珍反唇相譏，「妳們說話的音量，正常人都聽得見好嗎？」

她們玩鬧似地互懟幾句後，陳玉珍問：「宿醉還好嗎？」

楊虹指了指自己不佳的氣色，「我看起來像是還好的樣子嗎？」

「妳看起來像是後悔暑修。」我調侃。

「要不是爲了下學期能排熱門教授的主修課進課表裡，我才不想早起來上暑修呢！」

「同意。」陳玉珍附和。

「早八的課，簡直要命。」昨天和吳志賀談完，洗個澡，睡覺時也差不多凌晨三點多了，今天還接早八。

「昨天就跟妳說了不要賭那麼人，眞心話說出口不就得了，幹麼非要選擇大冒險？」陳玉珍下巴抵著懷間抱著的書燦笑，「結果兩杯深水炸彈就不行了，妳這不是活受罪嗎？」

「因為沒八卦可讓你們挖啊！」楊虹哼笑，「我生活很單純的。」

陳玉珍眨了眨眼，一臉不信，「是單純，還是想保密啊？」

「妳說呢？」

「那從實招來，昨天來接妳的男人是誰？」

我和楊虹交換了一記眼神，跳出來替她解圍，「是我朋友。」避免要解釋太多，我直接將王翔簡單歸類為朋友。

陳玉珍挑眉，「那男人西裝筆挺，看上去挺成熟的。小春，妳認識的人，年齡層很廣泛耶……」

「小春認識的人不只年齡層廣泛，還有頗有名氣的，想不想知道是誰？」楊虹的語氣十分刻意。

陳玉珍擺了擺手，搖頭，「算了吧，我就不八卦了。」

「謝娘娘放過。」楊虹有模有樣地拱手。

一同離開教室時，陳玉珍不忘道：「系上正在籌備下個月開學和友校的聯誼，有興趣的話記得提早報名參加。」

楊虹立刻替我回絕，「小春名花有主了，不能聯誼。」

「那妳來啊！」

她一臉興致缺缺，「再說吧！」

「幹麼這樣？」陳玉珍失笑，「給系學會一點面子嘛！」

「我很給面子好不好，之前都有報名。但妳自己說說看，參加的都是些什麼牛鬼蛇神？」楊虹嫌棄地道。

「那又不是我們能控制的，妳不能有所歧視。」

「是是是，爲了不歧視，就再說吧！」

楊虹三言兩語打發掉陳玉珍，問我：「要去我宿舍嗎？」

「我還要去找一下助教。」

她呵欠連連，摀著嘴道：「那我先回宿舍補眠了，超睏。」

望著她離去的背影，我不禁發笑。楊虹應該暫時不需要聯誼了，王翔哥其實挺不錯的啊，搞不好他們有機會發展呢！

Secret 08

若無法完整地交付自己，就請別殘害他人。

世界上沒有永遠的祕密，之所以能隱瞞，都是因爲時候未到。

我還來不及暗示溫仲夏看緊林若妍，就先得知自己被劈腿的事實。

我和吳志賀原本沒打算一起過七夕情人節，但楊虹曾說，愛情想走得長久，就該有點儀式感。

當天，在楊虹苦口婆心的叮嚀下，我在結束到墓園探視媽媽的行程後，準備了一塊蛋糕和幾樣外送餐點，傳訊息問吳志賀要不要來家裡共進晚餐。但他消失了一整晚，近午夜時分才回訊致歉，稱太累睡著了。

當下的我並未多心，孰料事隔三週，竟會在某個平凡無奇的假日早晨，被手機裡跳出的陌生IG私訊告知，七夕那晚，吳志賀其實是睡在前女友的香閨，共度春宵。

透過往來訊息和一些存證照片及對話截圖，我從小牛的朋友那裡得知，吳志賀和小牛已經藕斷絲連一陣子了。

他們算是各取所需，小牛想要復合，而吳志賀迷戀她的身體，在互利互惠的情況下，他們從前男女朋友，成了現任炮友的關係。

果然，女人的第六感，有時候準得可怕。

「妳爲什麼要告訴我？是希望我退出，好讓他們能順利復合嗎？」

「不是，我只是覺得，吳志賀這樣對妳們兩個很不公平、很渣！我已經勸小牛死心很久了，但她一直不肯放棄，既然說不動她，那我認爲至少不該讓妳也被蒙在鼓裡，傻女人有一個就夠了。」

小牛知曉這件事後，同樣在IG私訊我，但除了道歉，什麼也沒說。

事已至此，我想，已經不是她和吳志賀要不要劃清界線的問題了，而是這樣的男人，我根本要不起。

「吳志賀，我們算了吧！」

訊息發出去後，我沒和任何人說，就關機並丟下手機。

爲了淨空思緒，我用平板追了幾部劇。追劇期間我的情緒多半都很平靜，除了隨劇情的高潮迭起，偶爾會掉下幾顆眼淚。

發現室內光線不足，外頭天色已暗，我才驚覺已經晚上六點多了。

走進廚房，正要開冰箱覓食，門鈴驟然響起。我移步至門口透過貓眼一看，溫仲夏正面色微慍地站在門外。

「你怎麼來了？」

一見到來應門的我，溫仲夏立刻發難，「徐小春，妳搞什麼鬼？」

我一頭霧水，「什麼？」

「妳手機爲什麼關機？還有，妳今天一整天都在家嗎？」

「對。」他莫名上頭的火氣，讓我不知道該怎麼回答，才能順利解除警報。

「那我打家裡電話爲什麼沒人接？」

「你有打嗎？」我搔了搔腦袋，完全沒印象，「可能是因爲在房裡看劇太專心了，所以……」

溫仲夏皮笑肉不笑地揚起唇角，那模樣有些嚇人，「我看妳只是單純想被揍。」

「喂！溫仲夏，對一個今天剛失戀的人，你這什麼態度啊！」我掉頭往屋裡走，「能溫和一點嗎？」

溫仲夏跟著進門，繼續碎碎念：「我找妳一天了，能不急嗎？徐小春，妳都多大的人了，還搞失蹤？妳知道我爸媽——」

我從廚房倒了一杯蜂蜜水返回客廳，盤腿坐進沙發，喝了幾口止飢後，忍不住打斷他，「你到底找我幹麼？」

他跳過我的問題，忽然問道：「妳剛剛說什麼？」

「什麼什麼？」

「失戀？」

我滿臉問號，「怎樣？」

他試探性地開口：「……妳被甩了？」

「你有沒有良心啊？」

溫仲夏雙手環胸，看上去似乎心情不錯，「我可沒詛咒你們分手。」我還寧願他有咧！

「煩死了，沒事的話就給我滾。」我像趕蒼蠅一樣甩了甩手。

他在我身側坐下，收起戲謔的態度，認眞地問：「怎麼回事？」

「我被好心人從IG私訊告知，吳志賀和前女友是炮友關係。」

「妳確定？」

「那位好心人有他們的對話截圖，據說是他前女友分享的。」

「所以，妳提了分手？」

「不然咧？」我翻了個白眼，「我被綠的還不夠嗎？」

「那他接受了嗎？」

「不知道。」我搖頭，「我關機了。」

「爲什麼關機？好歹也說清楚吧？」他睨著我，「妳做錯了什麼，要這樣當縮頭烏龜？」

「這不是當不當縮頭烏龜的問題，而是我現在不想面對他。」

「那什麼時候才要面對？」

「你以爲每個人在處理感情問題時，都能像你一樣理智嗎？」

「妳一向都不理智。」溫仲夏語氣很差，補上一句，「而且還眼瞎。」

「你要繼續刺激我，就慢走不送。」

他沉下臉，「幼稚。」到底是誰幼稚？

跟溫仲夏大眼瞪小眼了一陣後，我長吁短嘆，「我失戀已經夠可憐了，難不成你現在還要跟我鬥氣？」

「你們進展到哪一步了？」他沒頭沒尾地問。

「什麼？」我愣了一下才反應過來，「才沒有咧！」與別的女人共享一個男人，光用想的就頭皮發麻。

溫仲夏朝我伸手，「手機拿來。」

「幹麼？」

「開機，如果他找妳，我替妳回。」

「感情是兩個人之間的事，你一個外人插什麼手？」

「外人？」溫仲夏冷笑，「徐小春，妳有膽再說一次？」

「我不敢。」瞧他那副如閻羅王轉世般的兇狠模樣，我膽小地縮了縮脖子，「手機在房間裡，我去拿……」正當我起身，門鈴又響了。

叮咚——

我在溫仲夏緊迫盯人的目光下，汗毛直豎，嘀咕著走向門邊，「今天到底颳得是什麼風，我家這麼熱鬧。」不管今天是什麼日子，都不是我的好日子。

我從貓眼中看見吳志賀站在門外，我緊捏著門把，猶豫了一會才開門，「你怎麼來了？」

「方便進去談談嗎？」

我態度冷漠地拒絕，「有什麼話在這裡說清楚就好。」

「妳都知道了，對吧？」

「嗯。」我補充道：「不該知道的，也知道了。」

吳志賀沉默了一會，握住我的手，「小春，我錯了，妳原諒我好嗎？」

我抽回手，退後一步，「你覺得這種事情，是可以原諒的嗎？」

「我和小牛是眞的分手了，後來會演變成那種關係，是因爲有一次我喝醉……」

「酒後亂性？」我苦笑，「當一個男人眞的喝醉時，根本硬不起來。」

「那只是一時的肉體出軌，我會處理好的。」

「肉體出軌就不算出軌了嗎？」我對他感到失望，「從前女友變小三，你不覺得這樣對小牛太殘忍了嗎？」

「她不算小三吧，我和她的感情已經是過去式了。」

「吳志賀，我們現在糾結這些一點意義也沒有。」

「小春，我會跟小牛斷乾淨的。」

「這不是會不會斷乾淨的問題，而是我們已經回不去了！」

「但我不喜歡她，我喜歡的是妳！」

「我有感情潔癖。」我躲避他的靠近，嚴肅地道：「知道這件事後，別說發生關係了，我連你想牽我的手，都覺得噁心。」

吳志賀靜靜地瞅著我，臉色逐漸由懇切轉爲不悅，「徐小春，妳根本就沒喜歡過我，對吧？」

我皺起眉頭，覺得反被他質疑這件事很荒謬。

「如果妳喜歡我，怎麼能這麼冷靜，又如此不留餘地？」

「不然我應該怎樣？」我扯唇，「哭著問你怎麼能這樣對我？接受你的認錯，再給你一次機會嗎？」

「徐小春，對妳而言，分手是很容易的事，對吧？」吳志賀開始激動地責備我，「妳不會難過，是因爲妳根本不曾對我用心！」

「犯錯的是你，爲什麼現在要來檢討我呢？你不覺得很可笑嗎？」

「交往的這幾個月以來，我對妳都是眞心的，但妳常常會讓我覺得，妳的心根本不在我身上，這對我而言，又何嘗公平？」

「所以你就可以回去睡前女友？」我瞪大雙眼，不敢相信他居然這般厚顏無恥，還振振有辭地與我爭辯。

「我對你有沒有心，難道是根據我有沒有跟你上床來決定的嗎？那你乾脆說，因爲我不肯跟你做，你管不住下半身，所以才回去睡前女友！」

吳志賀怒目相向，氣得臉色脹紅，「是那個叫溫仲夏的對吧？妳喜歡他！」

「你到底在胡說什麼？」

「難道我說錯了嗎？」他不可理喻，還咄咄逼人地指控，「那天見面後，我覺得他有點眼熟，於是上網查了一下，想不到是個小有名氣的人，妳身邊有一個那麼優秀的男人在，又怎麼可能眞心喜歡我呢？我只是妳排解寂寞時的工具罷了！」

我被他犀利的言語惹惱，氣憤地握緊拳頭，「吳志賀，你怎麼能說出這種話？我才沒有……」

我早就對溫仲夏不抱任何期待了，只是單純想找一個人眞心相待、好好交往。爲什麼這麼難呢？爲什麼不論分手原因是什麼，他們最終都將錯歸咎於我，像在打臉我這兩年來所做的努力一樣，指控我根本沒忘記過溫仲夏……

吳志賀的手朝我伸來，卻被溫仲夏早一步攔截抓住，「夠了吧！」溫仲夏甩開他的手，走向前，擋在我們中間。

「他在妳家？」吳志賀瞪著我，譏諷似地說：「你們和我做的事，不也差不多嗎？」

「我們沒你那麼無恥。」我偷偷扯著溫仲夏的衣襬，要他少說兩句。

「都幾歲的人了，處理感情如此不理智。」溫仲夏冷冷地道，不疾不徐地把吳志賀批得體無完膚，「你用下半身思考的時候，怎麼沒想到自己喜歡徐小春，不該對不起她？事後才在說這些話，要她給你機會，不成，就把髒水往我們身上潑。你還算是個男人嗎？有擔當的話，就閉嘴承認自己的錯誤，趁還能講點理，彼此好聚好散。」

「你他媽的住口！」吳志賀氣不過，朝溫仲夏揮拳，卻被溫仲夏敏捷地閃身，反制在門外的牆上。

「我的手是用來彈鋼琴，不是用來動粗，你可別害我破例。」說完，溫仲夏鬆開對他的箝制，捏了捏手腕，神色輕鬆卻略帶幾分威嚇意味地續道：「你敢再來找徐小春試試看。」

溫仲夏推我進屋，立刻用力關上門，不在意吳志賀是否繼續在門外叫囂、會不會甘願離開。

「你什麼時候變得這麼流氓了？」

溫仲夏緩和了情緒，開口：「如果我告訴妳，我在義大利演出時認識了黑手黨，妳信嗎？」

「不信。」

他雙肩一聳，一副不相信也無所謂的模樣，然後嚴肅地囑咐，「妳不准再跟吳志賀聯絡，聽見沒？」

「我才不會好嗎！」

「誰知道妳有沒有變得更笨？」

要氣溫仲夏的毒舌，永遠都氣不完。

我做了幾次深呼吸冷靜下來，把剛才掉在地上的黏土豬鑰匙圈還給他，「喏，這應該是從你口袋掉出來的。」溫仲夏默默接過，收進口袋裡。

「當年我送你這個生日禮物，說是我買的，你眞信啦？」我問。

「這豬這麼醜，只能是妳做的。」

「嫌醜幹麼不換？」

「懶。」他撇下我，逕自回到客廳。

「對了，你今天來找我幹麼？」

「沒事不能來找妳？」

溫仲夏驀地回身，害我差點一頭撞上。

他垂首瞅著我，單手捧起我的臉頰，「徐小春，我不是說過，不准隨便在我面前哭嗎？」

我摸了摸眼角，才發現自己居然在不自覺間掉淚了。

他語音溫柔，半哄著問：「怎麼了？有什麼好哭的？」

「我失戀了，難道不能傷心嗎？」難過的感覺瞬間湧上心頭，我的情緒逐漸激動，扯著他襯衫的一角，放肆大哭。

溫仲夏喟嘆，「徐小春，妳不僅腦袋不聰明，連看男人的眼光都有問題。」他說出口的話依然不怎麼好聽，但以指腹拭淚的動作卻非常溫柔。

「我就瞎了不行嗎？」我賭氣道。

「妳就是這麼讓人不省心，所以我才要回來。」

「少來，」他才不會為了我回國呢！「你明明就是因為林若妍。」

溫仲夏一愣，「誰跟妳說我回國是為了林若妍？」

「難道不是嗎？你不是因為現在感情深了，捨不得跟林若妍遠距離，才決定放下一切回來的嗎？」

溫仲夏沉默地抿唇，皺了下眉。

我呆呆地與他對眼幾秒，驀地想起楊虹說的話——

「就因為怕他傷心、怕他回來是徒勞，也怕自己的不確定會被誤會動機，妳就不說嗎？難道妳認為溫仲夏不值得被公平對待嗎？」

她說得對，沒有人應該被蒙在鼓裡，爲了溫仲夏好，我是該提醒他的。

我抹去臉上的淚痕，剛才哭得太用力，整個人還有點喘不過氣，抽抽噎噎地道：「我、我跟你說，你最好看緊林若妍，因爲不久前，我曾在學校附近，看到、看到她跟別的男人很親密地走在一起。」

聞言，溫仲夏的臉上毫無驚訝之色，閉了閉眼，嘆了一口氣，無奈地道：「徐小春……我和林若妍已經分手了。」

「分……手了？」我呈現O字嘴，愣了一下，「所以，她沒有劈腿？」

「沒有。」

「什、什麼時候的事？」

「有一陣子了。」溫仲夏淡淡地交代，「我們是和平分手的。」

「爲什麼？」

「試著交往，卻發現彼此不合適。」

「因爲遠距離？」

「不是。」

「那爲什麼？」我茫然地問，喃喃自語：「高中群組裡都沒有傳出消息啊……」

「我和林若妍都覺得分手沒必要鬧得沸沸揚揚，所以就沒特別提。」

「那你難過嗎？」即便是和平分手，過去的回憶和情分，也會在心裡留下傷痕吧？

「難過嗎……」他垂眼思忖。

我懊惱自己問了一個蠢問題，怕會勾起他的傷心處，「你不用認眞想……不用回答沒關係。」

溫仲夏抬手摸了摸我的臉頰，輕揚唇角。

「但是如果你們已經分手了，你還回國幹麼？」

「我回國，是因爲有放不下的人。」這次，他話語中沒有保留，語氣無比認眞。

我瞅著那雙清澈含笑的眼眸，聽得十分糊塗。

這是什麼意思？

還來不及細想，生理反應便快了一步，咕嚕——

這聲悶響來得突然，我感到錯愕且尷尬不已，低下了頭。

「肚子餓了？」

「今天一整天都沒吃東西……」

溫仲夏戳了一下我的額頭，「失戀餓肚子減肥瘦身變美這種事，是不會發生在妳身上的。」

「我也沒想過好嗎！」我生氣地仰首，卻陷入他溫柔的目光裡。

「我帶妳去買吃的。」溫仲夏自然地牽起我的手，可惜浪漫不過三秒鐘，立刻破功，「要買檸檬嗎？妳有任何一任前男友肯陪妳吃嗎？」

「溫仲夏！」

「果然，只有我敢陪妳吃，所以以後妳還是識相點吧！」

「你閉嘴啦！」

✦

「吳志賀那個混蛋！」

聽我說完來龍去脈，楊虹氣憤地拍桌，一聲驚響引來學餐內用餐的學生們側目。

「妳小聲一點啦！」我一陣尷尬，拉拉她的衣袖。

「妳都不生氣嗎？」楊虹忿忿不平地從鼻孔噴氣，「吳志賀幹出那種事情，居然還有臉在臉書上討拍？」她把手機推給我，螢幕畫面停在吳志賀發布的貼文上。

「什麼叫『在不對的時間，遇見了不對的人，但每段失敗的戀情，都會成爲我吸收的養分，讓我能在遇見下一段戀情時，變成一個更好的男人』？狗屁吧！」

我拉住氣到差點站起來的楊虹，把手機翻面蓋住，「隨便他怎麼說，我們不要看就好。」

「他怎麼不敢寫都是因爲他管不住下半身，跟前女友滾床單、對不起妳，所以才被甩？」

「想也知道不可能……」

「那他也不能發這種意義不明的話，還在下面回覆別人的留言，拐彎把錯都推到妳身上吧？」

我平靜地道：「反正我本來就融入不了他的朋友圈，分手後大家互不干涉也沒有交集，我不在乎他的朋友怎麼想我。」

「是嗎？」楊虹點開留言，咬牙切齒地念出一則則留言，「都是我做得不夠好，小春有更好的選擇，我眞心祝福她」、「她的心裡沒有我的位置，是我自大了，以爲能感動得了她」、「謝謝她曾經試著給我愛情，雖然是這樣的結局，但我們都盡力了」。

她越念臉色越鐵青，我搶過她的手機直接滑掉介面，「別看了啦！」我安撫道：「才剛吃完午餐，妳這樣會消化不良。」她眞的很可愛，失戀的是我，居然比我還激動，不愧是好姐妹。

「何止消化不良？我簡直想吐！」楊虹拿起桌上的飲料狂灌了幾口降火氣，「妳怎麼能這麼冷靜？他這是在欺負妳、扭曲事實耶！」

「不然我該怎麼樣？」我的確對此感到無奈，「我不想做無意義的爭辯。」

「這怎麼會是無意義的爭辯？事實就是他對不起妳。他有本事做，就要勇於承擔啊！居然還把黑的講成白的，又把錯推給妳，簡直不要臉！」

「大家好聚好散，又不是談不起戀愛。」我整理著桌上吃完的餐盒，邊道：「分手後兩個人撕破臉，搬到檯面上互罵像什麼樣子？這不是打臉自己當初怎麼會喜歡上那樣的男人嗎？」

「我沒有要妳撕破臉，但妳也不能任人欺負吧？」楊虹撇了撇唇，雙手抱胸睞著我，「徐小春，妳說，妳眼光怎麼會這麼差啊？」

「妳能不能別跟溫仲夏講一樣的話，很傷人好嗎？」

「一個人說是偏見，兩個人說就是事實。妳該好好反省了。」

「我承認我的確是識人不清，但我沒覺得被欺負，反正已經是不重要的人了，隨便他怎麼說、怎麼想，都影響不了我。」

「是是是，是影響不了妳，我看妳搞不好還一點都不傷心呢！」

「什麼叫一點都不傷心？」我不滿地抗議，「說得好像我很冷血。」

「妳是啊！」楊虹伸出手指一根一根不客氣地數著，「妳自己說說，和前男友、前前男友……總之，和前幾任男友分手時，妳傷心過嗎？」

「當然有啊！」我反駁，「我又不是沒血沒淚。」只是我偷哭的時候，沒人看到而已。

她指了指我的胸口，「妳確定妳這裡有？」

我自覺啞巴吃黃蓮，索性不爭辯。

過了一會兒，楊虹嘆氣，「小春，妳知道，有些事情……不是盡力就可以的。」

我明白楊虹是覺得，有些話講多了沒意思。這兩年，該勸的都說盡了，即便再苦口婆心，也該適可而止。

她舒展筋骨後，朝我伸手，「把那王八蛋的手機號碼給我。」

我一時沒反應過來，「誰？」

「當然是那個跟前女友滾床單的渾蛋，吳志賀。」

「妳要做什麼？」

「打過去罵一頓啊！」楊虹瞪大雙眼，一臉氣憤難當。

她還惦記著這件事呢……

我被那副認眞的表情逗笑，搖搖手，「妳別鬧了。」

她沉下臉色，嚴肅地說：「誰在跟妳鬧？」

「不用了啦！等我把他送的東西都還給他後，我跟他就眞正兩清了。」我拍了拍擱在地上的紙袋，那是待會要拿給吳志賀的東西。

「為什麼要把他送的東西還他？」楊虹怪叫，「當然要拿去賣啊！」

「我才不要咧！而且又不値多少錢，何必自找麻煩？」

「哎，隨便。不管啦！把渣男電話給我。」楊虹依然堅持，自顧自地搜身，我因爲怕癢而扭動著身體。推拒到一半，她的手機鈴聲忽然響起，於是暫時作罷，接起電話，「喔，莊子維呀……」

結束通話後，她雙手合十地拜託我，「小春，莊子維說要拿之前同學聚會掉在餐廳的行動電源給我，但我等等有小組討論，妳能幫我跟他拿嗎？」

「妳掉的行動電源怎麼會在他那裡？」

楊虹聳肩，「散會後他們清場時找到的吧。」

「但我還要拿東西給吳志賀……」

「妳就約同個地點就好，比較方便。」這樣好嗎？

楊虹沒給我猶豫的機會，就通知了莊子維。

不久，我收到莊子維的訊息，問我約在哪裡，爲了免去不必要的麻煩，我還是避開和吳志賀碰面的地點，但是約在差不多的時間。

接到吳志賀的通知，我提著東西至校門口旁的便利商店。

他看起來精神不錯，沒有分手後的尷尬，泰然自若地與我交談，「妳這幾天好嗎？」

「客套的慰問就不必了吧！」我淡淡地出聲，把紙袋遞給他。

吳志賀沒有收下，而是扣住我的手腕，「小春，妳眞的不能再給我一次機會嗎？」

「你都已經發文了，內容打得煞有介事，還想挽回什麼？」

「那是因爲我當時情緒不佳，太難過了，我現在也很後悔……」

我甩開他的捉握，直視他的雙眼，「吳志賀，那天醜話都說盡了，你覺得我們之間還有可能嗎？」

「那天是因爲有溫仲夏在，我很生氣才會口不擇言，但那些話都不是眞心的，小春，妳相信我——」

「你到底要我相信你什麼？」我諷刺地勾唇，覺得可笑至極，「如果你是因爲被我甩了不甘心，那就當作是你和我分手的也行，我不在乎。」說完，我擱下紙袋轉身要走，吳志賀卻不讓我離開。

「徐小春，妳憑什麼這麼對我？」吳志賀拉住我，強行將我拉到他的面前，「我會犯錯，難道就沒有妳的問題嗎？要不是妳的態度總是不冷不熱，我需要在別的女人身上尋求溫暖嗎？」

我一直以爲細水長流地培養感情，是我們的共識，想不到竟成了他劈腿的藉口，覺得是我在這段感情裡不用心。

「就算我們之間有問題，也構不成你肉體出軌的理由。」我冷眼瞅他，不客氣地道：「而且，你別跟我說，你一點都感覺不到小牛還喜歡你。」

吳志賀瞪著我，無法反駁。

「你如果對她沒有愛，只有肉體上的需索，那就更可惡了。」

他煩躁地抓著頭髮，垂下雙肩喪氣地說：「徐小春，妳爲什麼要讓我變得這麼狼狽？」

「沒有人讓你變得狼狽，這一切都是你自己造成的。」我苦笑，到底是誰在爲難誰？「好聚好散難道不好嗎？」

「那是因爲妳從來就沒有喜歡過，才能做到如此瀟灑吧！」

又開始鬼打牆了。我拒絕和他持續毫無意義的爭辯，「現在說這些還有什麼用？我們就好聚好散吧！」

吳志賀指著我的臉控訴，「妳看，我最煩的就是妳露出這個表情的時候，這讓我覺得，對妳而言我根本什麼都不是。」

「你怎麼知道我不難過？」面對這一連串的質疑，我的內心掀起波瀾，眼眶不禁發熱，「但對於一個肉體背叛我的男友，我還要表現出多少在意？」

「所以妳就能說斷就斷嗎？徐小春妳眞的太無情了，根本不配擁有我的眞心！」

「不要說得好像你就有眞心對我！今天做錯事的又不是我！」

吳志賀氣紅了雙眼，用力捏住我的肩膀，「徐小春，妳到底有沒有眞心喜歡過我？妳有嗎？」

我被他抓痛，蹙眉掙扎，「你放手，放開我……」

但他對我的話置若罔聞，像發瘋似地深陷在自己的情緒裡，咄咄逼人地問：「打從一開始，我就只是妳排遣寂寞的工具而已，對吧？」

我奮力地掙脫吳志賀的箝制，內心惴惴不安，這傢伙不會是恐怖情人吧？大庭廣眾之下，應該不至於吧？

「徐小春？」

耳熟的叫喚，讓我瞬間鬆了一口氣，慶幸著自己遇到救星。

莊子維拎著一罐剛從便利商店買的冰水，溫文爾雅的神情依舊，盯著吳志賀的眼光卻乍現犀利。

「你怎麼會在這裡？」

「買水喝啊！」他晃了晃手中的水瓶，來到我身側，「男朋友？」

「前男友。」我糾正，並以眼神向他發出求救訊號。

「那還是別拉拉扯扯了，容易讓人誤會。」

「你又是誰？」吳志賀戒備地問。

莊子維勾起嘴角，故意氣他，「我爲什麼要告訴你？」

我無語地扯出一抹難看的笑容。這種時候，連他也要添亂嗎？

「徐小春——」

吳志賀伸手想拉我，卻被莊子維一個箭步，巧妙地挪動身子隔開我們，「你們還有話要聊嗎？」

我搖頭，「沒有。」

他敲了敲腕上的手錶，「那我們走吧，我還沒吃飯，肚子餓了。」

「現在才五點耶……」他這是要去吃哪一餐？算了，不重要，能盡快擺脫吳志賀比較重要，「喔！好，我知道有間餐廳很好吃。」

「嗯，那走吧！」

吳志賀擋在我們面前，「他是妳的新對象？」

「這不關你的事吧？」

「原來不只溫仲夏一個，徐小春，妳的備胎可真多！」

從前的溫柔體貼已不復見，撕破臉後，吳志賀儼然變成了一個我不認識的人。慶幸小牛的朋友找到我，讓我得知眞相，才沒在這樣的人身上浪費太多時間。

「我沒有和你解釋的必要。」越過吳志賀，我態度堅決地道：「我們以後別見了。」

直到確定擺脫吳志賀的糾纏，我才徹底鬆一口氣，趕緊掏出手機，把他所有的聯絡資訊一併封鎖刪除。

默默地將一切都看在眼裡的莊子維，扭開瓶蓋喝了幾口水，笑說：「這麼狠啊？」

「不然呢？難不成要留著做紀念？」

「那我算是英雄救美了？」

「你剛才都聽到了吧？」

「差不多。」

「謝謝你替我解圍。」是我多此一舉了，本來還約在不同的地點見面，避免麻煩。

「謝謝不能用嘴巴說說而已，得拿出點誠意。」他從包裡拿出楊虹的行動電源給我。

「那你想怎麼樣？」

「妳說呢？」

「同學，你這是想坑我？還是想撩我？」

「我很正直的。」

我敷衍地笑了笑，「是喔。」

見我情緒緩和不少，莊子維問：「待會還有課嗎？」

「沒了。」我想了一下，才道：「不然，我請你吃晚餐吧？」

「才五點？」他皺眉，「我剛剛是情勢所逼……」

我壞心地勾起唇角，「但我是認眞的，早點吃，好消化還不怕胖。」

「哎，好吧！」他雙手插進褲兜，「我現在不餓，便宜妳了。」

莊子維挑了一間我家附近的義式餐廳，是從前我和溫仲夏經常光顧的小店，算是地圖上的隱藏版美食，餐點十分精緻道地。

他點了青醬燻雞義大利筆尖麵，再搭配附餐飲料奇異果冰沙，而我只點了一盤凱薩沙拉，他以爲我是爲了請客在省錢，說沒打算眞的讓我付，別虧待自己。

「我沒什麼食慾。」最近發生不少事，溫仲夏突然回國，我得知吳志賀劈腿決定分手，還知道溫仲夏和林若妍也分手了，一連串的事件像連環炸彈般接連引爆，都不給人喘口氣的機會。

「倒是你，說不餓的人還吃這麼多。」

「以男人的食量算少了。」他迅速地打量我一眼，「妳要是趁著情傷減肥似乎也不錯。」

莊子維和溫仲夏果然不一樣，友善多了，雖然這番話同樣不怎麼討喜。

「有人說，失戀餓肚子減肥這種事不會發生在我身上。」

他連猜都不用猜，「溫仲夏嗎？」

「你怎麼知道？」

「直覺。」

我挑眉，不置可否。

「你老實說，你們獸醫系是不是很閒啊？」我促狹地問：「否則怎麼常常看到你跑活動，來我們學校跟走自家廚房一樣。」

「我們是姐妹校，聯合活動多呀！」莊子維悠閒地喝著冰沙，「況且，我在挑燈夜戰的時候，妳可都沒看見呢！」

我敷衍地點點頭，「是是是，我錯怪你了。」

他好奇地反問：「那行銷系難嗎？」

「只要融會貫通就不難，只是不知道畢業後能做什麼、想做什麼？」

「那妳選這個科系幹麼？」

我神祕兮兮地睞他一眼，「這你就不懂了吧？」

「怎樣？」

「這是屬於沒有明確志向的人的煩惱。」

莊子維被我挺起胸膛，理直氣壯的模樣逗笑。他拿出手機，對著桌上到齊的餐點拍了幾張照。

「你要幹麼？」

「發限動。」他說：「放心，我會Tag妳。」

「不是。拍這個發限動還Tag我？」我困擾地皺眉，「你別鬧了，萬一被人看到誤會怎麼辦？」

莊子維眨了眨眼，「誤會才好啊，就讓火燒得更旺一點吧！」

「你到底在說什麼？」我完全摸不著頭緒。

他滑了滑IG，淡淡地解釋，「當然是因爲有人會偷看我的限動啊！」

「誰這麼無聊？」

他點開最新限動的觀看者列表，找出溫仲夏的帳號，指給我看，「喏。」

眼見爲憑，但我仍然難以置信，「怎麼可能？他看你幹麼？」

「應該是從妳的追蹤者裡找到我的。」

去年，我們在C大的跨年晚會上偶遇，互相追蹤IG，發了一段約十五秒的煙火影片，還標記了當天同樂的朋友、同學們的帳號。

「溫仲夏不會做這種無聊的事，搞不好是他經紀人用他的帳號亂滑時不小心滑到的。」我推測道。雖然，王翔也不像那麼閒的人……

「是嗎？」莊子維不以爲然，「我倒覺得，一個男人喜歡一個女人的時候，做什麼事情都不奇怪。」

「你現在就滿奇怪的，難道也是因爲喜歡我？」

莊子維朗聲大笑，絲毫不介意我的調侃，「其實我注意到溫仲夏會看我的限時動態有一陣子了，原本一直不理解他的行爲，直到最近聽說他和林若妍早就分手後，就似乎有點懂了。」

「什麼意思？」

「溫仲夏大概是犯了跟我一樣的毛病。」

「你有什麼毛病？」

他搖了搖頭，只問：「我滿好奇，溫仲夏爲什麼偏偏找到我？」

我心虛地手持叉子，翻了翻盤裡的生菜沙拉，簡直此地無銀三百兩。

「徐小春，妳不解釋一下？」

吁出一口氣，我放下餐具，如實地說出前因後果。

聽完，莊子維得出結論，「看來，一頓飯似乎不夠。」

「什麼意思？」

「我是指人情。」

未經允許就拿他當擋箭牌，確實是我理虧，「那不然你想——」

他打斷我，「溫仲夏其實是在吃醋吧？」

「吃誰的醋？你的嗎？」

莊子維一臉「妳眞遲鈍」的表情看我，「這不是很明顯嗎？」

我不以爲然地冷笑一聲，「從小到大，溫仲夏會被我逼著吃巧克力、吃酸檸檬，但就是不可能會吃醋。」

「那妳怎麼解釋他那些奇怪的反應和行爲？」

我漫不經心抬眼，「那他當初爲什麼和林若妍交往？」

「或許他正是因爲和林若妍交往過，才發現自己眞正喜歡的人是妳。」

「這樣的話，林若妍不就太可憐了嗎？她既聰明又漂亮。」

「在愛情裡，條件算什麼？」莊子維接著說：「再優秀的人都取代不了那個刻在心裡的人。」

「溫仲夏有這麼笨嗎？」需要靠和別人交往，才能確定對我的感情。

「面對喜歡的對象，再聰明的人都是笨的，即使不笨也得裝笨。妳沒聽過這句話嗎？」他頓了頓，續道：「其實，高中的時候，關於你們的事，我或多或少聽說過，以身爲男性旁觀者的角度來看，我一直覺得溫仲夏應該是喜歡妳的，但可能因爲距離太近而看不清。雖然這麼說傷人，但有時候感覺是比較出來的，和妳分開，又嘗試和林若妍交往，或許他這時才後知後覺地發現自己眞正的心意。」

即便被莊子維的話動搖，我仍不敢想得太美好，「你恐怕錯了，溫仲夏之前聽到我交男朋友都沒什麼反應，不像是會在意的樣子。」

「『聽到』和『實際看見』是兩回事，再說了，他表面上沒反應，不代表心裡不在意。」

「我跟溫仲夏太熟了，當了那麼多年的好朋友。從前他總是有意無意地提醒我，要我別越過那條友誼的界線，我也接受了這樣的結果，並且試著去接受別人……」我迎上莊子維的目光，「現在這樣不好嗎？你為什麼要和我說這些？」會讓我又燃起不該有的期盼。

我跟溫仲夏的關係，早在當年他決定出國並和林若妍交往時，就隨著時間的流逝定案了。事到如今，剛結束一段感情的我，實在沒有多餘心力，也不想把事情搞得太複雜。

他輕嘆，「妳就當我雞婆吧！」

用餐完，天色已暗，莊子維出於好意送我回家。

沿路我們聊著平凡日常的瑣事，我還分享了校園七大恐怖靈異傳說，莊子維感覺就是個不迷信的理性派，雖然沒有吐槽我，但我知道他並沒有把我的話當真。

年久失修的道路不平，我一不留神差點拐了腳，莊子維扶住我，正想開口叮嚀幾句，豈料熟悉的聲音早些落下，「徐小春，妳去哪裡了？」

溫仲夏站在前方的街燈下，頎長的身影投射在電線桿旁的柏油路面，盡頭處暈成一片黑漆，繃著的俊逸臉龐襯著微弱的白光，看上去有些清冷。

「我傳的訊息，妳都沒看。」

他有傳訊息給我嗎？我從包裡摸出手機，螢幕跳出了兩則訊息——

「妳在哪？」

「晚上一起吃飯。」

我愣愣地抬頭，等不到回應的溫仲夏乾脆長腿一邁，三步併成兩步來到我眼前，順便拉開我和莊子維的距離。明眼人都看得出他似乎不太高興。

「我……我吃飽了。」

「你們一起吃的？」

我迴避兩位一觸即發的視線，想著這應該是溫仲夏回國後，他們第一次見面，於是試圖化解尷尬，「溫仲夏，莊子維你記得吧！我們高中——」

溫仲夏面無表情地開口：「我知道他是誰。」

莊子維朝我使了個眼色，拿起手機晃了晃，彷彿在說「他都默默關注我IG了，應該對我不陌生」。

所謂「冰凍三尺，非一日之寒」，我覺得某人此刻的表情，像累積了千年冰霜，凍得我直發寒。

這種時候，管他三七二十一，道歉就對了，「對不起，我手機放在包裡，所以沒看到你的訊息。」

但溫仲夏顯然在意的不是這個，他攬住我的肩頭，向莊子維道：「謝謝你送徐小春回來。」他的舉止頗有宣示主權的意味。

應對這般不友善的態度，莊子維氣定神閒地往我和溫仲夏面前一站，擋住去路，「剛才吃飯，我還和小春提到你呢！」

溫仲夏淡淡地挑眉，「什麼？」

「你問她呀！」莊子維笑咪咪地說。

沒興趣玩文字遊戲的溫仲夏徑自帶我往家門走去，我想向莊子維道別，但溫仲夏緊緊地握住我的手腕，使我無法掙脫。

「小春，我們改天見喔！」莊子維故意在我們身後加油添醋道。

我選擇忽略溫仲夏犀利的目光，如常地轉頭答話：「好。」

一關上家門，溫仲夏立刻擺出一副興師問罪的模樣，「徐小春，妳到底在想什麼？」

「我才想問你怎麼回事？」我甩開他的捉握，覺得莫名其妙，「你在生氣嗎？爲什麼？」

他起先悶不吭聲，半晌，開口說出傷人的話語：「徐小春，妳有這麼不甘寂寞嗎？」

「你什麼意思？」

「妳才剛結束一段感情，不是嗎？」溫仲夏銳利的視線裡，藏著許多未知的情緒，「就這麼急著找新對象？」

感覺胸口彷彿被針扎了一下，痛得眼底瞬間霧氣蒸騰，我被他的話激怒，賭氣點頭，「對，沒錯，我很急！這樣可以嗎？」

未料及我的反應會如此激烈，溫仲夏的表情閃過一抹錯愕，語氣隨即放軟了幾分，「我不是這個意思……」

說出口的話覆水難收，儘管他急欲道歉，也澆熄不了我心中冉冉升起的怒火，「今天下午我約了吳志賀，把他之前送的東西還給他，過程中發生爭執，是莊子維替我解圍的。我爲了答謝請他吃飯，他擔心吳志賀會來家附近堵人惹事，所以才送我回來。你有必要把我想得那麼不堪嗎？」

「對不起，是我錯了。」

溫仲夏難得道歉得這麼快，但他的示弱，反而讓我覺得更委屈，「你根本不懂……溫仲夏，你根本不了解我！我只是想找一個……想要一個人……」

他完全沒聽懂我的意思，還辯解道：「徐小春，這兩年妳總是遇不對人，我只是不想妳再——」

「你又要說我眼光差嗎？」我沒心情跟他討論問題的癥結點，口不擇言地說：「那這次應該沒問題了吧？莊子維的爲人，和他同班過的楊虹肯定很清楚。之前我就聽說了不少，加上這段時間的觀察相處，他的人品和學業都很不錯。你不是覺得我和他有什麼嗎？那我就趁機跟他發展看看好了。」

溫仲夏閉了閉眼，深呼吸冷靜下來後，才問：「妳在說氣話，對吧？」

「我說氣話氣誰？你嗎？」我伸出食指戳他胸口，「你在乎嗎？」

許是因爲早前莊子維說的那番話，讓此刻的我變得有恃無恐，想藉機逼溫仲夏說出眞心話。但他只是皺起眉、抿著唇，靜靜地看我，像在應付喝醉無理取鬧的人，也懶得好言相勸。

果然……我失望地垂下雙肩，面露苦澀，「溫仲夏，我們認識十幾年了。你覺得你夠了解我嗎？」

他回答不出來，兀自沉默。

「你知道我眞正想要的是什麼嗎？」

我要的從來不是他如親人般的關心、如兄長般的照拂，或如朋友般的陪伴……

十幾年了，他究竟什麼時候才會明白？

我不想再自作多情，也不願繼續在模糊的關係中載浮載沉，更厭倦了追逐他的背影……

我輕嘆出一眶心酸的淚水。

熟悉的俊容，在我模糊的視線裡扭曲，那神情從凝重、懊悔，到此刻的手足無措。

溫仲夏慌亂地抹去我眼角滑落的淚，語調前所未有的溫柔，「徐小春，妳別哭。」

「嫌煩對吧？」我笑了，哭得更加猖狂，「還不都你害的。」

Secret 09

愛情能讓你放下一切前提、放下原則、放下恐懼，只因為那個放不下的人。

溫仲夏把那天我的情緒化，歸類爲失戀後遺症。我解釋不清，只能任由他誤會。

難得的連續假期，總算盼到黃心怡回北部，我們仨好久沒聚，於是相約在我家徹夜談心。

溫仲夏下午傳訊息給我，說他展演結束後，發現音樂廳旁新開了一間咖啡店，就順手買了幾塊蛋糕給我們當飯後甜點。

黃心怡搭著我的肩，擠在門口湊熱鬧，還調侃溫仲夏，問他要不要也留宿一晚。

「妳別鬧了！」我推了推她，要她回客廳等我。

「幹麼？害羞啊？」她曖昧地朝我使眼色，「哎唷，溫仲夏又不是沒住過妳家，況且兩家人都那麼熟了……」

「妳閉嘴。」我摀住她胡言亂語的嘴，催促道：「妳剛才不是說要幫楊虹洗水果，還不快去？」

「好好好，讓你們小倆口單獨聊聊，我不打擾。」

「亂講什麼？」她唯恐天下不亂的個性眞是到幾歲都沒變。

黃心怡調皮地聳肩，替我接過溫仲夏提來的東西。她往裡頭瞄了一眼，「去咖啡店不買咖啡，買波士頓派？」

「晚上喝咖啡不好，容易失眠。」溫仲夏說。

「我還以爲你是惦記著小春愛吃的呢！」她邊笑邊意有所指地說。

「妳到底要不要進去？」

「要！」黃心怡比了個敬禮的手勢後走進屋裡，終於不再廢話。

「要進來坐一會兒嗎？」我客套地問。

溫仲夏搖頭，「妳們聊吧，我回去了。」

「好。」

在門即將關上時，他一把擋下，「徐小春……」

「嗯？」

溫仲夏欲言又止，神色略過一抹侷促，有失以往的從容。

「怎麼了？」

「過幾天，我們去看電影吧！」

「看電影？」

「有一部經典的音樂劇重映……」

我滿腹疑惑，看著溫仲夏彷彿第一次約女生出去般略顯青澀的言行，「好是好，但你——」

「我先上網訂票，看好時間再跟妳說。」他匆匆說完，轉身離去。

直到聽見楊虹的叫喚，我才回過神，關上門返回客廳。

她們已經布置好餐點坐在沙發上等我，兩雙眼睛帶著八卦意味，笑得讓人心慌。

「妳們幹麼？」

黃心怡率先開口：「妳跟溫仲夏是不是有情況？」

「沒有。」我斜睨她一眼，搖頭，「我不知道他怎麼了。」

楊虹接下來的話，害我差點噎到，「他忽然開竅發現自己喜歡妳了？」

「咳咳咳咳咳──」

黃心怡笑倒在一旁。

我抓起桌上的水杯猛灌幾口，拍了拍胸脯道：「眞想把妳們趕出去。」

「本來就是，他這趟回國好像不太一樣了。」黃心怡搓了搓下巴，「妳一點感覺都沒有嗎？」

楊虹也收起訕笑，跟著追問：「難道，妳眞的不喜歡他了？」

她們盯得我渾身不自在，「拜託，我才剛結束一段戀情……」

「那又怎樣？」黃心怡不以爲然，「妳跟吳志賀只交往幾個月，扮家家酒呢！但妳跟溫仲夏都認識半輩子了。」

我繳械投降，舉手求饒，但她們還是沒打算放過我。

「溫仲夏現在單身。」黃心怡說。

楊虹補充，「他和林若妍分手了。」

我扶著額頭，「他跟林若妍分手又不是因爲我。」

「難說。」楊虹喝了一口可樂，忽然想起別件事，「對了，妳有跟溫仲夏說，前天早上在家門口發現一盒死蟑螂和威脅信嗎？」

「沒有。」本來要說，但想想還是算了，怕是自己太小題大作。

黃心怡瞪大眼睛，「什麼威脅信？」

我從口袋裡拿出一張用電腦打出的恐嚇字條——

「警告妳，最好離溫仲夏遠一點！否則下次，我們就不會這麼客氣了！」

黃心怡對此感到傻眼，「都什麼年代了，還搞威脅這一套？誰這麼無聊啊？」

「我們猜，有可能是溫仲夏的粉絲或瘋狂愛慕者。」

我順著楊虹的話點頭。上回我在家門前發現的兩道身影，搞不好不是錯覺，而是溫仲夏的粉絲。

「要報警嗎？」黃心怡問。

「再看看情況吧，我不想把事情鬧大。」

楊虹無奈地翻了個白眼，「對，所以連溫仲夏都不說。」

「說了他也不能怎麼樣啊……又不知道是誰做的。」

「至少要更加留心、保護妳吧？」

「他很忙的。」我搖了搖頭，「何況，我又不是小孩子了，這點小事自己處理就好。」

黃心怡還是不放心，叮嚀：「那你們出去看電影要注意安全。」

「妳怎麼知道我們要去看電影？」

「當然是聽到的。」她理直氣壯地道。

我扯唇揶揄，「呵呵，聽力眞好。」

「溫仲夏在的話，應該不會有事啦！」楊虹說。

「也是。」黃心怡拍拍我的肩膀，「那就安心約會去吧！」

「咳……」我險些被口水嗆到，「我們以前也會一起去看電影啊，這不算約會。」

楊虹睨我一眼，「妳要是繼續合理化他的所有行爲，那你們就眞的沒什麼好發展的了。」

「小春這樣是正常發揮啦！」黃心怡豎起食指搖了搖，「妳看她和溫仲夏培養了十幾年的感情，也沒啥進展。」

「妳們到底有沒有在尊重我？」瘋狂在我傷口上灑鹽是什麼意思？

楊虹和正在吃水餃的黃心怡互換了一記眼神，「我們只是覺得，面對感情，還是應該勇敢一點。」

我坦承地說：「如果要拿我和溫仲夏十幾年的友誼去賭，我實在是挺慫的。」

「要不然，妳可以和莊子維試試看？」楊虹假裝認眞地思考了一會，「我也樂見其成。」

我無語，白眼都快翻到後腦勺了。

「說到莊子維，我之前在學校的活動上偶遇蘇晴，人家現在交男朋友了呢！」黃心怡道。

「我聽補習班的同學說，蘇晴在南部讀大學？」我問。

黃心怡點頭，「對呀，她男友是我們學校的。」

楊虹笑言：「那很好啊，最大的情敵已經解決了。」

「妳不要有了新對象就亂湊對。」黃心怡忽然爆料。

「誰？」我腦筋轉得飛快，「王翔哥喔？」

楊虹果真害羞了，瞬間兩頰通紅，「八字都還沒一撇好嗎……」

「說來聽聽啊？」我笑咪咪地打算當個吃瓜群眾。

「我們……出去了幾次，覺得王翔這個人滿可靠的。」

「當然可靠，他大我們這麼多歲，都是成熟的社會人士了，如果還沒點基本條件，那像話嗎？」

楊虹聽不得有人說心上人的不是，跳出來反駁黃心怡，「這跟年齡沒關係好嗎？是和生活歷練有關。」

「是是是，是我不懂。」黃心怡不在意地擺了擺手，「妳都還沒跟對方在一起，就開始護短了喔？」

楊虹氣得鼓起雙頰，「徐小春，妳看妳朋友啦！」

「好啦好啦，乖。」怕她真的激不得，我勾住她的手，笑嘻嘻地問：「那王翔哥對妳如何呀？」

「他挺忙的，雖然都會回我訊息，但時間很不固定。」楊虹神情落寞地抱怨，「前幾天凌晨三點才回我訊息。」

「經紀人嘛，難免的。」我安慰她，「溫仲夏之前在國外的時候，也是三天兩頭找不到人啊！」

「但你們那時又沒打算發展。」

我抱著靠枕，問道：「如果妳覺得王翔哥的工作性質，會影響感情發展的話，那還是算了？」

「我也不知道。」楊虹屈膝，單手托腮，「以前我不想爲沒把握的喜歡努力，總是畏畏縮縮的。就像對莊子維，連告白的勇氣都沒有，一下就決定放棄了，可是現在……我想試試看。」

「試什麼？」

「試著毫無保留地去喜歡對方，爲自己的感情努力一次。」

想不到楊虹會這麼認眞，我有點意外，「妳就這麼喜歡王翔哥喔？」

楊虹輕笑，沒有否認，「我只是突然想起王翔跟我說過一句滿有道理的話。他說，預設立場只會讓你錯過許多東西。」

她感嘆道：「這讓我覺得……如果不試著努力，實在對不起曾經那麼喜歡對方的自己。」

黃心怡拍拍我的肩膀，故作誇張地按住胸口，「她讓我覺得，我們倆都中箭了。」

「說眞的，妳就沒後悔過當初拒絕簡易雲嗎？」楊虹問。

「後悔又能怎麼樣？」黃心怡無奈地笑，「我們已經錯過了。」

「如果簡易雲還喜歡妳呢？」

「愛情裡，沒有如果。」她搖搖頭，打起精神道：「我不後悔，只是有點遺憾罷了。」

「遺憾什麼？」我問。

「我想……簡易雲應該會是個還不錯的男朋友吧！」

「莊子維可能也是。」楊虹跟著說。

「溫仲夏……嗯，我不知道……」

說完，我們都笑了。

✦

我記得，去年冬天我和溫仲夏本來約好要在平安夜一起吃飯、看電影。

往年的聖誕節兩家人都會一起熱熱鬧鬧地慶祝，升上大學後，由於我爸媽搬去東部，溫仲夏經常有表演而時間不好敲定，再加上我身邊有曖昧的對象，所以身爲「好朋友」的我們，只能讓出聖誕節當天，提前慶祝。

不過，最氣人的是，儘管都提前約定好了，當天我還是被放鴿子。

早已數不清，那是第幾次了……

我隔著電話，對溫仲夏發了好大一頓脾氣，即使他難得出言哄我，都無法化解我的怨懟。

「忽然有個活動必須出席，抽不了身，等跨完年我會提早回國，到時候我們再補，好嗎？」

他的「臨時」，讓我記起那年他也失約，後來我家發生的事，心裡更加不滿。

我冷冷地問：「有補的意義嗎？」

「小春……」

「那林若妍怎麼辦？你跟她說了嗎？」

一陣沉默後，溫仲夏道：「她來美國了。」

「你早就知道她會去，那還跟我約什麼？」

「我不知道。」他解釋，「她是昨天突然出現的。」

我用力深呼吸，試圖壓抑情緒，但看著電腦螢幕上剛訂購完電影票的畫面，眼眶還是不爭氣地悄悄發熱，「算了，反正我也還沒訂位。」

「徐小春，我買了聖誕禮物給妳。」溫仲夏的聲音，聽起來十分無奈，「等我回去，好嗎？」

「嗯。」

我有什麼資格鬧脾氣，我又不是他的誰，我們只是……

那次鬧得不歡而散，我接連好幾天都不肯接他的電話和回覆訊息，直到跨年那天，過了午夜十二點，才傳了句新年快樂。

時隔一年多，雖然這次溫仲夏是徹底回來了，但經過上回的爭吵，我心裡難免還是有疙瘩。

上午我在麵包店代班了兩小時，結束後，我依約前往電影院。

當我準時抵達電影院售票口，看見他穿戴著黑色鴨舌帽和口罩，正站在一旁的角落，背對著我講電話，這時我才終於鬆了一口氣。

隔著一段距離等了幾分鐘，我看了眼時間和滿滿的排隊人潮，擔心再不取票會來不及，於是邁開腳步走到溫仲夏身邊。

「可以，那你安排吧！」

「但年底聖誕節前，我要回來。」

「我知道了，我會注意的。」

話落，溫仲夏一回身，發現我站在他後面，愣了一下，他邊收起手機邊道：「徐小春，妳什麼時候到的？」

「就剛剛啊！」我問：「你在跟誰通話呀？」

「王翔。」

「公事？」

「不然我跟他還有什麼好說的？」

「眞無情。」我爲王翔掬一把同情的淚水。「走吧，去取票。」

溫仲夏拉住我，從口袋裡掏出兩張電影票。

「你很早就到了嗎？」

「今天週末，我怕人多。」

身爲大忙人的他，經常行程滿檔，偶爾還會有臨時的突發狀況。前陣子受到明星邀請，至演唱會當特別嘉賓，讓他的知名度水漲船高，現在出門去人多的地方，都會被王翔千叮萬囑要把帽子口罩戴緊一點，也眞是難爲他還敢冒險約我看電影了。

「還有時間，妳要喝點什麼嗎？」

「我想喝無糖珍珠奶茶。」

溫仲夏蹙眉，「妳以前不是都不調整甜度的嗎？」

「那是以前。」我嘀咕：「你們男生懂什麼，女孩子們爲了維持身材很辛苦的好不好……」

「怕胖就不該喝珍奶。」

「你管我，我就要喝！」我瞪他一眼，走在他前面，「我記得，這附近有間滿有名的手搖飲料店。」

原本擔心飲料店生意太好會來不及買，幸好目前人不算多。

我排在一個身著淺色牛仔襯衫、卡其色休閒長褲，有著俐落髮型的男生後面，覺得那背影越看越眼熟，當男生開口向店員點飲料時，居然連聲音都十分耳熟。

直到男生結完帳轉過頭，我才終於認出他，低呼：「簡易雲？」

他看著我和溫仲夏，訝異地頓住步伐，「這麼巧？」

溫仲夏淡淡地挑了下眉。

簡易雲勾住他的脖子抱怨，「明明就回國了，上次兄弟聚會爲什麼不參加？有異性沒人性！」

溫仲夏敷衍地交代了聲：「我很忙。」

他們在一旁的等候區找了一處站定，等我點完飲料。

見我拿著號碼牌走來，簡易雲問：「欸，你們是在約會嗎？」

我翻了個白眼，「約什麼會，我和溫仲夏都——」

「嗯，約會。」溫仲夏氣定神閒地道。

簡易雲訝異地低呼，「真的假的？」我也同樣錯愕，「你在開玩笑嗎？」只有溫仲夏一臉認真，「我像嗎？」

我咬了咬下唇，心中滑過一絲異樣的感受，扭頭改問簡易雲，『那你怎麼在這裡？」

「我要去一個朋友家討論報告，就在這附近。」

我心直口快地續道：「男的女的？」他笑了笑，「男的。」

我對上簡易雲的眼神，驀地意識到自己是不是管太多了，尷尬地理理瀏海裝忙，「飲料要再等一下，前面有個人好像點了滿多杯的。」

溫仲夏點點頭，「來得及，加上電影開場前的預告，還有三十分鐘。」

「你們要看哪部電影？」簡易雲問。

我拿出電影票念了片名，是部音樂劇，簡易雲聽完後拍拍溫仲夏的肩，「真不愧是你，看這種電影不會睡著嗎？」

溫仲夏瞥了我一眼，點點頭，「徐小春可能會。」

簡易雲笑說：「那你還折磨她？」

「她習慣了。」

「你這什麼意思？」我不服地叫道。

聽我們拌嘴，簡易雲忽然語出驚人，「溫仲夏，你和林若妍分手，是因爲徐小春嗎？」

「啊？」

相較於我的愕怔，溫仲夏的反應很平靜。

「你們分手的消息，前陣子才在班級群組裡傳開。有人拍到林若妍跟新對象約會的照片，有些人懷疑你其實是被劈腿，所以才分手。後來林若妍出來解釋，說你們早就和平分手了，只是一直沒機會公開。」

「是嗎？」我看向溫仲夏。

「我不知道。」

「你當然不知道，因爲你從來不在那個群組裡啊！」簡易雲說。

「你這麼孤僻喔？」我調侃。

溫仲夏淡淡地開口：「怕吵，而且沒時間。」

「所以你和林若妍分手，到底是不是因爲徐小春呀？」

我推了簡易雲一把，「喂！我人就在這裡，你這樣問，我很尷尬。」

溫仲夏依舊沒有回答。我的心裡百感交集，既希望他是爲了我，又覺得這樣想很缺德。

就在氣氛隨著三方的沉默而凝結之際，店員剛好叫到我們的號碼，使我鬆了口氣，走上前領飲料。

看了眼時間，差不多該入場了。和簡易雲道別前，我突然想起心怡，猶豫了一下，明知唐突卻還是忍不住問：「簡易雲，你……還喜歡她嗎？」即便沒有指名道姓，簡易雲也知道我說的是誰，他愣了幾秒，斂下目光的同時，輕揚嘴角。雖然沒有得到答案，但我卻懂了。

「那你會埋怨她嗎？」

「埋怨什麼？」

「埋怨她沒有接受，埋怨她不肯努力看看。」

「沒什麼好埋怨的。」簡易雲豁達地開口：「感情從來就不是一個人的事，所以才得來不易。兩個人想在一起，除了喜歡，還必須有足夠的勇氣。」

「爲什麼？」

「因爲要跨出第一步，往往最難。」

「會嗎？」我聳肩，不予置評，「我看有些人談戀愛都挺容易的。」

「其他人我不清楚，至少對我而言，這不是件簡單的事。」簡易雲搖搖頭，「不過，我知道對心怡而言，我們已經錯過了。」所以即便仍然互相喜歡，他們也不會跨出那一步，因爲已經錯過了在一起的時機。

望著簡易雲離去的背影，我莫名地感到一陣心酸。

沉默半晌，溫仲夏似乎不希望簡易雲和黃心怡的事影響我太深，「別人的感情我們無權插手，也別多想，祝福就好。」我點點頭，跟在溫仲夏身後入場。

這個電影，確實不合我胃口，開始不久，我的思緒就已經飄到簡易雲剛才的問題，和溫仲夏的笑而不答。

換作是以前，他應該會否認的吧？難道他眞的對我……

由於整場電影都心不在焉，所以散場後我發表不出什麼觀影心得，本以爲會被溫仲夏罵浪費錢，想不到他居然只是平淡地點了下頭說：「我想也是。」

「你明明知道我不會認眞看，幹麼還約我？你是不是沒有其他朋友？」

「即使妳不認眞看，也無所謂。」

「爲什麼？」

「因爲有妳在身邊就好。」

「你別這樣，會讓我誤會的。」而且以前的他，根本不會說這種話。

「誤會什麼？」

「誤會我們……」

知道了我的意思，他淺淺一笑，「誤會也好。」

「嗯？」我不明白地投去一眼。溫仲夏不打算多做解釋，在送我回家的路上都很少說話，沿途遇到幾個認出他的粉絲，便和他們簽名、合影，看起來心情挺好的。

「我到了，你快回去吧！」

我朝溫仲夏揮了揮手，拿出鑰匙，正準備轉身開門，他驀地拉住我，「徐小春。」

我盯著他握住我的手，還來不及反應，他的下句話更是教人錯愕。

「妳喜歡莊子維嗎？」

「你、你說什麼？」我愣愣地將視線移向他的臉龐。

他沒再重複，只是安靜地等我回答。

「爲什麼這麼問？」

「高中時，妳說妳喜歡的人姓『莊』，就是他，不是嗎？」

我還來不及回話，王翔的出現打斷了我們之間的談話。

「我是……打擾到你們了嗎？」

「對。」溫仲夏毫不客氣，沒給王翔好臉色。

王翔扯了扯唇，對於某人的無理已然十分習慣，他遞出手中的文件，「這裡有些展演資料，你看一下，沒問題的話需要簽名。」

「你來就只爲了這個？」

「當然不是。」王翔提起另一手拿著的紙袋，晃了晃，「上次活動地點附近有間有名的甜甜圈店，我們去排隊時售完了，今天剛好有廠商送來，我就想起你之前想買，所以特意留了兩個。」

「排甜甜圈？」這不像溫仲夏會做的事啊！

王翔點點頭，「對呀，妳不是愛吃嗎？」

「你怎麼知道？」

「仲夏說的。」他將紙袋交給我。

「這麼好。」我打開封口，巧克力口味的甜甜圈香氣瞬間撲鼻而來。

「他對妳當然好了，那年妳——」王翔話還沒說完，就被溫仲夏瞪得住口，「你可以走了。」溫仲夏道。

王翔雙手抱胸，搖頭嘆氣，「仲夏，身為半個公眾人物，勸你注意禮貌。」

「請、滾。」

「等等。」我叫住一臉心碎正打算離開的王翔。

「嗯？」

「我有話問你。」

「什麼？」

「你和楊虹到底怎麼回事？」

王翔疑惑地皺了下眉，「我和楊虹怎麼了？」

我開門見山地問：「你喜歡我們家楊虹嗎？」

各種大場面都能穩如泰山的王翔，居然因為我一句簡單的提問而臉紅。他不好意思地抬手搓揉頸脖，笑了笑，「楊虹就是……妹妹。」

事關好姐妹的幸福，容不得他隨便，我語出威脅，「你敢敷衍我試試。」

被我狠狠地瞪了一眼，王翔咳了幾聲後，便正色回應：「楊虹很可愛，但我覺得我們年紀相差太多了，再加上我這樣的工作性質，要想再更進一步，彼此都得再好好想想。」

「那你到底喜不喜歡她？」

王翔點頭也不是，搖頭也不是，看上去有所顧慮，儘管他已經是個成熟男性，但要在我們面前坦承心意，也不免會覺得難為情。

我無意逼他，純粹只是不希望好姐妹受傷，「你不一定要接受楊虹，我知道感情這種事勉強不來，但請你別玩弄她的感情。」

「這點妳可以放心，我絕對不會的。」王翔承諾。

安靜許久的溫仲夏難得好心地替經紀人說話，「王翔不是那種人，妳別瞎操心了。」

「呿，你懂什麼？」我們家楊虹可是母胎單身呢！我會擔心也是人之常情。

「徐小春，妳連自己都顧不好了，還管別人的事？」

「我怎麼了？」

溫仲夏的視線越過我，看向王翔，「你先走吧，我還有話要和徐小春說。」

「好。小春，我們下次見嘍！」王翔識相地道。

等人走遠，我問：「你到底要跟我說什麼？」

溫仲夏沒打算兜圈子，直接切入重點，「妳還沒回答我的問題。」

「什麼？」

「妳喜歡莊子維嗎？」

他的問題令人費解，「我……」

沒等我回答，他又突然問：「我買了巧克力甜甜圈給妳，妳要發限動嗎？」

「溫仲夏，你怎麼回事？莫名其妙地說些什麼呢？」我蹙眉。

「妳不願意？」

「這不是願不願意的問題，剛才王翔哥也說了，你已經是半個公眾人物了，我總不能——」

「以前我不是的時候，妳也沒發過。」

「你一直都很耀眼，我不敢啊！怕會成爲眾矢之的。」他到底在介意什麼？「再說了，你以前也沒在乎過啊！」溫仲夏忽然神情古怪地安靜下來。我撇下他想走，卻被他一把抓住，「徐小春！」

我實在忍無可忍，便道：「你是不是有去看莊子維的限動？」

本以爲心高氣傲的他會否認到底，未料他卻意外地坦承，「是。」

「溫仲夏你究竟是怎麼回事？」我搞不懂他那顆聰明的腦袋到底在想些什麼？

「妳情傷復原得這麼快，是因爲他嗎？」

「當然不是，跟莊子維有什麼關係？」我只是想通了，便放下了。

「那年阿姨去世，也是他陪著妳，所以妳才不接我電話。」他忽然翻起舊帳。

「我跟你說過了，莊子維會知道是個意外，而且我那段時間不接你電話，是因爲你人不在國內，又有比賽要忙，我不希望你因爲我的事情受影響。」

溫仲夏握住我的手，嗓音低啞，「但那不是件小事。」

「仲夏，這兩年來，發生了大大小小的事情，即便你不在我身邊，我也是一個人過來了。沒錯，或許我曾經很依賴你，但我們都已經不是小孩子了。」

「現在我回來了，妳可以繼續依賴我。」

我拉開他的手，搖頭，「你知不知道自己在說什麼？你總是這麼霸道。」看著答不上話的他，我的心裡有些掙扎，但仍是不平地道：「當初考大學，我拚命認眞念書，就是爲了能離你近一點，但你卻選擇出國，留下我一個人。後來經歷的那些，就更不用說了。溫仲夏，我已經改變了，也不想回到從前那個習慣依賴你的狀態。」

聽完我的話，溫仲夏的眼裡有著失望和落寞。

「還有，你別再說那樣的話了，會讓我以爲，你是爲了我回來的。」

「我是爲了妳回來的。」

原以爲自己已經足夠堅強，可當他如此說道，我的視線竟變得模糊，我不解地問：「你不是一直想擺脫我嗎？」

「我什麼時候眞的嫌棄過妳了？妳眞的不懂嗎？」

「我不懂。」淚水在眼底層層堆疊，我卻不想在溫仲夏面前顯露軟弱，「你現在爲什麼要這樣？」

然而，他的沉默太過漫長，讓我漸漸害怕聽到答案，於是移開目光，故作輕鬆地道：「別再爲了莊子維和我吵架，我會以爲你在吃醋，也不要再說那種要我依賴你的話，否則我會誤會的。」

「誤會什麼？」他的眼神驀地一亮，似乎期待著我會說些什麼。

但我只是抿唇搖頭，拉開我們之間的距離，「雖然我也希望我們能像以前一樣，但總不能這樣一輩子吧？」

我關上家門，背抵靠著透出些微涼意的門板。

溫仲夏的確和從前不同了，但眞的是因爲喜歡我才這樣的嗎？

如果是，爲何剛才沉默了呢？

✦

「歡迎光臨！」

笑容滿面歡迎客人上門的我，在見到走進自動門的那道熟悉身影後，僵直了背脊，對方也在和我四目交會的那一刻，流露出一抹不自在的神情。

林若妍挑選了幾款麵包，走到櫃檯結帳，見店內沒有其他客人，且只有我一名當值員工，她淺揚嘴角，生硬地開口：「好巧。」

「是啊。」我一邊替她把麵包裝進紙袋，一邊回應她，「妳怎麼會來這裡？」她家應該不住附近，這是我第一次遇見她。

「我男朋友住在這區，順路經過。」林若妍回頭望了一眼臨停在店外的黑色轎車，「妳……應該知道了吧？」

我點頭。

「今天店裡忙嗎？」

「其實，在學區和商業區附近的話，只有週一到週五的上下班和放學時段會比較忙。」

林若妍點了點頭，任由尷尬蔓延，直到付完錢，接過找回的零頭，才道：「妳今天打工到幾點？」

「六點。怎麼了？」

她遲疑了幾秒，「方便下班後和我聊聊嗎？」

「嗯？」我直視眼前美麗且平靜的臉龐，猜測不出她邀約的用意。

然而，許是好奇心使然，或是想多少從她口中聽見關於她和溫仲夏之間發生的事，快速思考後，我點頭答應，「方便。」

週末上班果真不忙，時間也流逝得相對緩慢，應盡的事項都做完後，我拿著櫥窗清潔劑擦拭玻璃自動門，打發交班前的最後幾分鐘。

老闆剛好走進店裡，見我在門口擦玻璃，瞄了眼腕錶，「快下班了吧？這個擦完可以先走。」

「這怎麼行？還沒到點，晚班的人也還沒來。」

「反正店裡不忙，而且等等有人要來面試，我會待著，沒事的。」老闆簡單地巡視店面後，從隨身包裡拿出一個流浪動物愛心捐款箱，放在收銀台邊。回頭發現我仍杵在原地，便笑說：「放心，不會扣妳薪水的。」

我進內場脫掉圍裙，準備下班，老闆探頭問：「小春，下個月寵物展，妳有興趣當義工嗎？」

「什麼協會的義工呀？」

「浪兔協會。」

「好啊，我喜歡兔子。」我檢視手機的行事曆，確認目前沒什麼行程安排在下個月，「那再跟我說日期和時間。」

「好。」老闆笑了笑，「昨天我問楊虹有沒有興趣，她要我也問妳，說妳特別喜歡兔子。目前有兩個義工的名額，正好能找妳們幫忙。」

交班後，我獨自前往和林若妍約定的地點。

當年，畢業典禮上林若妍隨口說了一句「改日再約」，結果在她和溫仲夏交往的期間，我們一次也沒見過面。

如今，她都和溫仲夏分手了，巧遇的我們，反而相約在我打工地點附近的咖啡店「聊聊」，如此戲劇性的發展，實在出人意料。

店面坪數不大，目測約進五組客人便會滿席，林若妍似乎提前抵達，坐在一隅隱密的座位。擺在她面前的果汁，已經喝掉了三分之一。

「妳等很久了嗎？」我拉開她對面的椅子入座。

「還好。」掛在她臉上的微笑和過去一樣，仍是那副禮貌中帶點疏離的模樣。

「妳提早下班了？」我點點頭。

我們的立場，既不適合閒話家常，連噓寒問暖也顯得虛偽。打從我入座開始，多半時間雙方都是沉默的，連眼神不經意的交會，都凝結得教人想迴避。直到店員送上我的芒果冰沙，林若妍發出近乎氣音般的一陣輕笑，才打破沉默。

「怎麼了？」

「妳喝這個，不怕被仲夏罵嗎？」

我不假思索地道：「他又不在。」

她勾唇，「也是。」

我吸了幾口冰沙解饞，「妳找我，是想聊什麼？」

手持吸管攪拌果汁，林若妍沉吟半晌，淡淡地開口：「妳知道，我跟仲夏爲什麼會分手嗎？」

「我聽說，你們是和平分手的，因爲不合適。」

她眉眼微挑，「妳相信？」

「不然呢？」

「那妳知道，仲夏爲什麼要回國？」

「他說是因爲我。」我低下頭，不敢直視林若妍的眼神，雖然不關我的事，但總覺得這句話從我嘴裡說出來，有種自己是第三者的感覺。

「他倒是坦承。」

「妳知道？」

她好笑地反問：「當然，不然妳以爲，我們爲什麼會分手？」

「你們分手的主要原因，眞的是因爲我嗎？」我困惑地抬眼。

原以爲林若妍不會給我好臉色，但她的神情只是淡淡的，並無太多情緒。

「沒錯，不合適只是個幌子，其實我和溫仲夏之所以分手，都是因爲妳。」

我啞口無言。通常遇上這樣的情節，她剛才那句話，應該會伴隨著一杯水一起潑過來。

「看妳的表情，我想妳是眞的什麼都不知道。」

「什、什麼意思？」

「有些事情，我實在是不願意坦白告訴妳，畢竟我們曾經是情敵。」她慢條斯理地說：「不過，顯然仲夏恐怕也是還沒想清楚，所以才沒說的吧！」

「情敵？」

「妳以爲我不知道嗎？」林若妍犀利的目光輕輕掃過我的臉龐，「高中時，我就知道妳喜歡仲夏。」

「妳知道？那妳……有告訴他嗎？」

「呵，我爲什麼要告訴他？」也是。我扯動嘴角，「那妳今天找我來，是想說什麼？」

「其實，我也還在考慮，到底要跟妳說到什麼程度……」

「你們難道是因爲，他說要爲了我回國，才分手的嗎？」她沒反駁，我便當她是默認了，「我不明白，我一直以爲你們的感情滿穩定的——」

「我們之間沒什麼感情可言。」

「不會吧……」我咬了一下嘴唇，蹙眉道：「但你們也遠距離交往了好一段時間，如果沒有感情的話，怎麼可能維持得下去？」

林若妍笑了起來，彷彿我剛才說了個笑話，「妳怎麼不想，或許正是因爲我們之間沒什麼感情，才能維持遠距離呢？」

這麼現實又無情的原因，若不是林若妍親口說出來，我還眞是沒辦法相信。

「我很清楚，打從一開始，仲夏答應和我交往，就只是因爲大家都說我們適合，他是在給我機會，讓我打動他。即使我再聰明，面對感情，似乎總要傻過那麼一回。他本來就是個心防很重的人，在遠距離的條件下，想走進他的心，就更困難了。然而，驕傲令我不願知難而退，只要能在他身邊，我願意放下矜持，奮不顧身一次。」她指尖滑著杯緣，靜默了片刻，才勾起一抹苦笑，緩緩地續說：「可惜有些事情，不是努力就會有結果。我高估了自己，也低估了妳在仲夏心中的分量。」

「溫仲夏這個人嘛……自我意識高了點，心牆也特別高，別說妳了，就連和他青梅竹馬十幾年的我也攻不破，確實是滿令人挫折的，但妳已經很好了，至少他願意和妳交往看看……」我真是不會安慰人，如今說這些，恐怕也無濟於事。

「妳聽起來很惋惜。」

「我是替眾多女人們感到惋惜。」

林若妍向後坐了一些，優雅地疊起雙腿，輕嘆口氣，再啟唇時，語調輕鬆了不少，「徐小春，其實我不喜歡妳。」

「誰會喜歡男朋友的紅顏知己啊？」我乾笑幾聲，「我可以理解。」

「倒不是因爲妳是仲夏的紅顏知己。」林若妍搖了下頭，「我對自己還是挺有自信的。」

「嗯，妳的確有這個本錢。」而我自嘆不如。

「只是我每次看見妳，就覺得十分礙眼。」

「礙眼是因爲……」

「當然是因爲吃醋呀！」

「吃我的醋？」我睜大雙眼感到疑惑，「爲什麼？」

「因爲妳得到太多仲夏的寵愛了。」

「什麼意思？」

「他把妳捧在手心裡十幾年，我怎麼可能不吃妳的醋。」

我哭笑不得，「妳這是欲加之罪，完全沒有的事。」溫仲夏如果把我捧在手心裡，絕對是爲了捏死。

林若妍喝了幾口果汁，緩言：「當局者迷，旁觀者清。妳和溫仲夏可以裝傻，但我不會改變想法。」

「那妳有和溫仲夏說嗎？」

「他自己心知肚明，不用我說。」

「什麼意思……」

「比如，他看到妳IG限動發冰淇淋的照片，就蹙眉碎念，常經痛的人還不懂得愛惜自己；比如，飛到日本參加公開賽的時候，他會繞遠路去買有名的草莓伴手禮，再委託王翔寄給妳；比如，妳曾經跟他說過，如果有機會一定要親自走訪的各國景點，他會成爲妳的雙腳替妳去看，也會替妳品嘗妳曾經貼資訊給他，說想嘗試的異國美食。」

溫仲夏眞卑鄙，他果然是故意的！根本就很享受我回覆他的限動。他能品嘗和親眼所見的那些美食和風景，現階段的我，只能在電視上看旅遊頻道，眞是讓我羨慕嫉妒恨。

「妳以爲，他在社群發的那些風景和美食照，多半都是王翔拍的嗎？」林若妍失笑，「不，那是他拍完讓王翔發的。」

「妳的意思是……難道溫仲夏對我……」

「誰知道呢？」林若妍笑得神祕，把問題丟回來給我，「如果他喜歡妳，不該早就向妳告白嗎？」

「那妳找我說這些，是爲了什麼？」

林若妍未做解釋，只道：「沒有女人能接受自己的男友對另一個女人如此牽腸掛肚。」她垂下眉眼，「所以，當那次仲夏不顧我的反對，執意放棄比賽，還明確地跟我說，爲了妳，他一定要回來。他丟下我的那一刻，我很清楚地知道，我們的關係遲早會結束，只是我一直放不下，才睜一隻眼閉一隻眼地拖了這麼久……」

林若妍的這番話，其實我聽得霧煞煞，唯有懊惱。我無意介入他們的感情，也選擇默默結束單戀，到頭來仍是成爲了他們分手的原因，多麼諷刺……

我實在不曉得該以何種心情面對此刻的她，「我……應該負什麼責任嗎？」

「和妳沒關係，我只是希望你們好好的。」林若妍輕笑，「否則，我不就太冤了嗎？」

「溫仲夏本來就是個容易讓人感到挫折的混蛋。」關於這個部分，對我而言已經是老生常談了。

林若妍駁回我的說法，「我並不覺得挫折。」她的驕傲，令人討厭不起來。

其實我當初並沒有認眞詛咒他們分手呀……

「我原本是不打算說的，畢竟我沒理由成全你們。但那天經過麵包店，偶然看見妳在打工，我就想，下次吧，如果下次我又遇到妳，再說。沒想到，有些事情的發展就是這麼微妙。偏偏今天，我男友說想吃大蒜麵包，我一走進店裡就看見妳了。」林若妍淺笑，聳肩道：「雖然我也不知道自己爲什麼要這麼善良就是了。」

我不知道該說些什麼，道謝也不太合適，只能沉默以對。

「徐小春，妳還喜歡仲夏嗎？」我嘴角一僵，生硬地表示，「我剛結束一段感情。」

林若妍不以爲然地挑眉，「那不正好嗎？」

「正好什麼？」

「他回來得正好。」

「嗯……這些年我交過幾個男朋友，對溫仲夏早就沒抱持著什麼——」她打斷我，「我知道，仲夏說過，他還說妳眼瞎。」我瞇起眼，想反駁卻有站不住腳的自知之明。

「總之，想說的話我都說完了。」

見林若妍欲起身，我問：「妳還難過嗎？」

林若妍收起笑容，垂下目光，須臾，坦然地開口：「說不難過是騙人的。畢竟，仲夏是我的初戀。」那臉上的神情，帶著拿得起放得下的堅強，那是我遠遠不及的。

從座位上起身，離去前，她瀟灑地道：「努力過、無悔地付出過，我就沒什麼好遺憾的了。」

Secret 10

要走過一段多漫長且孤獨的旅程，才能把我和他變成「我們」？

溫仲夏臨時接下北中南的慈善音樂巡演，短時間內我們都見不到面，但他每天都會LINE我，有時會道早安、晚安，有時只是問我睡了沒。

面對他這樣異常的行爲，再加上那天林若妍說的話，我只差沒有拿朵花一片片地拔花瓣，問問他到底是不是喜歡我。

雖然我也想鼓起勇氣找溫仲夏問清楚，但每次話到嘴邊，又膽小地縮了回去，深怕一切只是場誤會，一旦說破，這段友誼也就告終了。

從小到大，溫仲夏都不是個會輕易吐露心事的人。許多事情，他經常會憋很久，甚至等事過境遷才願意鬆口。如果是因爲別的事情，或許我還能旁敲側擊，但身爲當事者，實在難以啟齒，總是在等適當的時機，最後卻是一天拖過一天。

猜心，是這個世界上最難的事，特別是一段小心翼翼維繫的關係，壓根禁不起試探。

楊虹說的沒錯，只要遇到和溫仲夏有關的事，我就會裹足不前、磨磨嘰嘰。

這場感冒來得十分突然，嚴重到我不得不找人和我換班。

早晨起床時，當喉嚨痛到發不出聲音，耳溫槍量出三八．九度的高溫，我就知道，今天得向老闆請假去看醫生了。

今天跟我搭班的楊虹得知我生病，趁休息時間打了通電話關心，那時我才剛走出耳鼻喉科診所。

楊虹原本擔心我發高燒會昏倒在路邊，堅持要和我保持通話，但以我目前的身體狀態，怕是連講電話都會耗費太多體力，於是便拒絕了。

我努力打起精神，沿途在餐館買了一碗蛋花湯。回家的路上卻被兩名女孩攔下，她們趁著巷內人煙稀少，冷不防地朝我身上潑灑一罐紅色顏料，我尚來不及詢問，便聽見其中一人氣沖沖地咆哮：「是妳逼我們的！上次那盒蟑螂和字條，顯然沒有讓妳記取教訓！」

我抹了把臉，低頭看自己一身狼狽，不明就裡地問：「妳們爲什麼這樣做？」

「都是因爲妳，溫仲夏當年才會缺席洛杉磯的公開賽，如今又是因爲妳，放棄美國大好的資源和規畫回國！」她們憤慨地指責，「都是妳害的！是妳耽誤了溫仲夏的前程！」

「什麼意思？」我聽得滿頭問號。

「妳少裝模作樣了！」女孩上前用力地推了我一把，「妳在他身邊，只會妨礙到他！」

「妳們在幹什麼？」一名行經的路人見義勇爲，「小姐，需要我幫妳叫警察嗎？」聽見路人的詢問，女孩們頓時花容失色，轉身就跑。

我攔下想幫忙追上去的好心人，「不用了，沒關係。」

「可是妳——」我謝絕他的好意，「我人不太舒服，想直接回家休息，不想把事情鬧大。」

他觀察到我的臉色確實不好，友善地問：「需要幫妳什麼忙嗎？」

「我沒事，眞的很謝謝你。」再次道謝後，我便繞過他往家的方向前進。

進了家門，我立刻摘去口罩，到浴室換下一身髒汙，沖洗了一會，從衣褲沾染顏料的程度來看，清洗已經沒有多大的意義，我找了一只塑膠袋裝起髒衣物，放在廚房的地上，打算等休息好再處理。

沒食慾的我，隨便喝了幾口蛋花湯墊胃後就吃藥，回房間臥倒在床，拉起棉被蓋住身體，迷迷糊糊地想著那兩個女孩對我的指控，直至藥效發作而昏沉睡去。

恍惚間，感覺有人在摸我的脖子和額頭，但因爲實在太不舒服，所以我沒有睜開眼睛。直至傍晚，睡到口乾舌燥的我動了動，要撐起上半身時才發現，自己的一隻手正被人緊緊握著。

溫仲夏緊握我的手，趴在床邊休息，床頭櫃上除了診所開的藥，還擺著耳溫槍、保溫瓶和幾片退熱貼。

我用空著的手輕觸額頭，撕下早已不涼的貼片，儘管放慢動作，溫仲夏仍是睜開了眼。

「醒了？」他先是摸摸我的額頭，又拿起耳溫槍替我量體溫，「三七．五度，稍微退燒了。」

「你什麼時候來的？」

他點開手機螢幕，瞄了眼時間，「大概兩點的時候，現在已經快六點了。」

「我睡了這麼久……」印象中，自己好像是十二點多躺下的吧？

「多睡點才會好得快。」他疲憊地揉著眉心。

「你不是在巡演嗎？」

「剛好有一天空檔。」

看出我想喝水，溫仲夏主動替我用保溫瓶的杯蓋裝了一杯。

我吹涼熱水緩緩喝了幾口，「你老是拿備份鑰匙擅自進我家不好吧？」

「我有先打給妳，但妳沒接。」

「那你也不能這樣啊！」

「楊虹說妳發高燒，我怕妳昏倒在家裡。」

「楊虹怎麼會有你的電話？」

「她問王翔的。」

我撈來扔在枕邊的手機查看通知，其中有幾條楊虹的訊息，還有五通溫仲夏的未接來電。

「妳中午沒怎麼吃吧？」溫仲夏觀察我的臉色，「我發現擺在餐桌上的湯沒喝幾口。」

「感冒吃什麼都沒味道。」我虛弱地扯唇，「正好當減肥了。」

「還是得吃一點，不然怎麼吃藥？」他壓住欲起身的我，「妳躺好。我買了小米粥，去幫妳熱一熱。等著。」

「我不要。」

「會幫妳加砂糖，這樣也不要嗎？」他倒是記得我吃粥的習慣。

「加什麼都一樣，我現在又吃不出味道。」

「不試試怎麼知道？搞不好已經好很多了。」

溫仲夏在熱粥時，我回了幾條親友發來的關心訊息，要他們別擔心。原來是溫仲夏拿鑰匙進家裡照顧我前，有事先和我爸報備過。

等他端著餐盤回來，我問：「你幹麼跟我爸說？讓他操心……」

溫仲夏坐在床邊，用湯匙挖了一小口粥，吹涼後送到我嘴邊，「我說我會照顧妳。」

我臉頰有些發熱，不曉得是又發燒了還是害羞所致，「我自己吃就好。」我伸手想跟他要湯匙，卻被他制止，「聽話，張嘴。」看來這霸道的傢伙是不打算讓我自己吃了。

我乖乖地讓他餵了幾口，覺得實在彆扭，怪不好意思的，「你……之前有這樣照顧過林若妍嗎？」

「沒有。」他用湯匙在碗裡攪動著，試著讓粥涼一些再繼續餵我，「她懂得照顧自己，不像妳。」

「我也可以自己照顧自己的好嗎？」

「之前妳交男朋友，他們有這樣照顧過妳嗎？」

「我又不常生病。」

「那是我『幸運』嘍？」溫仲夏挑眉，笑了笑後，淡淡地道：「有什麼可介意的，從小到大，不都是我照顧妳嗎？」我看著他，欲言又止。

察覺我的遲疑，他說：「想問什麼就問。」

「你當初眞的沒有喜歡過林若妍啊？」

「她很好。」溫仲夏望著我，不疾不徐地開口：「可惜我沒辦法喜歡她。」

「爲什麼呀？」

「我也想知道爲什麼，她長得漂亮、腦筋又好，大家都說我們很登對，但——」

「算了，我不想知道了。」雖然他和林若妍已經成爲過去式，但聽他如此稱讚她的好，我仍然會介意。

他瞇起眼，故意問道：「妳不開心嗎？」

我瞪了他一眼，不願答腔。

溫仲夏撕了一片新的退熱貼黏在我的額頭上，勸我再多吃幾口粥後，遞了藥和水杯給我。

我說有點鼻塞，他就幫我墊了兩顆枕頭，問我這樣有沒有好一點。我感受了一下，覺得還不錯，便閉起眼睛準備睡覺。

須臾，溫仲夏的話，令我眉頭一皺。

「我看到放在廚房地上的髒衣服了。」他問：「發生什麼事？」

我原本不打算說這件事，不希望我和他粉絲之間的衝突影響到他，卻偏偏被看到，一時間也不知道該找什麼藉口。我緩緩睜眼，對上他不容逃避的目光，過了一會，才囁嚅道：「是你的粉絲……」

溫仲夏臉色深沉，「這是第一次？」

「之前她們寄過一個裝滿蟑螂的盒子和一封恐嚇信。」

聞言，他二話不說地拿出手機。

「你幹麼？」他的舉動，徹底驅散了我的瞌睡蟲。

「報警。」

我連忙阻止他，「我沒關係，而且也沒受傷啊！」

溫仲夏的語氣低沉，「如果妳受傷了，那就不是報警這麼簡單了。」

「你是彈鋼琴的，又不是黑道。」我調侃著他，但他投來的視線，卻令我毛骨悚然，「誰說我要動粗了？」這個人還是一樣的腹黑。

我靈機一動拋出疑問，轉移他的注意力，「她們說你爲了我缺席洛杉磯的公開賽，還爲了我轉學回國，放棄在美國的資源，這些都是眞的嗎？」林若妍似乎也說過類似的話，但當時我並沒有聽明白。

溫仲夏睨著我，沉默不語。

我思忖片刻，「如果我沒記錯，洛杉磯公開賽那時我媽剛過世，你不是——」

「我沒有參加比賽。」

我因他的坦承而愣住。

溫仲夏垂下眼簾，緩言：「我買了一張回國的機票。」

「你……回來過？」

「對。」他說：「我從我媽那裡得知妳回北部的日期，偷跑回國一趟，在妳家門前等了很久，但因爲返程時間壓得緊迫，所以沒能等到妳就先走了。」

我想起那日在家門前收到的一袋食物，不確定地問：「那……那袋裝有我愛吃的食物，難道是你……」

「是我。」

「我以爲是溫叔叔，還傳了訊息向他道謝，但他沒有否認啊！」

「王翔把我回國的事跟他們說了，因爲缺席公開賽是大事瞞不過。他們打給我確認的時候，我已經在折回機場的路上，是我要他們別告訴妳的。」

「爲什麼？」

「我不想妳自責。」

「但若那時我們有見到面，我不也是會知道嗎？」

「總比沒見到、沒能親自安慰妳，還讓妳心生愧疚得好。」

這麼說好像也是……

「叔叔和阿姨沒有責怪你嗎？那可是場大型比賽呀！」

「當然有怪，但他們也能理解。」溫仲夏淺笑，「我從來不拿自己的前途任性，那次是個例外。」

我眼眶泛紅，嗓音哽咽，「可你這次決定回國，不還是因爲我嗎？」

他輕輕握住我的手，「徐小春，我沒有放棄我的目標。我只是覺得，在哪裡爲目標努力都行，因爲我做得到。所以，就當我不是爲了妳，而是爲自己選擇的路，若未來受挫，也不是因爲妳，妳沒有任何責任，不需要負責我的人生。」

我別過頭，趁眼淚落下之前匆忙地抹去。

溫仲夏伸手蓋住我的雙眼，輕聲安撫，「睡吧，這樣才好得快。我就在這裡陪妳。」

我想問他，我們之間是不是變得不一樣了？是不是不再只是朋友？但藥效開始發揮作用，令我眼皮和精神都支撐不住，逐漸睡去。

然而，就在意識混沌不清之際，我聽見溫仲夏說：「小春，一輩子太長了，我沒信心能和妳一直這樣下去，所以……」話落，他溫暖的唇瓣覆上了我的。

那是個淺嚐輒止的吻，卻在我心神恍惚之際，撒上了甜蜜的粉。

所以？

我來不及追問後續，隔日醒來，已不見溫仲夏蹤影，家裡像徹底打掃過一樣整潔，而家門上貼著一張字條。

「等我回來。」

✦

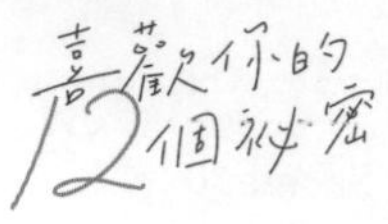

寵物展如火如荼地展開，家中有毛小孩的家長們蜂擁而至。我和楊虹忙了一整天，處理協會攤位的大小事宜，還幫幾隻可愛的兔寶找到了新的家人。

手邊的工作好不容易告一段落，終於能聊會天的我們，找了會館一處安靜的角落喝飲料。

我問楊虹：「妳和王翔哥最近還好嗎？」

「我有約他看近期開幕的畫展，但他目前還排不出時間。」

「妳到底喜歡他什麼？」王翔那麼忙，他們連見面培養感情的時間都少之又少。

楊虹害羞地低頭想了想，說：「我喜歡他看起來很苦惱，卻又拿我沒辦法的樣子，也喜歡他平時好像不把我的話當一回事，但其實都記在心裡。生活中的一些小細節，因爲他的存在變得更加美好。遇見他，我才知道，愛情不能是仰望，而是能眞眞實實地跟對方相處在一起。雖然我們很少見面，但每次見到他、與他互動，都讓我覺得踏實。」

「聽起來很棒。」

「妳和溫仲夏不也是嗎？」

我點點頭，想起這陣子和溫仲夏之間的互動，心裡不禁泛起一股甜蜜，但我和溫仲夏的事，不是我開啟這個話題的重點。我試探似地追問：「楊虹，如果王翔哥只把妳當妹妹，妳會不會很難過啊？」

「嗯……我還是會努力看看吧！」

「那萬一沒用呢？」

「我不想當他的妹妹，也不想當他的朋友，如果我們當不成情人，那就是陌生人。」

我有點吃驚，「妳什麼時候變得這麼果斷了？」

楊虹大大地嘆了一口氣，摟住我的肩膀拍了拍，「這麼說雖然傷人，但我不想變得和之前的妳一樣。」

「我怎麼了？」

「在別人身上尋找溫仲夏的影子啊！」

我斂起目光，無奈地笑了笑，無法否認。

「其實，我和心怡私下討論過妳的幾位前男友，發現他們和溫仲夏都有共同點，有的可能是說話的方式、個性和溫仲夏一樣，有的則是對待妳、和妳相處的感覺與溫仲夏雷同，甚至只是因爲說過幾句太過相似的話……小春，妳以爲和別人交往，就代表妳已經忘記溫仲夏，但其實妳從未眞正釋懷過。」

「我知道……以後不會了，這次，我想勇敢一點。」

「那就好。」她拍拍我的肩，「我的話是說得重了點，但也是實話，我只是希望妳能夠幸福。」

「我們都會的。」

當寵物展結束後，我們在別的場區偶遇莊子維。雖然他就讀獸醫系，未來立志成爲一名獸醫，也對寵物友愛，出現在這裡算是很合理，但……

「居然連在這裡都會碰到你？」楊虹感到不可思議。

「這句話應該是我說的才對。」莊子維挑眉，笑問：「妳們是不是在我身上裝了GPS？」

「我們麵包店的老闆，定期都有在爲浪兔做愛心捐款，這次協會剛好缺兩名義工，問我們要不要來幫忙。」楊虹解釋，「那你爲什麼在這啊？」

「打賭輸了，被助教逼的。」

「賭什麼？」我問。

「上學期的解剖學成績。」

楊虹調皮一笑，「你考差了？」

「是考得太好了。」

我掃去一眼，「你們還眞奇怪。」

莊子維揉了揉肚子，邀約道：「晚上一起吃飯嗎？」

楊虹擺手拒絕，「不了，我好累，而且還有一份報告要趕，得早點回去，否則又要通宵了。」

「那徐小春呢？」

「我？我……」在我猶豫期間，肚子不爭氣地叫了。

「去吧去吧，你們只是吃頓飯，難不成某人還會吃醋不成？」楊虹推了我一把。

「某人？」莊子維好奇地問：「誰？溫仲夏嗎？」

我噘嘴，不好意思地移開視線。

楊虹笑著戳了我一下，「對呀，不然還有誰？」

「你們在交往了？」莊子維一臉八卦。

我否認，「沒有。」楊虹眨了眨眼，替我補充，「不過快了。」

「徐小春，那妳是不是該請我吃飯還人情？」

「什麼人情？」楊虹不解。

我緊張地吞口水，匆匆和莊子維約好在展場大門見後，推著楊虹，「走吧走吧！」

總不能告訴她，高中時我對溫仲夏隨口胡謅，謊稱喜歡的人姓莊吧……

我和莊子維挑了展場附近的一間簡餐店，這次我是真的要履行「請吃飯還人情」的承諾了。

這間店的餐點分量對應價格，其實CP值挺高的，也算是划算。

我們對坐著，有一句沒一句地聊天，中途還一度冷場，因爲自入座不久，莊子維就頻繁地在傳訊息，直到他似乎決定不再回覆，把手機收進口袋時，我才開口：「你在跟誰傳訊息啊？」

「蘇晴。」本來以爲他不會說，結果倒是誠實地回答了。

「她怎麼了？」

「沒什麼，老毛病了。等等吃完飯，我去送碗熱紅豆湯給她。」

「蘇晴回來了？」

「剛好這週末回來，明天就回去了。」

「那你去送紅豆湯是爲了？」

「她肚子疼。」

「喔，我懂。」女人每月來一次的不討喜親戚，「你們感情眞好！連這都知道。」

莊子維輕笑。

我無心一提，「不過你這樣，她男友該吃醋了。」

「嗯，我知道。」那上揚的嘴角忽地一僵。

我吃了幾口飯，順便偷偷觀察他的表情，小心翼翼地道：「你……很擔心蘇晴啊？她很不舒服嗎？」

「她經痛是老毛病了，但每次要她忌口、別吃冰的，老是講不聽。」我從他無奈的話語間，聽出一絲寵溺。

「忌口太難了。」我心有戚戚焉。

「難怪妳也沒少被溫仲夏罵。」我哼了一聲，「你又知道了？」

「高中的時候，偶爾在福利社遇到你們，會聽見幾句。」

「我怎麼不知道？」

「因爲妳眼裡只有溫仲夏，哪裡容得下別人？」這我倒是無法反駁，「我記得高中時聽說，蘇晴向你告白過，但你是不是沒接受？」

莊子維訝異地看了我一眼，才慢慢點頭。

「連我一個旁觀者都看得出來，蘇晴當時很喜歡你。」

「我知道。」

「那你眞的……沒有喜歡過她嗎？」

莊子維一陣沉默，正當我思考著是否該換個話題時，他說：「我喜歡她。」

「那當初為什麼不接受？」

「這就是我說的，我和溫仲夏可能犯了一樣的毛病……」

「什麼意思？」

「都因為自以為是，沒能及時看清自己的內心。」莊子維低聲喟嘆，「妳還記得高中畢業那天在告白亭遇見我吧？」

「記得。」

「那天蘇晴跟我告白，我拒絕了。」莊子維放下捲著細麵的叉子，緩緩地說起過去，「其實……她前後向我告白了兩次，但我都沒接受，第一次是因為覺得我們只是朋友，所以沒想太多，第二次則是因為害怕。」

「怕什麼？」

「怕一旦打破友誼的關係，我們就無法再像從前一樣自在相處了。怕交往後，發現彼此不適合當情人，也回不去朋友的關係。畢竟，感情有可能只是一朝一夕的事，但朋友卻能走一輩子。」

「那你後悔過嗎？」

「我後悔了。」莊子維神情苦澀，勾起唇角，「是我太高估自己，以為能看著她身邊出現另一個對她好的人，瀟灑地給予祝福。某天她打來說交了男朋友，這時我才發現自己並沒有想像中瀟灑脫，嘴巴上說祝福她，其實心裡多希望她能夠回到我身邊。」

「那你跟她說了嗎？」

「沒有。」

「爲什麼？」

「我們畢竟不在同一個城市，現在她身邊有人能替我照顧她，我比較放心，而且我也怕現在我對她的感情，於她而言會是種壓力，因爲無法回應。」

「那要是蘇晴畢業後回來呢？你會等她嗎？」

「當初是我推開她的，比起後悔，現在我只希望她能幸福。」莊子維沒把話說死，給了他和蘇晴一個開放式結局。

我想了想，不禁感慨，「小時候多好啊，喜歡就說喜歡，一顆心無所畏懼、毫無保留，就只想著和那個人在一起，單純幸福多了，對吧？」

他一笑置之，繼續用餐片刻後，單刀直入地開口：「但妳從來沒和溫仲夏說過吧？」

「我和溫仲夏的情況怎麼能一樣……」

「你們當然不一樣，因爲你們都仍守在原地。」莊子維的神情透著些許羨慕，「我是說眞的，趁還有機會，別讓自己後悔。」

「我明白的。」我給了他一抹微笑，「謝謝你，莊子維。」

✦

晚餐後，我收到溫仲夏的訊息，「我爸媽今天去中部找親戚了，後天才會回來，晚上音樂會結束後，我在家裡等妳。」

趁著時間還早，我先回家洗澡，換了身舒適的衣服，算好音樂會結束的時間，等在溫仲夏家門口。

過了十幾分鐘，我傳訊息問他，「你要回家了嗎？」

沒讀沒回。

半小時後，我開始感到疑惑，便打了通電話過去，是王翔接的，「王翔哥，溫仲夏呢？」

「仲夏他……」

王翔本來不敢告訴我，在電話那端支吾其詞，直到我和他表明，自己已經在溫仲夏家門口等很久了，我們今晚有約。這時他才坦言，「小春，我們現在在醫院的急診室裡。音樂會結束後，我因為還有些後續的工作要處理，但仲夏又趕著回家，所以我就請助理送他。回程途中，他們遇到酒駕，兩輛車對撞，出車禍了。」

不好的回憶自腦海浮現，我打了個寒顫，問道：「你們在哪間醫院？」

記住王翔提供的資訊，匆匆掛斷電話後，我心急火燎地在路邊攔下一台計程車。

急診室內，留院觀察的病床一床接一床，醫生和護理師們各司其職地忙碌著。幾名在生死關頭掙扎的傷患，躺在擔架上陸續被推進來，觸目驚心的畫面令我不寒而慄。

我別過頭不敢多瞧，腳步凌亂地穿梭在人群之中，一雙眼慌張地四處搜尋著熟悉的身影。

「小春，這邊！」王翔伸長手臂拉住我，把我往反方向帶。

我們走到急診室內，一隅較安靜的角落，有一張病床邊圍著幾個人。醫生囑咐完注意事項，領著護理師去照顧其他患者。被要求留院觀察的溫仲夏坐在病床上，臉色有些蒼白，額頭的傷經過治療後，已經裹上紗布妥善包紮。

看到溫仲夏的那一刻，我感覺心臟都要停止跳動了。

我反覆檢查他的傷勢，確認除了額頭的傷稍微嚴重一點，似乎沒什麼比較大的外傷，我鬆口氣的同時熱淚盈眶，微微張開顫抖的唇想說些話，卻遲遲發不出聲音。

「徐小春……」溫仲夏被我的反應嚇愣，抬手想為我拭淚。

我搖搖頭，哭著彎身緊緊抱住他，「你嚇死我了！」曾經失去親人的恐懼感襲來，令我情緒激動，儘管得知他已無大礙，仍然心有餘悸。

王翔在一旁搔搔腦袋，向斥責他的溫仲夏露出一抹無奈，「她剛才電話掛得太急，我來不及告訴她嘛……」

溫仲夏連聲安撫，「別哭了，我不是沒事嗎？」

我稍稍退開，抽抽噎噎，「你到底怎麼了？」

「額頭撞上車窗玻璃，縫了幾針，不嚴重，沒事的。」

「破相了嗎？」

「瀏海能遮住吧……妳介意嗎？」他欲撥動瀏海，卻被我阻止。

「好了，你別亂動。」

溫仲夏輕捏了下我的鼻尖，「妳哭成這樣，好醜。」

「反正你從來沒覺得我好看過。」我擦乾眼淚，拍了一下他的肩膀，「居然還有心情開玩笑，你明知道——」

「我知道。但……」他頭靠向我，「徐小春，我都受傷了，妳怎麼能對我動粗呢？」

「不是說不嚴重嗎？」我氣鼓鼓地別過臉。

溫仲夏抓著我的手，討好似地搖了搖，「我頭暈，妳今天會來我家照顧我嗎？」

「少來這套，誰要照顧你？」我嘴硬道：「我要回家了。」

「好，我們回家。」

「我是要回我家。」

溫仲夏一臉失望地垂下雙肩，須臾，扶著額頭說：「小春，我忽然有點暈，想吐。」

「怎麼了？哪裡不舒服？」我一臉擔憂地問，「不會是有什麼後遺症吧？」

我心急地轉身想去找醫生，被他拉住，「不用，我休息一下就好。」

「不需要做其他檢查嗎？」

「要啊，還得照電腦斷層，搞不好檢查結果出來，醫生會說我變得跟妳一樣傻了。」

我怒瞪他，「都這種時候了，你確定要繼續胡言亂語？」

「對不起。」他認錯，摟住我的腰，賴在我身上，「徐小春，再讓我休息一下，我們就回家。」

溫仲夏恐怕是累壞了，枕著我的肩膀幾乎快睡著，警戒心重的他，極少在外面展露疲憊，我輕手輕腳地讓他躺回床上，和他解釋我只是去買瓶水和酒精溼紙巾，馬上就回來，他才肯放人。

前去的路上，我碰到處理完事情，並採買了些東西回來的王翔，「妳看看還缺什麼。」

自他手中接過便利商店的袋子，我低頭檢視裡頭的物品，正好都是我需要的，「謝謝你。」

王翔讓我在急診室附近的等候區稍作休息，他也坐進我身旁的空位，摘下眼鏡揉了揉鼻梁，想必今晚於他而言，也夠漫長了。

「王翔哥，辛苦你了。」

他重新戴回眼鏡，朝我一笑，「沒事，都是我該做的。」

「溫仲夏是個很難帶的傢伙，這些年，你肯定不容易。」

「他確實是挺麻煩的。」王翔疊起一雙長腿，兩手交握放在膝上，「但他有種天生魅力，讓人即便爲他賣命也甘之如飴。」

我揶揄，「你這是被虐體質呀！」還說得那麼煽情。

「那妳呢？」

我收斂嘴角，被問倒了。

「小春，妳還怪他嗎？」

「嗯？」

「自從發生妳母親去世的那件事後，仲夏雖然嘴上沒說，但我知道，他心裡非常愧疚。當年妳為了他留在北部，沒和妳父母回老家，他卻丟下妳，選擇到國外讀書，這是其一。後來，妳因為和他有約，晚一週才回東部，卻錯過最後能和母親相處的時光，他竟沒能如約回來，更是令他自責不已。更別提之後，他還因為不得已的情況，失約了多少次。」

我靜靜地聽著，眼底無法控制地漫上一層霧氣。

「妳別怪我雞婆啊……」王翔小心翼翼地說：「這些事情本不該由我來告訴妳，但我又擔心，他繼續這樣拖下去早晚會失去妳。」

「嗯，我知道。」他只是好意，並非想過問或插手。

「仲夏對待感情的確很遲鈍，就像在眼前攤開手掌，看不清紋路，得拉遠看才清晰。」王翔淺嘆，「他不顧反對為了妳回國，卻猶豫著不敢立刻告訴妳，他希望妳回到他身邊，卻不敢貿然行動。這還是我第一次見他如此躊躇不前，怕被拒絕、怕妳怪他，更怕妳喜歡別人。」

我閉了閉眼，抹去滑落的淚滴，「……我不曾眞正怪過他。」也從未像那麼喜歡他一樣喜歡過別人。

溫仲夏呀溫仲夏，你什麼時候變得和我一樣傻了？

為什麼不早點勇敢地問我呢？

✦

照完電腦斷層，醫生又觀察了一段時間，確認無其他症狀後，總算放行，王翔開車送我們回溫家。

護理師叮囑溫仲夏，額頭上有傷，這幾天盡量不要碰水，所以我們說好，等他洗完澡、穿上衣服，再由我幫他洗頭、吹頭髮。

雙手輪流拿著吹風機，手指輕柔地穿梭在他柔順的短髮間。我怕熱風會燙到他，不敢在同一處停留太久。我沒什麼替人吹頭髮的經驗，起先還有些手忙腳亂。

溫仲夏端坐在床上，仰起頭，笑得像個心滿意足的孩子，他放肆地抱著我的腰，整個人幾乎快埋進我懷裡。

「徐小春，妳臉紅什麼？」

「吹風機，熱。」

他抬手摸我的臉頰，「嗯，是挺熱的。」

「你別亂吃我豆腐。」我抿了下唇，害羞地躲避他的視線，「男女授受不親。」

「這句話在我們身上不適用。」

「爲什麼？」他要是敢說什麼我在他眼裡不是女人，我絕對拿吹風機往他頭上再敲一痕！

「我們從小一起長大，哪還有什麼男女之間的界線，早就分不清了……」

我不依地道：「你這是在說話占我便宜，我們之間清白得很。」

「喔。」溫仲夏摟在我腰側的手開始作亂似地搔起癢。

「溫仲夏！」我扭動閃躲，沒好氣地說：「再鬧你自己吹。」

我的威脅奏效，接下來的時間，某人安靜乖巧，直到我把他的頭髮吹乾。

本來我打算照顧到他睡覺就回家，但當我坐在床邊，替他蓋好棉被，他卻無賴地要求，「徐小春，妳今晚留下來吧！」

「不了，你好好休息。」

「別走。」溫仲夏可憐兮兮地抓住我，「我要是不舒服怎麼辦？沒人照顧我，妳不擔心嗎？」

想不到他也有如此幼稚的一面，眞是活久了什麼都能見到。我撇嘴，「我又不是看護。」

「徐小春，從小到大，我沒少照顧妳吧！即使妳很雷，我還是不離不棄，現在妳卻這麼狠心？」

「你居然說這種話……」我挑眉，斜眼睨他，「你還是我認識的那個溫仲夏嗎？」

「妳丟下我，不會良心不安？」

「少危言聳聽了。」我試圖撥開他的手，卻被握得更緊。拗不過他的我，最後只能嘆氣，「好，我不走，那我去客廳待著總行了吧？」

「不行。」

「你不會要我整晚就在床邊守著你吧？」

溫仲夏掀開棉被一側，拍了拍，「妳也可以躺下。」我瞠目結舌。出個車禍整個性格大變？以前那個高冷傲嬌的傢伙去哪了？

溫仲夏續道：「我們又不是沒一起睡過。」

「那是小時候的事了好嗎？」說這種話也不知道害臊，「現在我們已經長大了。」

溫仲夏忽然坐起來，趁我不備時抱住我，拉著我和他一起躺下，並將棉被蓋上。

我掙扎著想起身，卻敵不過他蠻橫的力道。他溫熱的鼻息，在我後頸輕輕拂過，「別動。」

背脊抵在溫暖的胸膛，任由他身上那股沐浴清香包圍，看不見溫仲夏表情的我，感受著對方加速的心跳。我的臉頰微微發燙不知如何是好，「溫仲夏，你今天很奇怪。」

他發出低沉的笑聲，嗓音輕如呢喃，「哪裡怪？」

「你有點……」我嚥了嚥口水，「超過了。」

「嗯？」他的唇若有似無地貼著我的頸脖，隔著髮絲落下一個淡淡的吻。我縮了一下，緊張了起來，「你、你……幹麼？」

溫仲夏將手伸向床頭，關掉臥室主燈，只留下一盞小夜燈在一片漆黑中如螢火般透著微光。

他抱著我，下巴抵在我的肩膀，低沉的喉音勾起我內心一陣騷動，「徐小春，我們睡吧，我睏了。」

這哪睡得著啊？

我睜著雙眼，渾身僵硬得如石頭般，動都不敢動，「溫仲夏，你真的睡了嗎？」

他沒有回應。

不知道過了多久，腰間圈抱的力道緩緩放鬆，我悄悄地轉向他，凝視著他的臉龐，我曾經想，這張漂亮的臉，我看一輩子都不會膩。

光是能和他靜靜地待在一起，就覺得好幸福啊！

溫仲夏挪動了下身子，怕被他發現我在偷看，趕緊閉上雙眼假寐。暖熱的氣息輕吐在我的臉龐，他又離我更近了。然後，他與我額頭相抵，便再沒了動作。

我將雙手收起，擱在他胸前，掌心下平穩的心跳，令我緩緩地放鬆，進入夢鄉。

Secret 11

我一直以為，讓我閃閃發光的是愛情，後來才明白，其實，是因為有你。

天破魚肚白，晨曦的一縷曙光照進房裡，陣陣涼風鑽入未掩實的窗，我悠悠地醒過來，迷迷糊糊地伸手，想替溫仲夏蓋好被子，卻撲了個空。

我離開房間，在餘音繞梁的琴房內，發現正在彈奏鋼琴的溫仲夏。

他沉浸在旋律裡，即便見我進房也沒有停下演奏，直至曲終他才問道：「怎麼這麼早起？」

我走上前，「你昨天剛受傷，怎麼不多休息？」

他伸手將我拉至身旁，與他並肩而坐。

「你剛剛是在彈睡美人的歌嗎？」

「是柴可夫斯基的〈睡美人圓舞曲〉。」他糾正。

我不甚在意地擺手，「隨便，都一樣啦，你知道意思就好。」這對我而言太艱深了。

「妳不是喜歡睡美人嗎？」他轉頭面向我。

「我喜歡的是小美人魚好不好？」

「妳喜歡她最後變成泡泡、灰飛煙滅？」

我狠狠賞他一記白眼，「迪士尼版本是Happy Ending好嗎？你有沒有童年啊？」

溫仲夏聞言笑了笑，從他的眼神，我才發現他剛剛是在逗我。

他從口袋裡掏出一把小鑰匙，放在我的手上。

「這是什麼？」

「去看看。」他指向房間角落的三層櫃，「第一格。」

我滿臉疑惑地起身前往，在他的示意下，將鑰匙插入抽屜孔中，轉開，再慢慢拖出格層，收在裡頭的幾幅圖畫和勞作率先落入眼簾，那些是我在幼稚園和小學時，美術課創作的作品，簡直是慘不忍睹，連我自己都嫌醜，所以一放學便嚷嚷著要丟掉，沒想到溫仲夏都替我留下來了，就像他至今都還在用的黏土豬鑰匙圈一樣。

我摀著嘴，訝異地反覆看著自己從前產出的拙劣作品。

「這麼醜的東西，估計也只有妳做得出來。」

「那你幹麼不丟？」

「本來是要丟的，但回過神來，就都收在這裡了。」

我小心翼翼地掀開那些畫作，下方還整齊地放著十幾張卡片和信箋，有生日卡片、聖誕節卡片和畢業卡片，每年我寫給他的，都被仔細地收藏著。

「那這些卡片還有信呢？」

「嗯……生日、聖誕節和畢業，每年妳寫給我的，收著收著，不知不覺就這麼多了。」

我紅著眼眶，吸了吸鼻子，放下卡片回頭，發現溫仲夏不知何時站在身後，「你爲什麼……」

「徐小春，我這個人很懶得說話，尤其是好聽的話，所以我才特別需要王翔替我打點一切，但唯獨這件事情，我無法假他人之手。」溫仲夏走到櫃子旁，牽起我，「這些話，我大概只會說這麼一次，所以妳聽好了。」

我挑眉，「嗯？」

溫仲夏用拇指指腹，輕輕地在我的指節上搓了搓。沉澱一會，他緩緩開口：「原本覺得不該這麼快跟妳說的，但又覺得虧欠妳太多了，所以這次，我可以示弱，也願意等。」

「什麼意思？」

他有些挫敗地失笑，「徐小春，我曾經驕傲地以爲，自己不會喜歡上妳。妳這麼笨、這麼雷，又這麼吵，總覺得喜歡上妳肯定很倒楣，而且我爸媽又那麼希望我們在一起，就讓我更排斥了。帶著賭氣又叛逆的心情，一直不肯正視我對妳的感情，直到……」

這什麼意思？溫仲夏到底是在跟我表白還是在嫌棄我？

「直到？」

「直到妳說妳有了喜歡的人。」他神情複雜地說：「我以爲自己會鬆一口氣，還假裝瀟灑地說著反話，但其實當時我的心情，是說不出來的五味雜陳。」

回想起過往的那段暗戀，我咬著唇，還是忍不住掉下眼淚。

「後來我想，可能……我們只是太熟了，太常在彼此身邊，才會產生錯覺，所以當林若妍跟我告白，我想，反正要出國了，既然大家都說我們很般配，試試也無妨。我也覺得，像林若妍那樣的女孩，才是我會喜歡的類型。」

「溫仲夏，你真是個混蛋。」我哽咽地道。

溫仲夏不否認地點頭，溫柔地替我拂去淚水，「但有些事情、有些感情，無論試多少遍，都沒有用。因爲喜歡一個人，是無法嘗試的。」

「所以……你沒辦法喜歡林若妍？」

「沒辦法，因爲我心裡早就住了人。」他低頭看著我們相握的手，「校慶那次，我質問妳幹嘛撞我牙齒，心跳卻漏了一拍，原來那種感覺才叫做喜歡。當阿姨過世的時候，我明明知道妳正獨自哭泣著，卻沒辦法陪在妳身邊，那種無力和焦慮的感覺，是因爲太在乎、太心疼。原來找不到妳、沒有妳的消息，會讓我陷入瘋狂。」

我聽著他的告白，一個字也說不出來。

「第一次知道妳交男朋友的時候，我根本不懂內心那股鬱悶的情緒是爲了什麼，想了半天，只問了一句『他是不是姓莊』，後來聽到妳分手的消息，我才慢慢釋懷。

「漸漸地，只要聽見妳交男朋友，我總是在想，這個應該也撐不久吧，無所謂的，徐小春的眼光向來很差。但那些自我安慰，都遠不及親眼所見時，我內心的忐忑與不安。原來我會吃醋，而且只會爲妳吃醋。」

他一手捧起我的臉，淺淺微笑，「說來諷刺，我這兩年在國外唯一想通的事，居然是不能沒有妳在身邊。」

「但你被記者採訪的時候，說已經有喜歡的人了……」

前陣子，某場演奏會結束，溫仲夏被採訪記者們簇擁，當記者問到溫仲夏喜歡的女生類型時，他的回答十分耐人尋味。後來，又被某爆料社團挖出一張，他疑似在校園裡抱著音樂系系花的模糊照片，傳言因此甚囂塵上，然而他本人卻至今都尚未澄清。

這件事，我都還沒找他問清楚呢！

他嘆氣，「傻瓜，那個人是妳。」

「那張音樂系系花的照片呢？你也沒否認啊！」

「那是她差點跌倒，我正巧扶了她一把就被拍了，我很無奈，也還沒找到合適的機會澄清。」

「你不知道你現在是半個公眾人物嗎？也不懂得避嫌。」

「知道了，下次我一定冷眼旁觀。」

「我不是那個意思……」煩死了，被他說得我好像很小心眼似的。

溫仲夏以指腹摩挲我的臉頰，接著溫柔又堅定地將我擁入懷中，「徐小春，我不是個完美的人，我會犯錯，也會因爲懦弱而傷害到別人。對不起，原來我見不得妳哭，是因爲捨不得妳難過。早知道這輩子都沒辦法和妳分開，我就不會讓妳等那麼久。」

我又哭又笑地捶了他幾拳，「溫仲夏，你這個人怎麼這麼不可理喻……」

「妳是不是忘記我受傷了？」他將臉埋在我的肩頸。

「疼嗎？」我帶著濃厚的鼻音問道。

「疼。」他嘻皮笑臉地說：「想讓妳心疼。」

我作勢要打他，卻被他一手抓住，溫仲夏托在我後腰的手稍加使力，讓我緊靠向他，他輕緩的聲音中，帶了點卑微，「徐小春，妳能不能……喜歡我？」

面對愛情，再高傲的人也會俯首稱臣。

我凝望著他的雙眼，有些彆扭，卻又不得不坦承，「所有我說過喜歡的人，都是騙你的。」我在他耳邊輕聲道：「那麼蹩腳的謊言，只有你信了，還記到現在。」

他一臉不可置信。

「其實，我已經喜歡你好久了。」

聽見我的告白，溫仲夏目光如水，溫柔繾綣。半晌，再有動作，便是出其不意地吻住我的唇。

他把那句我要的喜歡，藏在每個親吻裡與唇舌中，我融化在溫熱的懷抱，想著自己實在太吃虧了，以後一定要扳回一城才行。

「溫仲夏，這些話你爲什麼不早點告訴我？」

「怕妳怪我。」他玩笑地道：「我太膽小了。」

「那現在就不怕了？」

「王翔凌晨傳訊息跟我說了。」

「你們該不會是串通好的吧？」

溫仲夏的眼中閃過一絲狡黠，見我氣噗噗地想掙脫，他按壓我的背，使我貼向他，再度以吻封緘。

「徐小春，那天妳生病睡著，我偷偷吻了妳，心裡才終於踏實了。」

「爲什麼？」

「我回來了，而妳還在的感覺，眞好。」

✦

期末考結束，鐘響交卷的那刻，我迅速地背包起身。

早就做完題目，剛從周公那裡下完棋回歸現實的楊虹，撐著眼皮，一把拉住我，「動作這麼快，要去哪？」她摸著發出聲響的肚子，「不一起吃飯嗎？」

「我還有事，先走了。」我使力扳著楊虹的手指，卻被她抓得牢牢的，「怎麼了，妳有什麼事？」

見她那副不從實招來不肯放人的模樣，我正要解釋，陳玉珍就先開了口：「小春，外面有個天菜說在等妳。」

不大不小的音量，瞬間傳入方圓幾尺的同學們耳中，有些人甚至大動作地轉頭看向窗外，對著那頎長俊秀的身影竊竊私語。

有名眼尖的同學驚呼一聲，隨即興奮地說：「他是不是溫仲夏呀？那個最近很紅的鋼琴王子？」

有同學立刻低頭用手機搜尋溫仲夏的照片，舉起來比對。

「哇，眞的耶！是他！」

「他來找誰呀？」

楊虹按著胸口，故作傷心，浮誇地指控，「原來是要去約會。徐小春，妳重色輕友！妳眼裡還有我這個閨密嗎？」

「小春交新男朋友啦？」陳玉珍抱著課本湊過來，一臉八卦。

「這不是新人，是舊人啦！」

我瞪了楊虹一眼，懶得解釋。

肚子餓的她心情不美麗，瞇起眼酸溜溜地問：「怎麼？我說錯了？」

「覺得孤單呀？」我捏捏她的臉，「那妳還不加把勁？」她低咳一聲，綳起臉，「快滾。」

我嘆氣，真是服了她，「他坐凌晨的飛機。」

「哼，又不是不回來了。」

「他說要去看我媽。」

聞言，楊虹總算不再和我計較，「快去快去，記得幫我跟阿姨問好。」

「我會的。」我背著包包，在一群女同學們欣羨的目光中邁出教室。溫仲夏迎了上來，在眾目睽睽下牽起我的手，我喜孜孜地回握，笑得燦爛。

他挑眉，往教室看了一眼，「這麼高興？」

「以前你就算來班上找我，也沒有人羨慕我，因為大家都知道，我們只是青梅竹馬。」

「那現在呢？」

我得意地舉起牽著溫仲夏的手晃了晃，「現在，你是我的。」

溫仲夏停下腳步，彎身與我對視，重複道：「妳是我的。」他在我唇邊落下一吻，「腳上穿著我送的鞋，無論走到哪裡，都只能回到我身邊。」

親密的舉動，讓我忽然不好意思了起來，推了他一把，「那麼多人看著呢！你有病吧？」

「那妳有藥嗎？」

我嬌嗔地喊：「溫仲夏！」

溫仲夏笑著揉揉我的頭頂，「我訂了花，等等帶去給阿姨。」

「好。」我挨著他，開心地問：「原來你有注意到鞋子呀？什麼時候發現的？」這可是他回來後，我第一次穿呢！

「當然。」他一臉霸道，理所當然地說：「我買的鞋和我的人。」

溫仲夏捧著花束，與我一同前往北部偏郊的墓園。

這裡的山坡連綿起伏，階梯坡道兩側種滿橡樹，被修整過的草皮圍著墓碑，有別於以往世人對墓園陰森的想像，此處氛圍祥和寧靜，是適合已故之人安息的地方。

我領著溫仲夏來到媽媽的墳前，他放下手中的花，直直地站著，垂首閉目。我沒有打擾他，在一旁安靜地拂去掉落在碑上的枯葉和灰塵。

我們待了一會，我和媽媽分享近況，而溫仲夏則是幫忙整理周圍的環境。即便什麼都不做，只是靜靜地待著，他也願意一直陪著我。

夕陽餘暉時，我們相偕離去。

回程的路上，我問溫仲夏：「你剛剛和我媽說了什麼？」

他牽著我的手，思索了一會，「妳記得高中時，有一次妳膝蓋擦傷，我騎腳踏車送妳回家，還遇到妳媽的事嗎？」

「嗯，我記得。」

「那時候，阿姨對我說，我沒有義務這樣慣著妳。她說，我把妳保護得太好了，讓妳像個長不大的孩子，以後要是只剩下妳一個人會適應不來。如果我只打算和妳當朋友，有些習慣，恐怕得改一改了。」

「我媽還這麼跟你說過呀……」

「我那時沒想太多，現在卻明白了，那是因爲阿姨心疼妳一直偷偷喜歡我。」

我低下頭，把玩起他的手指。

「所以，這次我認眞地跟阿姨說了。」

「說什麼？」

溫仲夏溫柔地吻了一下我的額頭，「說我會一直慣著妳，把妳寵得像個長不大的孩子，現在我有義務也有資格了，請她放心。」

我掙脫他的懷抱，感動不已，直勾勾地瞅他。

「怎麼了？」他捏了捏我的臉頰。

「我發現你很少說好聽話，但只要一說，就會讓人投降。」

溫仲夏還來不及思考我的話，我便伸出手臂，勾住他的頸項親了上去，學他之前吻我的方式，深深地吻著他。

我說過，以後一定會扳回一城的。

Secret 12

當年存在我心中最久的祕密，變成了歲月送給我，最美的禮物。

凌晨，溫仲夏拖著行李，悄悄潛入我家。

他爲了音樂交流活動，準備出發前往維也納，兩週後才會結束行程回國，不過幸好還能趕上過年。

熟悉的氣息撲面而來，他溫柔地親吻我的唇瓣。

我微微睜開惺忪的雙眼，緩緩坐起身來，含糊地問：「你怎麼來了？」

溫仲夏坐在床邊，讓我靠著他，低聲說道：「妳睡吧！我陪妳一會。」伸手環抱他的腰，我得意地揚起笑容，「想我了吧？」

「妳想多了。」

我哼了一聲，再度閉眼。

「徐小春。」

「嗯？」

「我不在，妳不准和莊子維出去。」

「你怎麼還惦記著這件事啊？」空氣裡充斥著一股酸味，「都說了，我和莊子維只是朋友。」

「妳朋友太多了，不差這一個。」

我失笑，「他對你而言，就這麼具有威脅性嗎？」

「不是威脅性的問題。」

「不然呢？」

「我白白吃了他那麼長時間的醋，很不爽。」

「溫仲夏，你好幼稚。」

「大概比妳大三歲？」

我噗哧一聲笑了出來，「你該不會又打算偷看莊子維的IG限動，監視我吧？」

溫仲夏沒有回答，傾身以唇堵住我的嘴，把我吻得七葷八素後，轉移話題，「今年過年妳要去東部找妳爸對吧？」溫仲夏如此耍賴，就代表默認了。看在他這麼可愛的份上，我就好心給他留點面子吧！

「對啊！」我順著他的話回覆。

「初三我去找妳。」

「為什麼？」

「親自拜訪，跟叔叔公布喜訊啊！」

「什麼呀？」我睏了，腦袋一時轉不過來。

「妳不打算讓叔叔知道我們在一起了嗎？」

「等穩定一點再說吧……」我打了個呵欠，「而且，你還在試用期呢！」

溫仲夏輕輕掐了一下我的臉頰，不讓我睡著，「什麼試用期？」

我咕噥，抱怨道：「我單戀你那麼久，受了那麼多委屈，況且你也還沒說喜歡我。」

「徐小春，我看妳是皮在癢了。」他咬了一口我的臉頰，「我那天說了那麼多，妳全當沒聽見嗎？」我推了推他，「我不管。」說完，不忘偷瞄他一眼。

溫仲夏好氣又好笑地睨著我，須臾，嘆了口氣，替我順了順瀏海。見他那副無奈的模樣，我明知故問，「幹麼？」

「算了，妳睡吧。」他低沉的嗓音含笑。

我把臉埋進溫仲夏的懷中，嗅著他的氣息，安穩地閉上眼睛，「你額頭的疤痕會痛嗎？」

「傻瓜，疤痕怎麼會痛。」

「我總覺得你額頭上那道疤，又是因爲我……如果那天你沒跟我約，而是等王翔忙完再送你回家的話，就不會發生車禍了……」我皺起眉頭，自責道：「從小到大，我經常害你受傷，果然是個災星，對吧？」我就是個雷包，無庸置疑，他眞的願意守著我嗎？

溫仲夏伸手撫平我眉心的褶痕，並在眉間落下一個溫柔的吻，語帶笑意地說：「徐小春，一物剋一物，所以這輩子妳只能在我身邊了。」

中午醒來時，溫仲夏已經離開了，書桌上留著他的手寫字條——

「我很快回來，等我。」

我拿起手機想傳訊息給他，這樣他一下飛機就能看見。一點開LINE，三人群組跳出上百條訊息，率先攫住我的注意力。

我仔細地讀完所有的訊息後，驚訝不已，趕緊加入討論，「楊虹妳昨天跟王翔告白了？」

「齁吼，徐小春出現了。」黃心怡連發三張嗑瓜貼圖。

「誰給妳的勇氣啊？梁靜茹嗎？」我問。

楊虹回覆：「我只是想說，單戀不要拖過年嘛！」

「我沒聽過這句，只聽過單戀即失戀。」黃心怡吐槽。

我再提問：「所以……楊虹失戀了？」

「我沒有失戀啦！」

「但王翔也沒有答應。」黃心怡補充。

「他只是說，希望我們能慢慢培養感情，畢竟我年紀還小。」

「那不就等於間接失戀了？」那聽起來的確很像委婉拒絕的藉口。

楊虹傳送了一張哭臉的貼圖，「黃心怡，妳是不是見不得我好？」

黃心怡損友力十足地回：「對。徐小春與單戀十幾年的青梅竹馬修成正果，我現在只能拖妳陪我一起當單身狗。」

「可黏。」楊虹滿滿的無奈隔著手機螢幕散發出來，「但我不想陪妳。」

「妳前天晚上約王翔出去見面說的喔？」我滑了一下之前的對話，確認時間軸。

「對呀，他不是跟溫仲夏出發去維也納了嗎？接下來又過年，好久都見不到面了。」

「但他那樣回答，眞的讓人搞不清楚是不是在拒絕妳耶……」

「徐小春，這時候妳就能派上用場了！」黃心怡靈機一動。

「怎樣？」

「妳幫楊虹跟溫仲夏打聽看看啊！」

「不要！不要！這是我和王翔之間的事，旁人別插手。」楊虹嚇得趕緊回覆。

「嘖嘖，我們楊虹長大了，她以前喜歡莊子維都不敢表白，只敢默默地放在心裡，然後默默結束。現在不僅喜歡大齡男子，還一個勁地勇往直前。」

「什麼大齡男子？王翔也沒有很老好嗎？」

看著她們一來一往地鬥嘴，我笑著加入戰局，「黃心怡，妳這是在羨慕還是嫉妒？」

「羨慕又嫉妒。」

「那就趕快去找一個。」

「不找了，我要專心在學業上。」我看是舊情難忘吧？我笑了笑，不打算揭穿她。

「話說，小春，妳和溫仲夏算是在一起了，對吧？」楊虹話鋒一轉。

我嘴硬地回覆，「不知道。我還沒想好。」

「妳差不多就行了，萬一溫仲夏反悔，看妳會不會難受。」黃心怡回。

「他又還沒說他喜歡我。」

「他那天不是講了很多嗎？妳就非得要他說出『我喜歡妳』這四個字喔？」楊虹問。

我盤腿坐在床上思忖，慢吞吞地打出訊息，「老實說，我到現在都沒有眞實感……可能是因爲單戀他太久了，忽然得到回應有點緩不過來。而且又會覺得，他該不會是因爲不想我離開才那樣說的吧？」

黃心怡感嘆，「幸福總是來得令人措手不及，對吧？」

楊虹續道：「妳如果眞的在意，就跟溫仲夏講清楚，讓他知道啊！這世上，沒有一個人能完全讀懂另一個人的心思，即便再熟悉、再喜歡也是一樣，所以需要理性溝通、感性相愛，才能走得長遠。」

「好，我知道了。兩個老媽子。」

✦

話雖如此，但我仍然不曉得該怎麼開口跟溫仲夏說我在意的點，所以，當時差有七個小時的我們，好不容易在他馬不停蹄的行程間通上電話時，我還是只說了些言不及義的話。

「溫仲夏……」

「嗯？」

「你就沒有什麼想和我說的嗎？」

「有啊。」

「什麼？」

「早知道應該也幫妳買張機票。」

「你是去工作的。」

「妳不是一直想來歐洲旅遊嗎？」

我點點頭，「想啊！」又搖頭，「但我不想跟你去工作。」

「妳當然是來玩的，而且我在排練和工作之餘也能陪妳。」

「我才不要呢！等等又被你的瘋狂粉絲認爲我是妲己，毀了你的鋼琴事業。」

「妳沒有長得像妲己，不用擔心。」

「我要掛電話了。」

溫仲夏馬上認錯，並再三叮囑我出門在外要小心安全。

得知我經歷過粉絲恐嚇事件後，他成天囉唆地對我耳提面命，甚至問我需不需要請個保鏢。王翔都笑著虧他，說溫仲夏只差沒在我身上裝監視器了。

所幸溫仲夏近期於公開場合上發表的柔性勸說，似乎還挺管用的。他告訴粉絲們，不要做出瘋狂和觸法的行爲。最近也的確沒有再遇到他的瘋狂粉絲了。

「徐小春，妳有沒有偷偷和莊子維出去？」

「沒有，人家最近忙著呢！」

「還知道他在忙，你們時常聯絡嗎？」

「就……前幾天關心了一下他家的貓。」順便跟莊子維抱怨某人最近吃醋吃得很嚴重，害我暫時失去了自由。

「徐小春，妳挺有愛心的嘛！」

「你跟貓也要吃醋嗎？」我合理地懷疑，他只是在敷衍我剛才的問題，「溫仲夏，你除了查勤，就沒其他話要說了？」

「有啊！」

「如果又是氣我的話，就不必說了。」

「那我沒話要說了。」

「溫仲夏！」電話那頭傳來他悅耳的淺笑聲。

戀愛，果然會讓人變得幼稚。

不久，我聽見王翔在喊他，猜想他應該又要開始忙了，「算了，你快去吧，我要睡了。」

掛電話前，溫仲夏說：「我有話，明天告訴妳。」

「爲什麼是明天？」

他沒有回答，只道了聲晚安。

✦

早上，我收到一份快遞。

簽收包裏時，我順便看了眼寄件人的姓名，想不到溫仲夏在國外忙得不可開交，還惦記著要寄東西給我。

我以爲會是件手禮之類的東西，沒想到一拆封，裡頭居然裝著一支錄音筆。

我盤腿坐進沙發，按下播放鍵，〈卡農〉輕快柔和的旋律揚起。

我曾經問過溫仲夏一個問題——

「你什麼時候要彈整首〈卡農〉錄起來送我？」

「這種事情，我只會爲我喜歡的人做。」

彼時我心酸得很，嫉妒著未來能收到整首曲子的女孩。想不到有一天，他會爲我彈奏、錄音。

我原本以爲，四分多鐘的〈卡農〉獨奏已經夠感人了，豈料，眞正令人心動的在後頭。

徐小春……我好想妳呀！

這裡有妳曾經吵著想看的風景、想吃遍的美食。

但沒有妳在，我只想回去，回去有妳的地方。

親口對妳說：「我很喜歡、很喜歡妳。」

等我。

抬起頭，我看見電視螢幕上映著自己的倒影，一抹微笑淺淺地盤旋在唇邊，沒有誇大的喜極而泣，只有淡淡的幸福餘韻。

生活裡，有多少人像我們一樣，以「朋友」的名義，偷偷地愛著一個人。慶幸這段旅程中，並非我單向奔赴，而是有他的回首。

自從我們的關係有所轉變，每當溫仲夏離開，總是會要我等他，彷彿唯有如此，他才能無後顧之憂地全力以赴，因爲他知道，有我守在他身後。

我拿出手機，發了一條訊息給溫仲夏——

「無論多久，我都會在這裡，等你回來。」

其實，人與人之間相隔的，從來都不是距離，而是心。如今他的愛情在我這裡，無論我們身在何處，又有何懼？

——全文完

番外
他的祕密

溫仲夏心裡也有一些關於徐小春的祕密。

比如，某次他到補習班接徐小春下課，送出的那一盒草莓大福，他說是他媽媽交代的番茄回禮，其實，那是他特地上網搜尋日式甜點名店，排了一個多小時的隊才買到的。

還有，他之所以答應流音社成果發表會的演奏，並非受學弟妹或指導老師所託，而是爲了準備徐小春的生日禮物，不得已才答應的交換條件。

流音社社長家裡開玩具店，要拿到LINE Friends的熊大限量公仔並非難事。至於那雙NB的球鞋，是副社長剛好有認識在做代購的姊姊，要委託對方從美國買一雙符合徐小春尺寸的球鞋，簡直輕而易舉，對方還因爲看溫仲夏長得帥，直接以成本價賣出。

而這些，礙於面子問題，溫仲夏不會讓徐小春知道。

溫仲夏很少會對做出的決定感到後悔，但是在美國求學的兩年間，出國留學這個決定，卻經常會在夜深人靜時困擾他。

他不願意承認，身邊少了徐小春那隻跟在身邊聒噪的小鳥，眞的很不習慣。就好像穿了一件不合適的高領毛衣，無論怎麼折，總是感覺脖子靠近領口的地方不太舒服。

原本以爲時間長了，生活也開始忙碌了起來，那些放不下的遲早會放下。然而，徐小春媽媽過世的消息，卻徹底動搖了他。他從未有過如此無能爲力的時刻，也爲自己的身不由己感到生氣。

溫仲夏訂了最近的航班，連行李都沒打算收拾，只簡單地帶了幾項隨身物品，便對王翔說道：「我要回國一趟。」

正在講電話的王翔，一邊低聲敷衍著電話那頭的人，一邊按住收音口，吃驚地瞪大雙眼，以唇形問：「你說什麼？」

「我說，我要回國一趟。」溫仲夏淡淡地重複一遍。

儘管一旁的林若妍難以置信，仍故作沉穩地道：「仲夏，明天就比賽了，你現在回國無疑是要放棄比賽。」

「我知道。」

王翔匆匆掛斷電話，走到溫仲夏面前，此刻沒有什麼事情，比溫仲夏說要棄賽來得棘手，「爲什麼？」

「我要回去找徐小春。」他已經從母親那裡得知徐小春回北部的時間，他想見她。

「仲夏，你這樣往返不值得，即便比賽可以棄權，但大後天的演奏會，我們可是有和贊助商簽訂合約。」

「來得及，我已經訂好機票了。」

望著溫仲夏那雙堅定的雙眼，王翔十分清楚，再多的勸說也改變不了他的決定。

林若妍皺起眉頭，瞇起的眼中飽含質疑，她無法保持鎮定，儘管她試圖理解他，但這次實在太困難了，「就爲了徐小春，值得你跑這一趟？值得你放棄準備已久的比賽？」

「若妍，小春的媽媽過世了，我不能放著她不管。」

林若妍抓住欲起身的溫仲夏，「我沒有要你放著她不管，但現在時間緊迫，就算你特別飛這一趟也沒有意義啊！你能陪她多久？你回去見到她又怎麼樣？等你走了，她不是一樣會傷心嗎？」

「至少……」溫仲夏抹了把臉，閉了閉眼後，迎視她的目光，「至少當未來回想起時，我不會責怪現在的自己什麼也沒爲她做。」

「那我呢？」林若妍失望地問：「你有想過我嗎？我特別飛這一趟來爲你的比賽加油，你卻丟下我……」

「抱歉。」溫仲夏拉開她的手，離開房間前，交代王翔，「你留下來幫我照顧若妍吧，謝謝你了。」

溫仲夏回國後，先繞到幾個地方買徐小春平日愛吃的甜點，裝了滿滿一包牛皮紙袋。可惜，最後他仍是沒能見到徐小春，親手把她愛吃的甜點交給她。

等候的期間，他曾打過幾通電話給她，但徐小春都沒有接。回程班機報到的時間就快到了，他只能把紙袋留在她家門口，獨自離去。

溫仲夏返回美國時，王翔已經幫他把棄賽的相關事宜都處理好了，所幸溫仲夏有依言趕上後續的演奏會，沒造成更大的麻煩。

王翔原本以為，為了徐小春棄賽，只是溫仲夏給他惹麻煩的偶發事件，殊不知，那僅僅是個開端，後來的溫仲夏，簡直是讓他頭疼極了……

「徐小春說，她不知道我九月會去德國參賽，你沒有把我第三季的行程表發給她嗎？」

「需要嗎？那只是場小比賽。」

「當然需要，她怎麼能不知道我在哪？不曉得時差，她要怎麼等我電話？」

「人家為什麼要等你的電話？」王翔時常覺得，溫仲夏提出來的要求根本是莫名其妙。

猶記得，有一次他們飛去日本參加公開賽，好不容易結束一天滿檔的行程，累得跟狗一樣，還得為了溫仲夏的任性，請司機繞路去買有名的草莓名產，就因為徐小春說過想吃。

溫仲夏那裡有一張清單，是徐小春曾經發給他的各國美食和景點，但凡清單中有列出，且他們剛好有到當地演出，溫仲夏總會利用少之又少的休息時間去踩點。

最過分的是，溫仲夏只負責拍照，後續處理食物、發社群，全都丟給王翔，害王翔不只長胖了好幾公斤，得靠瘋狂運動補救身材，現在連臉書和IG等社群，都用得比助理更專業了。

王翔唯一一次看見溫仲夏喝醉酒，是在他與林若妍和平分手的那天晚上。溫仲夏的酒品不錯，沒有發瘋，甚至比平常健談了許多。

「和林若妍分手，真的讓你這麼難受啊？」王翔仰靠在沙發裡，雙手攤在椅背上。

溫仲夏搖搖頭，忽然從手機裡翻出一張照片，「你覺得這個男人有長得比我好看嗎？」

王翔瞄了一眼，乾笑一聲，「你好看。」

「那這張呢？」溫仲夏往旁邊滑了一下。

「你好看。」

溫仲夏又滑了幾張照片，「那這張跟這張呢？」

王翔覺得奇怪了，「欸，你哪來這麼多不同男人的照片啊？」

「呵……」溫仲夏關起手機螢幕，淡淡地道：「都沒我好看，那她這是……瞎了眼嗎？」

「誰啊？林若妍？」

「徐小春。這些都是徐小春的前男友。」

王翔感到傻眼，「你居然……是爲了徐小春？」

「什麼？」

「你現在喝酒，不是因爲跟林若妍分手心裡難過，而是因爲徐小春？」

溫仲夏不置可否。

王翔當他是默認了，「這就是林若妍跟你分手的原因吧？因爲你眞正喜歡的人是徐小春。」

溫仲夏飲盡最後一口啤酒，揉擰鋁罐，扔進一旁的垃圾桶，「她說我是個膽小鬼，拉著她演了一場自欺欺人的戲碼，只因爲不敢承認喜歡徐小春。」

「你是嗎？」

溫仲夏揉了揉眉心，吁出一口長氣，搖頭自問：「我是嗎？」

「我覺得你只是太驕傲了，一直認爲自己不會喜歡上徐小春，所以從未認眞檢視過自己的內心。」

「我的確不認爲自己會喜歡徐小春。」溫仲夏苦笑，「從各方面條件理性評估，我都覺得她不適合我，所以沒什麼可想的，況且，我們兩家的父母又這麼熟，萬一輕易嘗試了，之後發現不合適，不是徒增尷尬嗎？」

「但喜歡一個人，是不需要任何條件的。」王翔喟嘆，「明知道不合適、覺得不可能，怎麼想都很吃虧，又毫無邏輯可言，卻還是喜歡得不得了，這才是愛情，不是嗎？」

「沒想到你也有如此感性的一面。」溫仲夏笑著虧他。

「你倒是一直都很感性。」王翔調侃，「盡是做一些奇奇怪怪的事，哪一件不是出自於對徐小春的喜歡？」

溫仲夏仰躺在沙發上，抬起手臂壓住雙眼。

「所以呢？接下來你打算怎麼做？」

「我也不知道。」對於徐小春的情感，忽然如潮水般淹來，彷彿即將溢出胸口，讓他一時之間不曉得該如何面對。

後來，溫仲夏終於想清楚。決定正視自己的感情時，又給王翔添了個大麻煩。

「我們回去吧，我要回國完成學業。」

王翔覺得，自己上輩子肯定欠了溫仲夏不少。

番外二
關於求婚這件小事

「徐小春，嫁給我吧！」

「徐小春，我們結婚吧！」

「徐小春，這戒指給妳，戒圍應該剛好。」

「徐小春，這輩子除了我，妳沒得選。」

「要不要結婚？我不接受拒絕。」

王翔坐在飯店房間的躺椅，看著溫仲夏在他面前走來走去，思考求婚台詞，他沉默許久，最後還是忍不住潑了他一身冷水，「我要是徐小春，死都不嫁給你。」

「你不幫忙出主意就算了，不說話沒人當你是啞巴。」溫仲夏闔上手中的戒盒，煩躁地拉開襯衫領結。

「欸欸欸，別拉！哎，你眞是的！」王翔爲來不及制止他而皺眉，「溫仲夏，你就不能讓人省點心嗎？」

「演奏會都結束了，在意這個幹麼？」

「馬上就要開記者會了。」

「記者會而已，隨性就好。」溫仲夏把拆下來的領結扔給他。

叮咚——

門鈴聲響起，王翔前去應門，助理探頭進來通知，「差不多該去宴會廳了，記者們都準備好了。」

溫仲夏把戒盒收進西裝口袋，舉步和他們一同離開房間。

各國記者遠道而來，擠在倫敦五星級飯店的宴會廳內。表面上是爲了溫仲夏稍早和知名交響樂團的合作出演進行採訪，事實上他們關心的只有八卦。

記者們的訪問內容永遠都不在事先預備的訪綱內，與合作出演相關的問題只有兩三道。眞正想挖掘的，始終是關於名人的私生活，尤其是長得帥，又有才華，還單身的。

「仲夏，請問你放棄美國音樂公司提供的優渥待遇，選擇回國和國內音樂經紀公司簽約，是爲什麼呢？」

「我是爲了王翔。」某人不負責任地回答完，還不忘朝臉色已崩的經紀人拋去媚眼。

「前陣子某娛樂雜誌爆料，你深夜和一名女子回家過夜，請問對方是朋友還是戀人呢？」

「你猜？」這調皮的回應，讓王翔冒出一身冷汗。

「仲夏，你的感情狀態一直相當神祕，面對各界揣測，更是多半不予以回應，是否是因爲尚未有穩定交往的對象呢？」

「上個月在那名女子家附近，有人拍到你進超市買檸檬，難道對方懷孕了嗎？」

接連兩道問題，終於讓溫仲夏微微發愁。這會不會太誇張了？王翔可沒告訴過他，身爲半個公眾人物，連去超市買檸檬都會被過度解讀……

其實，之前買檸檬被偷拍，照片在爆料平台露出的那天，王翔的確說過：「東西不要亂買，會被造謠。」但他全然沒當回事。

再說了，他們那天只是單純想在家泡蜂蜜檸檬紅茶罷了，這些人至於嗎？溫仲夏瞄了一眼佇立於幕後的王翔，隱約見他正以唇形在教他回答：「無可奉告。」

娛樂記者們又不是吃素的，最好會被這四個字糊弄過去。

溫仲夏實在有些忍無可忍。之前不回應，是因爲想保護徐小春，所以寧願讓大眾猜測也不願公開，可是如今他都打算求婚了，公開也是遲早的事情了，總不能一輩子遮遮掩掩的。

打定主意後，溫仲夏按下麥克風開關，出人意料地道：「她沒有懷孕。」

鎂光燈閃了幾下，一票記者們先是低頭筆記，然後紛紛錯愕地抬頭。

「溫仲夏，你這是打算公開了？」

「你剛才口中說的那個『她』，是指誰呀？」

眾人屏息以待，直到聽見滿意的答案。

「我的未婚妻。」

現場一片譁然。

看來，記者會過後，王翔恐怕有得忙了。

不過，既然都開口了，溫仲夏不介意趁機多分享一點，「我曾經說過，我已經有喜歡的人了。那個人至今從未變過，而且她即將成爲我的未婚妻，之前沒有公開，是因爲她只是個平凡的女孩，我不希望她的生活被影響，還請大家能高抬貴手，給我們一些私人空間。」

後排中間，一位來自英國的男記者手持錄音筆，搶著提問：「溫仲夏，你和女方交往很久了嗎？」

「她是我的青梅竹馬、我的好朋友、我的愛人，我們認識了將近一輩子，你說久不久？」

「打算何時結婚呢？」

「希望越快越好。」

原本預計進行一個多小時的記者會，在溫仲夏爆炸性的發言後，四十幾分鐘就草草落幕。

王翔帶著溫仲夏火速逃離現場，返回房間的途中，焦頭爛額的他不停碎念：「溫仲夏，我上輩子到底是欠了你多少？還是這輩子沒燒好香？你怎麼這麼能找事呢？」

溫仲夏雙手插在褲兜裡，悠哉地開口：「我這是一勞永逸，遲早要公開的不是嗎？」

「但這次記者會的重點不在你的私生活啊！」

「又不是我起頭的。」他一臉無辜。

「我說過很多遍了，你只需要回答訪綱裡我們對過的問題就好。」關上房門，王翔雙手插腰，十分無奈，「再說了，小春又還沒答應你，你也尚未求婚，你這是先斬後奏。萬一到時候被拒絕，你打算怎麼辦？多尷尬啊！」

「所以，她一定要答應才行。」溫仲夏拉開落地窗簾，俯瞰著城市風景，心情似乎不錯。

向來臨危不亂的王牌經紀人，被他搞得都快發瘋了。

溫仲夏接著提議，「到時我和徐小春結婚，你跟楊虹就來當我們的伴郎和伴娘如何？」

王翔瞪了他一眼，隨即接起自剛才就響個不停的手機來電。

「嗨，徐記者……是是是，你也收到消息啦！對，仲夏也是剛剛才跟我說的……女方只是個平凡的上班族，他們從小就一起長大……」

電話一通接著一通，王翔應付著回答不完的問題，期間忍不住按下靜音，煩躁地抓著頭髮，指著溫仲夏的臉忿忿不平地說：「你最好確定徐小春會嫁給你！」

溫仲夏坐進沙發，雙手盤胸，交疊起長腿，表面上看起來悠悠哉哉、信心十足，實際上一點把握也沒有。

最近，不曉得徐小春是跟誰學壞了，還是已經沒那麼喜歡他了，他愈來愈拿她沒輒，總是讓她占盡上風……

「溫仲夏，誰答應要嫁給你了？」

「你以爲開記者會先下手爲強，我就會答應了嗎？」

「想得美！」

「我、不、要！」

深夜，當溫仲夏把徐小春回覆的訊息給王翔看，王翔終於感覺心中平衡了不少。他露出了「你活該」的眼神，幸災樂禍地說：「你自己看著辦吧，我管不著嘍……」

「你覺得，我如果現在回她『我說的未婚妻不是妳』，後果會怎樣？」溫仲夏還有心情開玩笑。

王翔冷笑了兩聲，「你大概會後悔今天不是愚人節。我只能說，在國際記者會上剛公開婚訊就被甩了，算你狠。」

「講得好像沒你的事一樣，我如果眞的娶不到徐小春，你苦心經營的『鋼琴王子』形象，就會一落千丈，不頭疼嗎？」

「我今天已經頭疼一整天了，爲了你的脫稿演出，我直到前一刻都還在講電話，跟記者們解釋，你能不能有點良心？」

「好，我盡量。」

「你呀，與其繼續跟我耍嘴皮子，不如認眞想想，要怎麼讓徐小春點頭，比較實際吧？」王翔摘下眼鏡，一臉疲倦地揉了揉鼻梁。

「我這個人不太浪漫。」

「浪漫是其次，重點是心意。」

「我不懂女孩的心思。」

「她可是你的青梅竹馬。」

「我大部分時間都沒把她當女的。」

「你到底想不想娶媳婦?」

「想。」

「那你還——」溫仲夏打斷他,「好啦,你滾吧,我得認眞想想。」

「你實在是……」王翔有時候眞想掐死他。

溫仲夏拉開椅子坐下,從抽屜內找出紙筆,有模有樣的。

「你要幹麼?」

「寫求婚詞。」

王翔翻了個白眼,嘆氣點頭,「好,那我先回房了,你別弄太晚,明天還有表演。」

溫仲夏往房門口指了指,趕人。

王翔走後,溫仲夏掀開戒盒,素雅的求婚鑽戒在底座中閃閃發光。這枚戒指,是他演奏會排練結束後,抽空去龐德街買的。

原本應該更早就向徐小春求婚的,但想著想著,時間就愈拖愈長了,偶爾又覺得,結婚不過是走個形式,對他們而言,好像也沒那麼重要。

只是,這回在飛機上他忽然想起,徐小春送他出關前說的話:「溫仲夏,我等你回來。」

這麼多年,她總是在等他,等他回應她的感情,等他回到她身邊。

說來也可笑,對於徐小春的付出,他想了許久,除了承諾,就不知道還能再爲她做些什麼了。

明明很愛她，但能給的，卻怎麼樣都覺得有限。

溫仲夏掏出手機，點開相簿內他們的合照，卻遲遲寫不出半個字。

「該怎麼開頭才好？」溫仲夏的指尖輕點桌面，回想起過往點滴，驚覺如此漫長的歲月，他和徐小春之間，似乎毫無浪漫可言。

✦

溫仲夏人生中的第一個心靈創傷是徐小春造成的，那時她把他誤認成女生。爾後，許多的第一次，也都是因爲她。

第一次被老師扣分，是因爲作業本被巧克力蛋糕砸到，害他遲交。

第一次差點摔下樓就扭傷腳，還險些變成人形肉墊。

第一次在全校面前露屁股，校草形象毀於一旦。

第一雙被弄髒的小白鞋，用清潔劑也洗不乾淨。

第一次因爲拉肚子缺考，結果補考試題更難。

細數溫仲夏人生中發生過大大小小的災難意外，幾乎全是因爲徐小春。這類情況，導致他對她的喜歡後知後覺，似乎也是情有可原，才會演變到全世界的人都看得出來他喜歡徐小春，只剩他自己不知道。

溫仲夏從來就不是一個浪漫的人，但是他會用課業威脅簡易雲借出腳踏車，只爲了送腳受傷的徐小春回家。

會爲了打聽情敵的情報，在IG上肉搜莊子維的帳號，監視對方和徐小春的互動，然後偷偷吃醋還死鴨子嘴硬。會爲了買徐小春愛吃的甜甜圈，拖著王翔陪他一起排兩個小時的隊。

「掙扎了那麼久，你最後不還是被愛情小說裡，青梅竹馬的戲碼給套牢了。」因爲王翔說的一句話而懊惱生氣，最後仍是爲了徐小春毅然地轉學回國。

說到底，溫仲夏就是一個很傲嬌的人。

他會因爲跟徐小春吵架賭氣，故意已讀不回，卻又私心希望徐小春能拉下臉主動找他，導致一直在注意徐小春有沒有傳來訊息而不專心練琴。這樣的狀況，在他出國後，更爲嚴重。

溫仲夏原本以爲，分隔兩地就能釐清他對徐小春只是習慣、只是友誼，卻不曾想這一萬兩千兩百四十九公里直線飛行的距離，和七百多天分開的日子，只應證了一件事——他根本離不開徐小春。

徐小春優點很少、缺點一堆，從小笨到大，是個專業雷包，而且還很吵，又是個不折不扣的吃貨，但溫仲夏卻覺得，其實她還滿可愛的。

有首歌詞不是這樣寫的嗎？「留在身邊討厭，沒有又掛念」，說的應該就是他和徐小春吧？

好不容易，兩人在幾經波折後，總算正視了自己的感情，修成正果，穩定交往了幾年，現在他想把人拐回家當老婆了，才忽然發現，求婚這件事，眞的有點難。

溫仲夏放下手中的筆，回憶至此，他不禁笑自己怎會無措得像個情竇初開的傻瓜。

思考許久後，他決定什麼都不寫了，這次，他想眞心實意、簡單平凡地向徐小春告白。

✦

徐小春剛下班，一走出公司就看見有人來接她。

「溫仲夏，你不是明天才回來嗎？」她感到驚喜，又想逗逗他，所以故意表現得沒什麼表情。

「想給妳一個驚喜。」溫仲夏見她只是扯了下嘴角，似乎不買帳，挑眉問：「怎麼？不好嗎？」

「驚喜有時候弄不好，是會變成驚嚇的。」

「妳就不想我？」徐小春刻意忽略他的問題，逕自道：「難怪昨天失聯一整日，原來是在飛機上。」

溫仲夏雖然對她的反應感到失望，但總不能破壞氣氛，以免影響他後續要說的話。他俯下身，親吻了一下她的額角。

徐小春害羞地拖著他快步走，免得被其他下班的同事瞧見。

「你這次闖了大禍，王翔生氣了吧？」

「妳是指哪一件？」溫仲夏皮皮地問。

徐小春瞪他一眼，「明知故問。」

「他捨不得生我的氣。」

「可楊虹會生氣啊，你老是給人家男朋友找麻煩。」

溫仲夏不甚在意地聳肩。

他們並肩走在路上，夕陽餘暉，橙黃色的光灑落在他們的身上，沿途所至的人、事、物與街景，處處充滿著懷念之情和美好的回憶。

眞正令人動容的，是如今的他們歷經光陰依舊在彼此身邊。

「小春。」

「嗯？」

「若要以一句話，形容我們今生的緣分，妳會怎麼說？」

徐小春想都沒想便答：「冤親債主。」

體會到何謂自作自受的溫仲夏，頓時感到哭笑不得。

「怎麼樣？」徐小春得意地笑問：「後悔了吧？」

溫仲夏搖頭，忽然有些感性地開口：「小春，對不起，我知道自己不是一個很好的男朋友，雖然我們認識了一輩子，但我眞正待在妳身邊的時間卻不長。」

「怎麼忽然……」

溫仲夏停下腳步，沉默了片刻。

徐小春眨了眨眼，溫柔地捧起他的臉，「你怎麼啦？嗯？」

溫仲夏向後退開一步，醞釀好情緒後，從褲兜裡掏出一只深藍色的絨布盒，愼重地掀開頂蓋。

鑽戒在徐小春瞬間微溼的眼底熠熠閃耀著，他卻煞風景地問：「需要單膝下跪嗎？」

她哭笑著打了他一下。

溫仲夏嚥了嚥口水，就連參加國際比賽時，都不曾如此地緊張。

「我記得我們交往後，有一次，睡前妳迷迷糊糊地對我說，單戀我的那些年，妳像獨自走在一段孤單又漫長的旅程，卻不知道等在終點的會不會是我。」

徐小春輕輕地搖頭，「我不記得了。」

「沒關係，我記得就好。」他以指腹抹去她臉上喜極而泣的淚水，不疾不徐地續道：「現在，我可以很肯定地告訴妳，我不僅要成爲妳的終點，未來，還要與妳相伴走完餘生。」

她摀著嘴，哽咽不已。

「所以，我想問妳……」溫仲夏拉下她的左手，將戒盒置入她的掌心。這一刻，他忽然懂了，原來有些話要說出口，比想像中簡單。因爲愛她，所有的承諾，都如此地理所當然。

「徐小春，妳願不願意嫁給我？」

聞言，徐小春抬頭與他相望，緩緩地綻出一抹笑容，那是他有生之年看過最美的模樣。

午夜時分，睽違了半年，溫仲夏發出一則IG貼文，照片是徐小春戴上訂婚戒指的手，內文只寫了一句——She said yes.

後記
人生若只如初見

睽違一年多的新書出版，感覺好不眞實。

再次敲打鍵盤寫後記，我還有點猶豫不決，不知道是要跟大家討論故事劇情，還是要聊聊這段時間我的創作狀況比較好。

《喜歡你的12個祕密》這本書，其實早在二〇二二年五月左右就已經完成初版了，但中間和編輯討論了一些劇情內容的問題，和需要調整的方向，所以來來回回到九月才定稿，所幸所有的努力，都有了美好的結果，現在也才能在後記裡，以文字的方式和大家相見。

坦白說，我還滿排斥寫青梅竹馬的（笑），因爲我覺得自己能力不足，難以把老梗翻出新意，所以在動手寫這個故事的前幾章時，我經常有想反悔的衝動。尤其，女主角小春的設定和我的個性天差地別，在揣摩時，一不小心，我就會把她寫成一個過分糾結的人。而且小春和仲夏，還是經過小學、國中、高中階段，直到大學才修成正果，這段描述的過程，對我而言，簡直是寫一輩子都寫不完。

但我必須承認，自己有點被虐體質，再加上想滿足讀者們的心願（滿多讀者私下敲碗說想看我寫青梅竹馬），所以我最後還是完成了這個故事。

果不其然，初版交稿後，當我再回去審視這個故事，並且和編輯討論後，確實發現了許多能修改的地方，因此在新版裡，大部分的劇情，我都進行了大幅度地調整，爲了讓內容更具張力，也讓人物心境的變化更爲合理。

在這個故事中，每個人都有屬於自己的「祕密」，有些人最後成爲了彼此的遺憾，有些人瀟灑地轉身。有的人選擇默默守候，有的人勇敢追求新的幸福。而小春和仲夏，是最幸運的那一對，兜兜轉轉，又回到了彼此的身邊，不愧是青梅竹馬的宿命啊！

我不知道大家會怎麼看待新版的故事，已經閱讀過舊版的你，再一次閱讀後，會不會獲得相同或不同，甚至更深的感受？無論如何，我都由衷地感謝你們，此刻拿著這本書，翻到了這篇後記。

沒有新書出版的時間裡，我花了比之前更多的時間在經營IG，記錄生活中的點點滴滴、突如其來的感動和對愛情的想法，同時聽聽大家戀愛的煩惱，順便截取創作靈感。

日子過得很快，轉眼間，我的創作之旅已經走了將近二十年了，忽然有些感慨，自己在這漫長歲月裡有限的創作力，又覺得悲傷，不知道自己還會寫多久，會不會某天，就任性地決定封筆了。

每當這時候，我就特別感激讀者們的耐心等候與陪伴，在沒有出版實體書的空窗期裡，你們都沒忘記我，偶爾還會私訊我，替我加油打氣，要我照顧身體，每次只要我限動有些疑似出版或新作品的風吹草動，你們就開心地問是不是有出版的好消息了，眞的謝謝。我還是那句，我會繼續爲你們加油，寫出更多故事的。

最後，不免俗的，我要特別謝謝一直陪在我身邊的家人和文友們。謝謝尤莉，謝謝妳沒有放棄這個故事，讓它在修改後，有了能出版的機會。謝謝POPC原創的大家，出版一本書需要經過許多人共同的努力和資源，謝謝你們提供給我的一切。

我親愛的讀者們，謝謝，愛你們唷！

我們下次見。

米琳

國家圖書館出版品預行編目資料

喜歡你的12個祕密 / 米琳著. -- 初版. -- 臺北市 :
城邦原創股份有限公司出版：英屬蓋曼群島商家
庭傳媒股份有限公司城邦分公司發行, 2023.02
面；公分. --

ISBN 978-626-7217-11-5（平裝）

863.57　　111021351

喜歡你的12個祕密

作　　者／米琳
企畫選書／簡尤莉　　行銷業務／林政杰
責任編輯／鄭啟樺、黃韻璇　　版　　權／李婷雯

副總經理／陳靜芬
總 經 理／黃淑貞
發 行 人／何飛鵬
法律顧問／元禾法律事務所　王子文律師
出　　版／城邦原創股份有限公司
台北市中山區民生東路二段 141 號 6 樓
電話：(02) 2509-5506　傳真：(02) 2500-1933
email：service@popo.tw
發　　行／英屬蓋曼群島商家庭傳媒股份有限公司城邦分公司
聯絡地址：台北市中山區民生東路二段 141 號 11 樓
書虫客服服務專線：(02) 25007718・(02) 25007719
24小時傳眞服務：(02) 25001990・(02) 25001991
服務時間：週一至週五09:30-12:00・13:30-17:00
郵撥帳號：19863813　戶名：書虫股份有限公司
讀者服務信箱 email：service@readingclub.com.tw
城邦讀書花園網址：www.cite.com.tw
香港發行所／城邦（香港）出版集團有限公司
地址：香港灣仔駱克道 193 號東超商業中心 1 樓
email：hkcite@biznetvigator.com
電話：(852)25086231　傳眞：(852) 25789337
馬新發行所／城邦（馬新）出版集團 Cité(M)Sdn. Bhd.
41, Jalan Radin Anum, Bandar Baru Sri Petaling,
57000 Kuala Lumpur, Malaysia.
電話：(603)90563833　傳眞：(603) 90576622
email：services@cite.my

封面設計／Gincy
電腦排版／游淑萍
印　　刷／漾格科技股份有限公司
經 銷 商／聯合發行股份有限公司
電話：(02)2917-8022　傳眞：(02)2911-0053

■ 2023 年2月初版　　Printed in Taiwan

定價 / 350元

ISBN　978-626-7217-11-5

城邦讀書花園
www.cite.com.tw

本書如有缺頁、倒裝，請來信至service@popo.tw，會有專人協助換書事宜，謝謝！